2022 개정 교육과정에 맞춰
백점 과학은 이렇게 바뀌었어요.

<table>
<tr><td>2022 교육과정 주요 변화</td><td>백점 과학</td></tr>
</table>

2022 교육과정 주요 변화

자기주도학습 강조
학생 스스로 공부 계획을 세워 실천하고 평가할 수 있도록 자기주도성을 키웁니다.

기초 소양 교육 강화
미래 변화에 대응하기 위해 필요한 역량으로 언어 소양, 수리 소양, 디지털 소양 교육을 강화합니다.

언어 소양
텍스트의 맥락을 이해하여 글쓰기 등으로 표현하고 소통하는 능력

수리 소양
다양한 상황에서 수학적 정보를 이해하고 해석하며 활용하는 능력

디지털 소양
디지털 도구를 사용하여 정보를 수집하고 분석하여 문제를 해결하는 능력

평가 방식 다양화
학생들의 학습 성취도에 따라 개인별 맞춤형 평가 및 서술형 평가를 확대합니다.

백점 과학

하루 4쪽 학습 구성
하루 4쪽 학습으로 학생 스스로 계획을 세우고 학습을 관리할 수 있습니다.

어휘와 문해력 학습 제공
과목별 교과 어휘 학습과 디지털 문해력 학습으로 언어 소양과 디지털 소양 역량을 키웁니다.

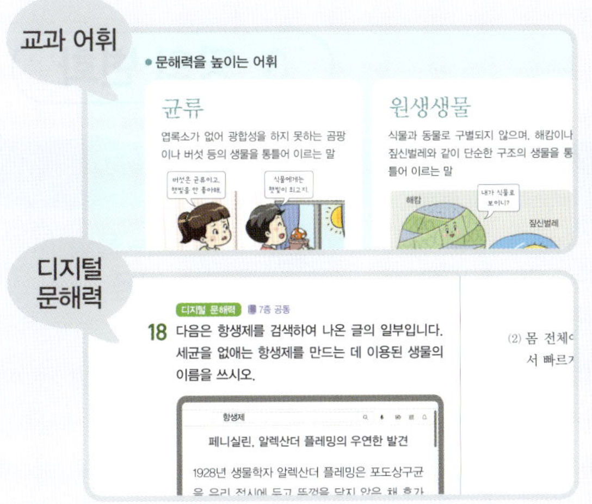

수행 평가 및 수준별 단원 평가 제공
다양한 서술형 유형 및 수행 평가 비중을 확대하였습니다.

맞춤형 평가에 대비하여 수준별 단원 평가를 단원별 A단계, B단계 2회 제공합니다.

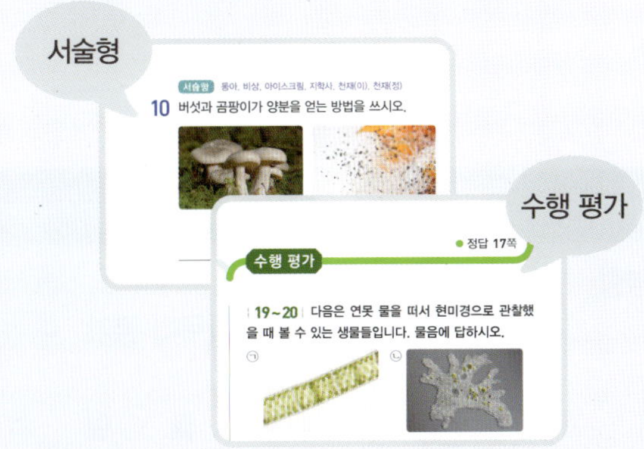

백점 과학과
내 교과서 비교하기

활용 방법

❶ 오늘 공부할 단원과 내용을 찾습니다.

❷ 내가 배우는 교과서의 출판사명에서 공부할 내용에 해당하는 쪽수를 찾습니다.

❸ 찾은 쪽수와 해당하는 백점 과학은 몇 쪽인지 확인합니다.

단원명		1. 자석의 이용 ① 자석에 붙는 물체 ② 자석과 자석에 붙는 물체 사이의 힘 ③ 자석의 극, 자석의 극의 특징 ④ 자석과 자석 사이의 힘 ⑤ 나침반과 자석, 자석을 이용한 장치	2. 물의 상태 변화 ① 물의 세 가지 상태, 물의 상태 변화 ② 물이 얼 때와 얼음이 녹을 때의 변화 ③ 물의 증발과 끓음 ④ 응결, 응결의 예 ⑤ 물의 중요성, 물을 얻을 수 있는 장치	3. 땅의 변화 ① 흐르는 물의 작용 ② 강 상류와 하류의 모습이 다른 까닭 ③ 화산의 특징, 화산 분출물 ④ 화강암과 현무암 ⑤ 화산 활동의 피해와 이로운 점 ⑥ 지진, 지진 대피 방법	4. 다양한 생물과 우리 생활 ① 버섯과 곰팡이, 균류의 특징 ② 해캄과 짚신벌레, 원생생물의 특징 ③ 세균의 특징 ④ 생물이 미치는 영향, 생명과학
백점 과학 쪽수		8~33	34~59	60~89	90~111
교과서별 쪽수	동아출판	10~33	34~57	58~83	84~105
	미래엔	8~31	32~57	58~85	86~109
	비상교육	12~35	36~57	58~87	88~109
	지학사	16~39	40~67	68~97	98~119
	아이스크림 미디어	14~35	36~61	62~87	88~111
	천재교과서 (이상원)	16~41	42~65	66~93	94~113
	천재교과서 (정용재)	10~35	36~61	62~91	92~115

백점

과학 4·1

개념북

구성과 특징

개념북   자기주도학습을 위한 **"하루 4쪽"** 구성

개념 학습 + 문제 학습

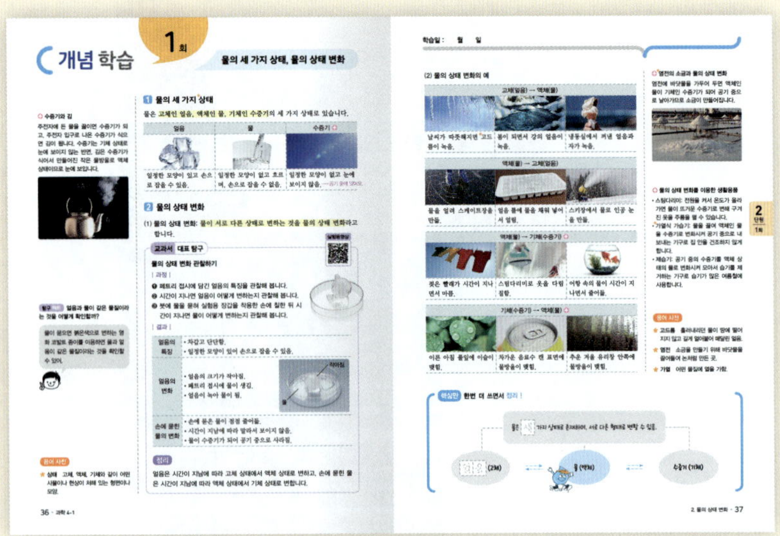

| 개념 학습 | 핵심 개념을 학습한 후 핵심 문장 쓰기를 통해 개념을 쉽게 이해할 수 있습니다.

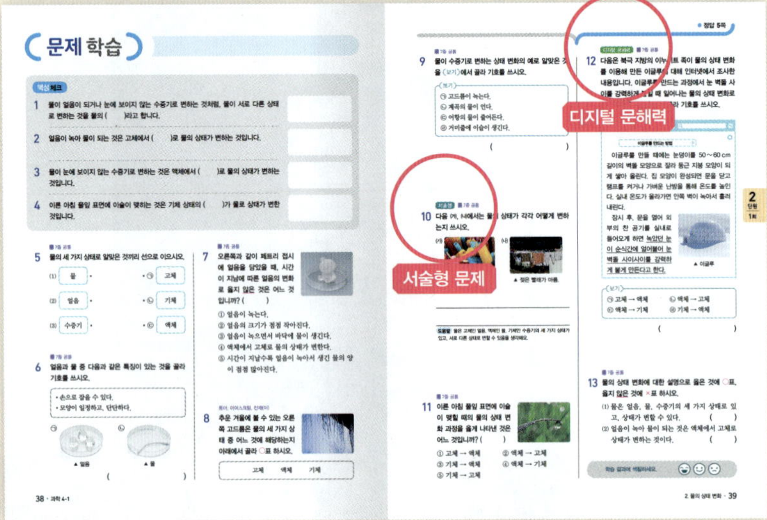

| 문제 학습 | 핵심 체크 문제와 서술형 문제 등 다양한 유형의 문제를 통해 실력을 쌓을 수 있습니다.

디지털 문해력: 디지털 매체 소재를 활용한 문제

문해력을 높이는 어휘
교과서 어휘의 뜻과 그림 속
이야기를 통해 문해력 향상

평가북　맞춤형 평가 대비
수준별 단원 평가

(마무리 평가)

단원 핵심 개념

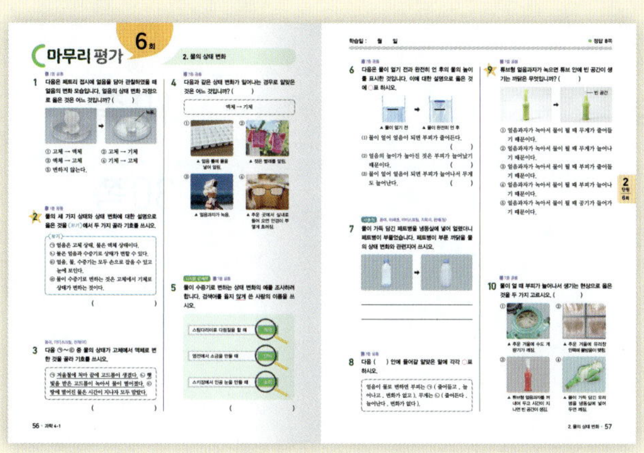

단원 핵심 개념을 정리하고, 배운 내용을 확인할 수
있습니다.

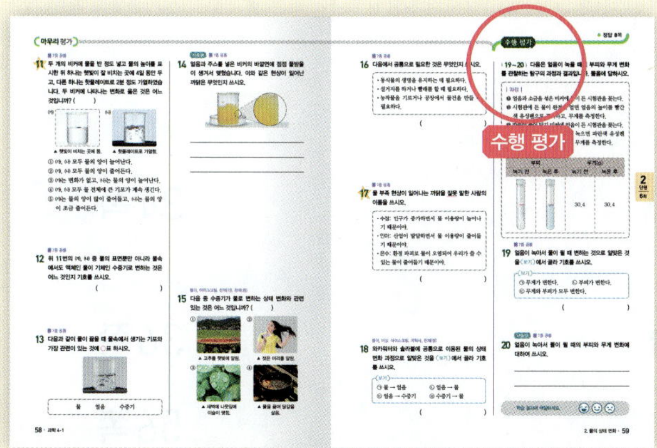

한 단원을 마무리하며 실력을 점검할 수 있습니다.
수행 평가: 학교 수행 평가에 대비할 수 있는 문제

단원 평가 A단계, B단계

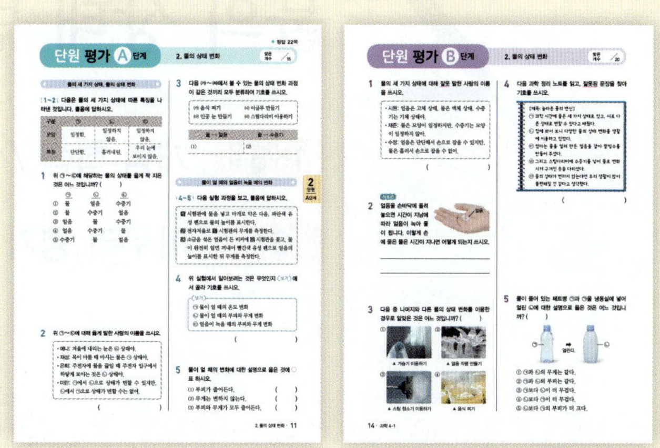

단원별 학습 성취도를 확인하고, 학교 단원 평가에 대
비할 수 있도록 수준별로 A단계, B단계로 구성하였습
니다.

◯ 안전한 탐구 활동을 위해 실험실 안전 수칙을 익히고, 잘 지키도록 합니다.

실험하기 전

실험실에서는 항상 선생님의 안내에 따라요.

소화기의 위치와 사용 방법을 알아 둬요.

실험실에서는 항상 실험복과 보안경을 착용하고, 긴 머리를 단정히 묶어요.

실험하는 동안

날카로운 물체는 조심히 다뤄요.

실험 기구의 사용 방법을 확인하고 사용해요.

핫플레이트를 사용할 때 화상을 입지 않게 가까이하지 않고, 반드시 면장갑을 착용해요

실험실에서 장난치거나 뛰어다니지 않아요.

기체가 발생하는 실험은 환기가
잘되는 실험실에서 해야 해요.

젖은 손으로 전기 기구의
전선을 만지지 않아요.

시험관 입구가 사람을
향하지 않게 해요.

함부로 실험 재료의 맛을 보거나,
냄새를 맡지 않아요.

실험실에서는 음식을 먹거나
음료수를 마시지 않아요.

사용한 약품은 선생님의 안내에
따라 정해진 곳에 버려요.

사용한 실험 기구는 선생님의
안내에 따라 깨끗이 씻어요.

실험 기구와 주변을 정리하고,
반드시 손을 깨끗이 씻어요.

1 자석의 이용

자석

철을 끌어당기는 힘을 가진 물체로, 천연으로는 자철석이 있고, 인공적으로 만든 자석도 있음.

극

자석에서 자석의 힘이 가장 센 양쪽의 끝으로 N극과 S극이 있음.

나침반

항공, 항해 등에 쓰는 방향을 알려주는 도구로 자석으로 된 바늘이 남북을 가리키는 특성을 이용하여 만듦.

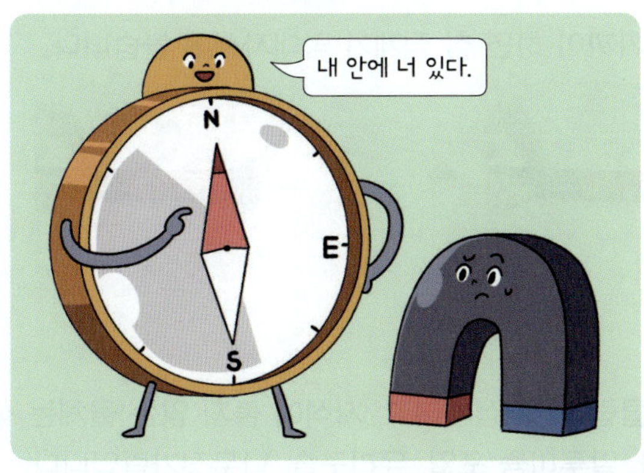

방위

공간의 어떤 점이나 방향이 한 기준의 방향에 대해 나타내는 위치로, 동서남북의 네 방향을 기준으로 하여 나눔.

🟦 재질에 따른 자석의 종류

철을 끌어당기는 자철석, 황철석 등 자연에서 발견된 것을 천연 자석이라 합니다. 최근에는 과학자들의 연구를 통해 여러 가지 물질을 섞어서 만든 힘이 센 인공 자석을 주로 사용합니다.

▲ 자철석
(천연 자석)

▲*네오디뮴 자석
(인공 자석)

탐구 팩트 자석에 붙는 부분과 붙지 않는 부분이 모두 있는 물체도 있을까?

가위와 같은 물체의 손잡이는 자석에 붙지 않지만*날 부분은 자석에 붙어. 따라서 여러 가지 물질로 만들어진 물체는 다양한 각각의 부분에 자석을 가까이 해 보도록 하자.

용어 사전

★ **네오디뮴 자석** 자석의 힘이 매우 강한 자석으로 희토류와 같은 원소를 주재료로 만들어지며, 각종 전자 기기에 널리 사용됨.

★ **날** 가위나 칼과 같이 무엇을 자르거나 베거나 깎는 데 쓰는 도구의 가장 얇고 날카로운 부분.

1 자석

(1) 우리 주변에서 자석을 본 경험 이야기하기

① 필통 뚜껑에 자석이 있는 것을 보았습니다.

② 냉장고에 자석을 이용한 집게가 붙어 있는 것을 보았습니다.

③ 뚜껑에 자석이 있는 펜이 교실 칠판에 붙어 있는 것을 보았습니다.

(2) 모양에 따른 자석의 종류 예 🟦

▲ 동전 모양 자석

▲ 고리 자석

▲ 말굽자석

▲ 막대자석

(3) 자석과 물체를 가까이 했을 때 나타나는 현상

실험동영상

교과서 **대표 탐구**

자석과 여러 가지 물체를 가까이 했을 때 나타나는 현상 관찰하기

| 과정 |

❶ 어떤 물체가 막대자석에 붙을지 예상해 보고, 막대자석을 여러 가지 물체에 가까이 했을 때 나타나는 현상을 관찰합니다.

❷ 자석에 붙는 물체와 붙지 않는 물체를 분류해 봅니다.

| 결과 |

• 막대자석을 색종이, 고무지우개, 플라스틱 자, 알루미늄 포일, 유리구슬, 나무 젓가락에 가까이 하면 아무런 변화가 없습니다.

• 막대자석을 철 클립에 가까이 하면 철 클립이 막대자석에 붙습니다.

• 막대자석을 철 집게에 가까이 하면 철 집게가 막대자석에 붙습니다.

정리

자석에 붙는 물체는 철 클립과 철 집게이고, 자석에 붙지 않는 물체는 색종이, 고무지우개, 플라스틱 자, 알루미늄 포일, 유리구슬, 나무젓가락입니다.

2 자석에 붙는 물체

(1) **자석에 붙는 물체와 붙지 않는 물체**: 물체를 이루는 물질의 종류에 따라 자석에 붙는 물체도 있고, 붙지 않는 물체도 있습니다.

(2) **자석에 붙는 물체의 공통점**

① 자석에 붙는 물체는 철로 만들어졌습니다.

② 종이, 유리, 고무, 나무, 플라스틱, 알루미늄 등으로 만들어진 물체는 자석에 붙지 않습니다.

③ 여러 가지 물질로 만들어진 물체는 철로 만들어진 부분만 자석에 붙습니다.

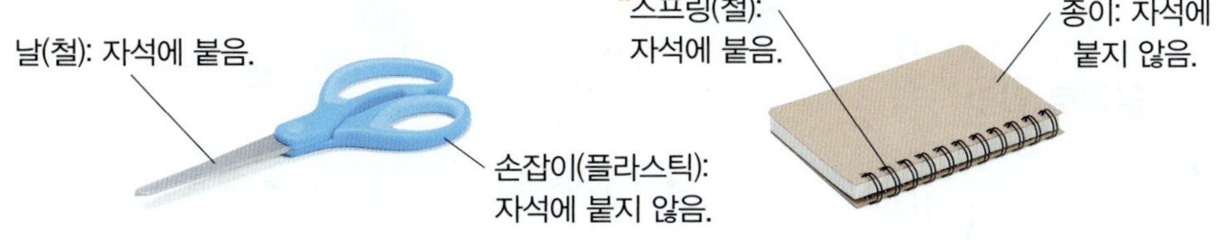

⊕ **자석에 붙지 않는 금속**

철로 만든 물체가 자석에 붙는 것을 보고 모든 금속은 자석에 붙는다고 생각할 수 있지만, 모든 금속이 자석에 붙는 것은 아닙니다. 알루미늄, 마그네슘, 구리, 금 등은 금속이지만 자석에 붙지 않습니다.

용어 사전

★ **알루미늄** 은백색의 가볍고 부드러운 금속으로, 가공하기 쉽고 가벼우며 인체에 대부분 해롭지 않으므로 널리 사용함.

★ **스프링** 늘어나고 줄어드는 탄력이 있는 나선형으로 된 쇠줄. 용수철.

핵심만 **한번 더 쓰면서** 정리 !

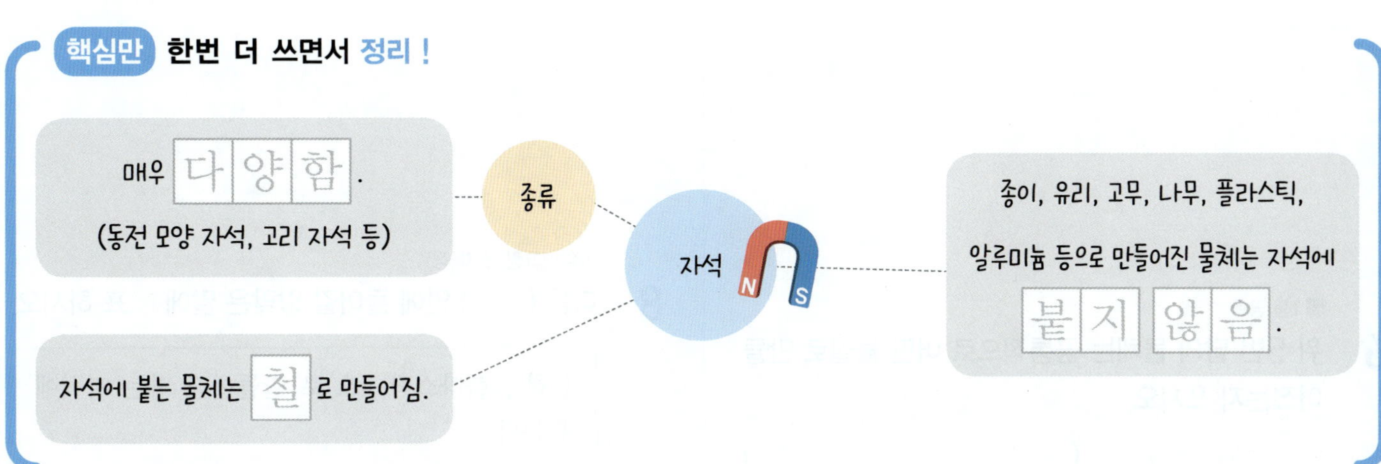

문제 학습

1 막대자석을 철 클립에 가까이 하면 철 클립이 막대자석에 (　　　).

2 막대자석을 고무지우개에 가까이 하면 고무지우개가 막대자석에 (　　　).

3 자석에 붙는 물체는 (　　　)로 만들어졌습니다.

4 철, 플라스틱 등 여러 가지 물질로 만들어진 물체는 (　　　)로 만들어진 부분만 자석에 붙습니다.

|5~6| 다음 여러 가지 물체에 막대자석을 각각 가까이 했을 때 나타나는 현상을 관찰하였습니다. 물음에 답하시오.

ⓐ ▲ 철 클립　　ⓑ ▲ 유리구슬　　ⓒ ▲ 철 집게

■ 7종 공통

5 위 ㉠~㉢ 물체 중 막대자석에 붙는 물체로 알맞은 것을 두 가지 골라 기호를 쓰시오.

(　　　　　　　)

■ 7종 공통

6 위 5번 답의 물체는 공통적으로 어떤 물질로 만들어졌는지 쓰시오.

(　　　　　　　)

■ 7종 공통

7 다음 중 자석에 붙지 <u>않는</u> 물체는 어느 것입니까?

(　　　　　)

① ▲ 철 고리　　② ▲ 철 구슬 줄

③ ▲ 고무지우개　　④ ▲ 철 옷핀

아이스크림, 천재(정)

8 다음 (　　　) 안에 들어갈 알맞은 말에 ◯표 하시오.

(철 , 플라스틱)(으)로 만들어진 자는 자석에 붙는다.

9 자석에 붙는 물체와 자석에 붙지 않는 물체로 다음과 같이 분류하였습니다. 잘못 분류한 물체는 어느 것인지 쓰시오.

자석에 붙는 물체	자석에 붙지 않는 물체
철 클립, 철 집게, 알루미늄 포일, 철 고리	색종이, 종이컵, 유리컵, 나무젓가락

( )

10 다음 가위에서 자석에 붙는 부분과 붙지 않는 부분을 구분하여 각각 기호를 쓰시오.

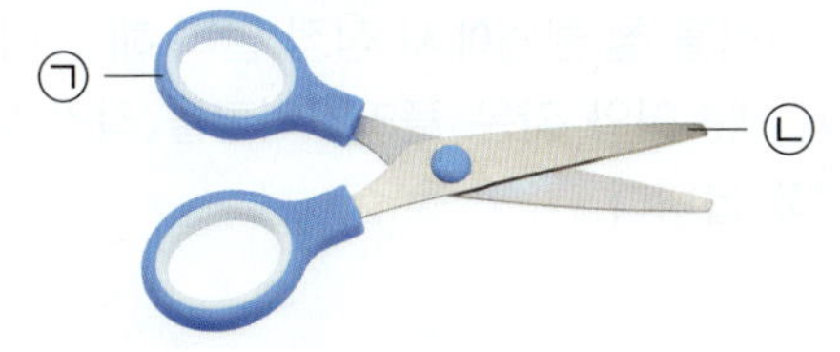

(1) 자석에 붙는 부분: ( )
(2) 자석에 붙지 않는 부분: ( )

11 위 **10**번과 같이 답한 까닭을 그 부분을 이루고 있는 물질과 관련지어 쓰시오.

____

> **도움말** 자석에 붙는 물체와 붙지 않는 물체는 각각 어떤 물질로 만들어졌는지 떠올려 보세요.

 📖 7종 공통

12 송희의 궁금증을 해결할 방법을 가장 알맞게 말한 사람의 이름을 쓰시오.

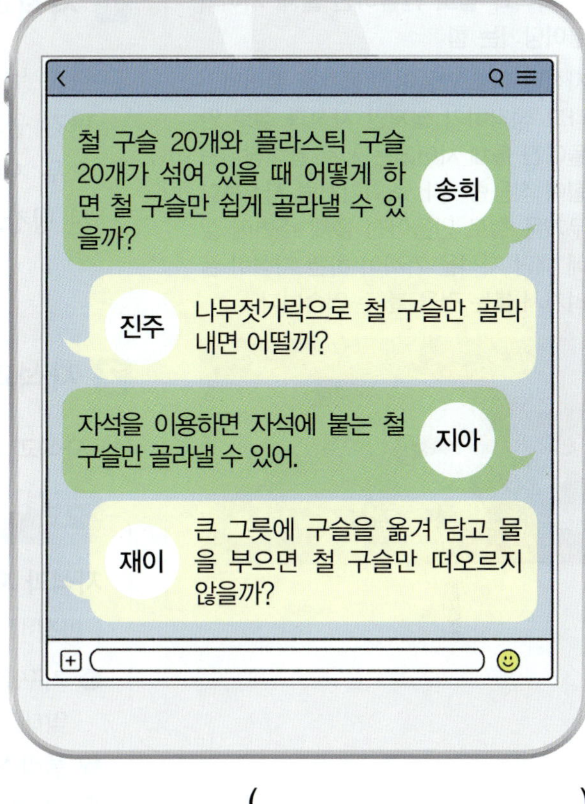

( )

📖 7종 공통

13 자석에 붙는 물체에 대한 설명으로 옳은 것에 ○표, 옳지 않은 것에 ×표 하시오.

(1) 물체를 이루는 물질의 종류에 따라 자석에 붙는 물체가 있고, 붙지 않는 물체가 있다.
( )

(2) 종이, 유리, 고무, 나무, 플라스틱으로 만들어진 물체는 자석에 붙지 않는다. ( )

(3) 철과 플라스틱처럼 철과 철이 아닌 물질로 만들어진 물체는 모든 부분이 자석에 붙는다.
( )

학습 결과에 색칠하세요.   

➕ **자석과 철로 만들어진 물체 사이의 끌어당기는 힘**

자석만 철로 만들어진 물체를 끌어당긴다고 생각하기 쉽지만 자석과 철로 만들어진 물체 사이에는 서로 끌어당기는 힘이 작용합니다. 소화기처럼 자석보다 무거운 철로 만들어진 물체 주변에 실에 매단 자석을 가까이 하면 자석이 끌려가서 붙는 것을 볼 수 있습니다.

탐구 팩트 자석과 철은 아주 멀리 떨어져 있어도 서로 끌어당길까?

자석과 철은 멀리 떨어져 있어도 서로 끌어당기는 힘이 작용하지만 그 힘은 매우 약해. 따라서 자석과 철이 서로 끌려오는 모습은 관찰하기 힘들어.

용어 사전

★ **공중** 하늘과 땅 사이의 빈 곳.

---

1 **자석과 자석에 붙는 물체를 가까이 해 본 경험** 예

① 자석 낚싯대를 장난감 물고기의 철로 만들어진 부분에 가까이 했더니, 장난감 물고기가 자석 낚싯대에 끌려와서 붙었습니다.
② 고무 자석이 들어 있는 냉장고 문을 열었다가 살짝만 밀어도 철로 만들어진 냉장고에 끌려와서 잘 닫힙니다.

2 **자석과 자석에 붙는 물체 사이의 힘** ➕

(1) 자석과 자석에 붙는 물체 사이의 힘의 특징 관찰하기

실험동영상

교과서 대표 탐구

자석과 자석에 붙는 물체 사이에 작용하는 힘의 특징 관찰하기

| 과정 |

❶ 거꾸로 놓은 플라스틱 컵 위에 막대자석을 고정하고, 실을 묶은 철 클립을 막대자석에 붙입니다.
❷ 플라스틱 컵을 움직여 막대자석을 철 클립에서 점점 멀리 해 봅니다.
❸ 철 클립과 막대자석 사이에 색종이와 얇은 플라스틱판을 각각 넣은 뒤 철 클립이 어떻게 되는지 관찰해 봅니다.

| 결과 |

• 철 클립과 막대자석이 조금 떨어졌을 때 철 클립은 *공중에 떠 있습니다.
• 철 클립과 막대자석 사이에 색종이를 넣었을 때 철 클립은 공중에 떠 있습니다.

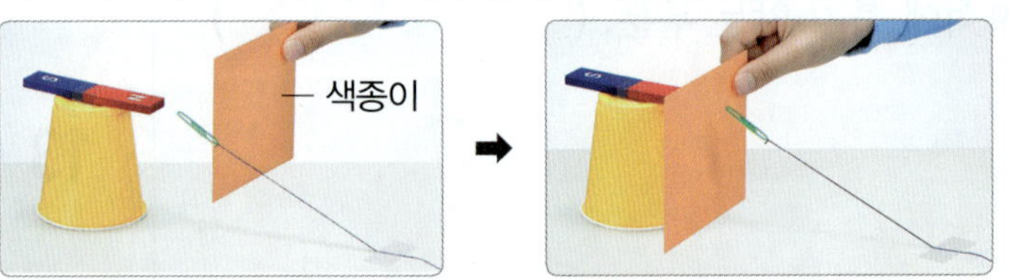

• 철 클립과 막대자석 사이에 얇은 플라스틱판을 넣었을 때 철 클립은 공중에 떠 있습니다.

정리

• 철 클립과 막대자석은 조금 떨어져 있어도 서로 끌어당기는 힘이 작용합니다.
• 철 클립과 막대자석 사이에 색종이, 얇은 플라스틱판이 있어도 철 클립과 막대자석 사이에 서로 끌어당기는 힘이 작용합니다.

(2) 자석과 자석에 붙는 물체 사이의 힘의 특징 알아보기 ➕

과정

❶ 막대자석에 플라스틱판을 댄 채로 철 클립에 가까이 가져간 뒤 들어 올리며 철 클립의 움직임을 관찰해 보기

❷ 막대자석에 종이판을 댄 채로 철 클립에 가까이 가져간 뒤 들어 올리며 철 클립의 움직임을 관찰해 보기

결과

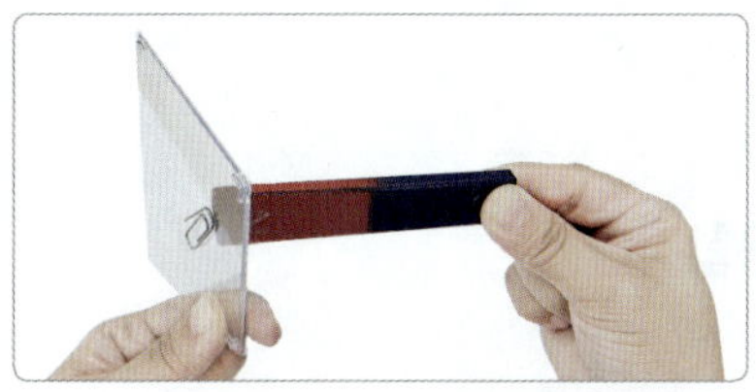

▲ 플라스틱판이 사이에 있을 때

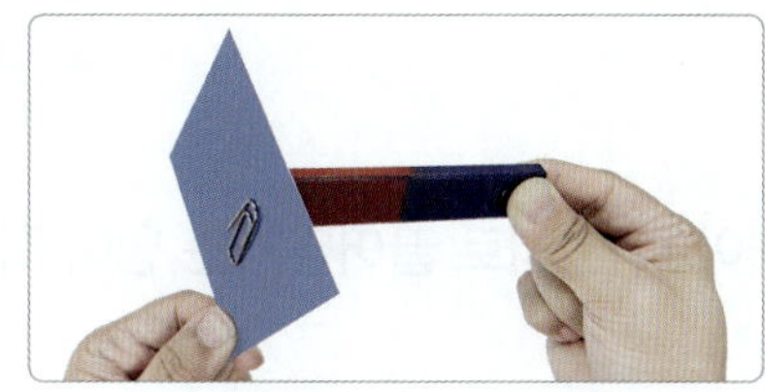

▲ 종이판이 사이에 있을 때

• 막대자석과 철 클립 사이에 플라스틱판이 있어도 철 클립이 막대자석에 붙습니다.

• 막대자석과 철 클립 사이에 종이판이 있어도 철 클립이 막대자석에 붙습니다.

• 막대자석과 철 클립 사이에 자석에 붙지 않는 다른 물체가 있어도 서로 끌어당기는 힘이 작용합니다.

(3) 자석과 자석에 붙는 물체 사이의 힘의 특징 정리하기 ➕

① 자석과 자석에 붙는 물체를 가까이 하면 서로 끌어당기는 힘이 작용합니다.

② 자석과 자석에 붙는 물체는 조금 떨어져 있어도 서로 끌어당깁니다.

③ 자석과 자석에 붙는 물체 사이에 자석에 붙지 않는 다른 물체가 있어도 자석과 자석에 붙는 물체는 서로 끌어당기는 힘이 작용합니다.

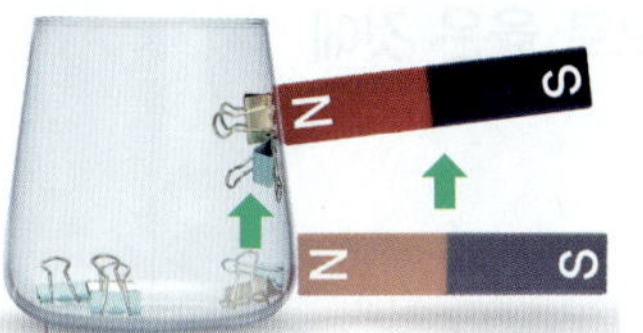

└ 철 집게와 막대자석 사이에 얇은 유리컵이 있어도 서로 끌어당겨요.

➕ **물을 통과하는 자석의 힘**

물이 든 ⭐페트병 속에 빠진 철 클립을 물을 쏟지 않고 꺼내려면 병 바깥면에 자석을 가까이 해 철 클립을 붙인 뒤, 페트병의 입구까지 천천히 끌어 올려서 꺼낼 수 있습니다.

➕ **자석과 철 클립 사이에 얇은 우드록이 있을 때 작용하는 힘의 크기**

사이에 놓인 우드록의 수	자석에 붙는 철 클립의 개수
한 개	15 개
두 개	7 개
세 개	2 개

자석과 철 클립 사이에 얇은 우드록 조각이 많이 있을수록 즉, 자석과 철 클립 사이가 멀어질수록 서로 끌어당기는 힘이 약해집니다.

용어 사전

⭐ **페트병** 음료를 담는 일회용 병으로, 가볍고 깨지지 않는 특성이 있음.

핵심만 **한번 더 쓰면서** **정리 !**

사이가 떨어져 있어도 서로

| 끌 | 어 | 당 | 기 | 는 |

힘이 작용함.

사이에 색종이, 유리판, 플라스틱판 등이 있어도 서로

| 끌 | 어 | 당 | 김 |

사이가 멀어질수록 서로 끌어당기는

힘이

| 약 | 해 | 짐 |

핵심 체크

1 철 클립과 막대자석은 조금 떨어져 있어도 서로 (　　　)는 힘이 작용합니다.

2 철 클립과 막대자석 사이에 색종이가 있어도 서로 (　　　)는 힘이 작용합니다.

3 자석을 (　　　)로 만들어진 물체에 가까이 하면 서로 끌어당기는 힘이 작용합니다.

4 자석과 자석에 붙는 물체가 조금 떨어져 있어도 서로 (　　　)는 힘이 작용합니다.

동아, 미래엔, 아이스크림, 천재(이), 천재(정)

5 오른쪽과 같이 실을 묶은 철 클립을 막대자석에 붙인 뒤, 플라스틱 컵을 움직여 막대자석을 철 클립에서 조금 멀리 할 때 볼 수 있는 현상으로 옳은 것에 ○표 하시오.

⑴ 철 클립이 공중에 떠 있다. 　　　(　　　)

⑵ 철 클립이 바닥에 떨어진다. 　　　(　　　)

동아, 미래엔, 아이스크림, 천재(이), 천재(정)

6 위 **5**번과 같은 현상으로 알 수 있는 사실로 옳은 것을 (보기)에서 골라 기호를 쓰시오.

(보기)
- ㉠ 자석과 철 클립은 붙어 있을 때만 서로 끌어당기는 힘이 작용한다.
- ㉡ 자석과 철 클립이 조금 떨어져 있으면 서로 밀어 내는 힘이 작용한다.
- ㉢ 자석과 철 클립은 조금 떨어져 있어도 서로 끌어당기는 힘이 작용한다.

(　　　　　　　)

동아, 미래엔, 아이스크림, 천재(이), 천재(정)

7 오른쪽과 같이 철 클립과 막대자석 사이에 색종이를 넣을 때 철 클립의 변화로 옳은 것에 ○표 하시오.

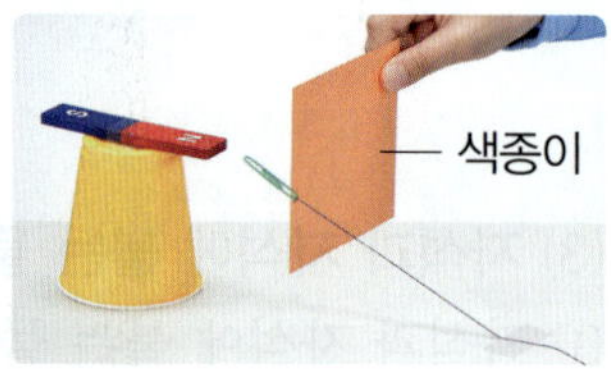

⑴ 철 클립이 공중에 떠 있다. 　　　(　　　)

⑵ 철 클립이 바닥에 떨어진다. 　　　(　　　)

비상, 아이스크림, 지학사

8 오른쪽은 철 클립과 막대자석 사이에 플라스틱판이 있을 때의 모습입니다. 철 클립과 막대자석 사이에 작용하는 힘을 쓰시오.

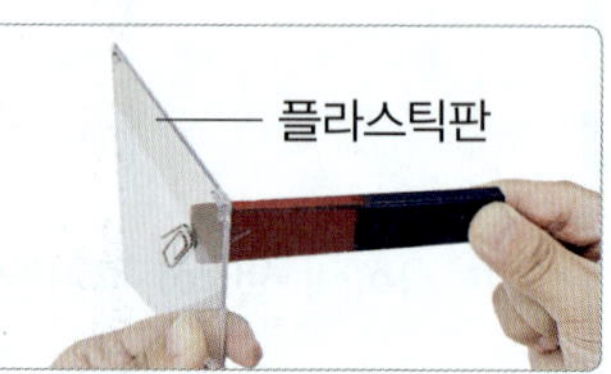

서로 (　　　　　　　) 힘

서술형 동아, 미래엔, 아이스크림, 천재(이), 천재(정)

9 다음과 같이 막대자석으로 철 클립을 공중에 띄운 뒤 막대자석과 철 클립 사이에 얇은 유리판을 넣을 때 철 클립의 변화를 쓰고, 그렇게 생각한 까닭을 쓰시오.

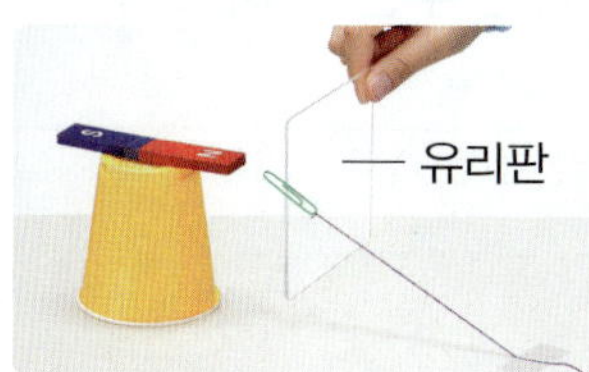

____

도움말 막대자석과 철 클립 사이에 색종이, 얇은 플라스틱판이 있을 때 철 클립의 모습을 떠올려 보세요.

7종 공통

10 자석과 철 클립 사이에 서로 끌어당기는 힘이 작용하는 경우로 옳은 것을 (보기)에서 모두 골라 기호를 쓰시오.

(보기)
㉠ 자석과 철 클립을 가까이 할 때
㉡ 자석과 철 클립 사이에 종이를 넣을 때
㉢ 자석과 철 클립 사이에 알루미늄 포일 조각을 넣을 때

(   )

7종 공통

11 다음 (   ) 안에 들어갈 알맞은 말을 골라 각각 ○표 하시오.

자석과 자석에 ㉠ (붙는 , 붙지 않는) 물체는 조금 떨어져 있거나 그 사이에 자석에 ㉡ (붙는 , 붙지 않는) 물체가 있어도 서로 끌어당기는 힘이 작용한다.

디지털 문해력 **7종 공통**

12 다음 해수의 질문에 대한 댓글의 내용이 잘못된 사람의 이름을 쓰시오.

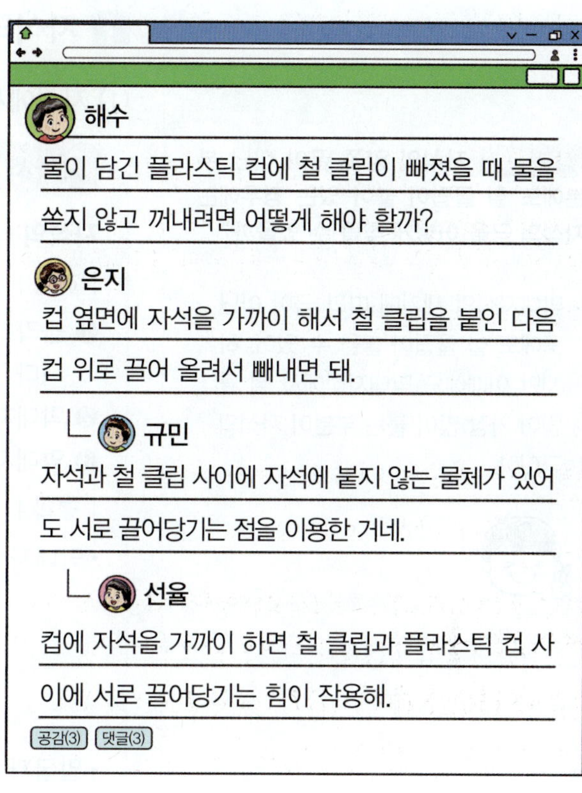

(   )

동아, 미래엔, 아이스크림, 지학사, 천재(이), 천재(정)

13 다음과 같이 얇은 유리컵 안에 철 집게를 넣고 막대자석을 위로 움직일 때 철 집게의 움직임으로 알맞은 것을 (보기)에서 골라 기호를 쓰시오.

(보기)
㉠ 철 집게가 위로 움직인다.
㉡ 철 집게가 움직이지 않는다.
㉢ 철 집게가 자석 반대편으로 밀려난다.

(   )

학습 결과에 색칠하세요.   

1 자석의 *극

(1) 자석에서 철 클립을 세게 끌어당기는 부분 찾아보기

실험동영상

교과서 대표 탐구

자석의 극 찾기

| 과정 |

❶ 플라스틱 집게로 막대자석의 가운데를 집어 철 클립이 든 종이 상자에 넣습니다.

❷ 막대자석을 천천히 들어 올려서 철 클립이 붙은 모습을 관찰해 봅니다.

❸ 막대자석 대신 말굽자석으로 과정 ❶과 ❷를 반복합니다.

| 결과 |

• 막대자석의 양쪽 끝부분에 철 클립이 많이 붙어 있습니다.

• 말굽자석의 양쪽 끝부분에 철 클립이 많이 붙어 있습니다.

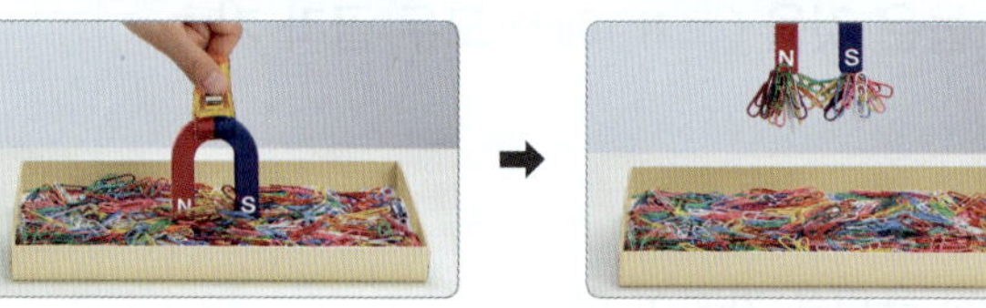

정리

막대자석과 말굽자석에서 철 클립이 많이 붙는 부분은 각 자석의 양쪽 끝 부분입니다.

(2) 자석의 극

① 자석에서 철로 된 물체를 끌어당기는 힘이 가장 센 부분을 자석의 극이라고 합니다. ─ 자석의 극 부분에 철로 된 물체가 가장 많이 붙어요.

② 막대자석과 말굽자석에서 자석의 극은 양쪽 끝 부분입니다.

(3) 여러 가지 자석의 극 ➕

▲ 말굽자석

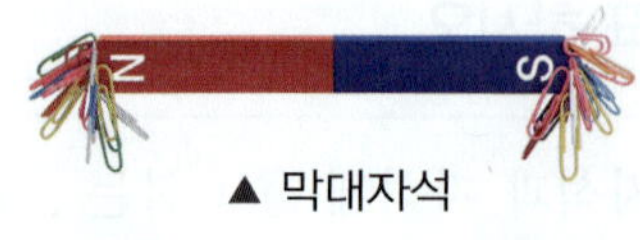

▲ 막대자석

▲ 동전 모양 자석

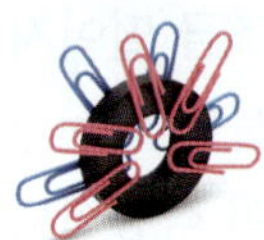

▲ 고리 자석

탐구 팩트 자석의 양쪽 끝이 아닌 부분에도 철 클립이 붙어 있는 경우에는 자석의 극을 어떻게 찾을 수 있을까?

막대자석의 세기에 따라 극이 아닌 곳에도 철 클립이 붙을 수 있어. 하지만 이때에도 막대자석에서 철 클립이 가장 많이 붙는 부분이 자석의 극이야.

➕ **동전 모양 자석의 극**

일반적으로 동전 모양 자석은 윗면과 아랫면이 극인 경우가 많지만, 동전 모양 자석의 가운데를 중심으로 양쪽 끝이 극인 경우도 있습니다.

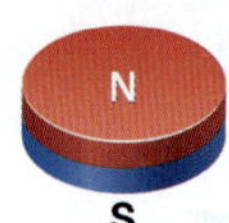 

용어 사전

✻ **극** 자석에서 자석의 힘이 가장 센 양쪽 끝 부분.

2 자석의 극의 특징

(1) 물에 띄운 막대자석이 가리키는 방향 알아보기

실험 전, *방위를 먼저 확인해요. 스마트 기기를 활용하여 알아볼 수 있어요.

① 원형 수조에 물을 담고 막대자석을 올려놓은 플라스틱 접시를 물에 띄우면, 막대자석의 두 극은 항상 남쪽과 북쪽을 가리키며 멈춥니다.

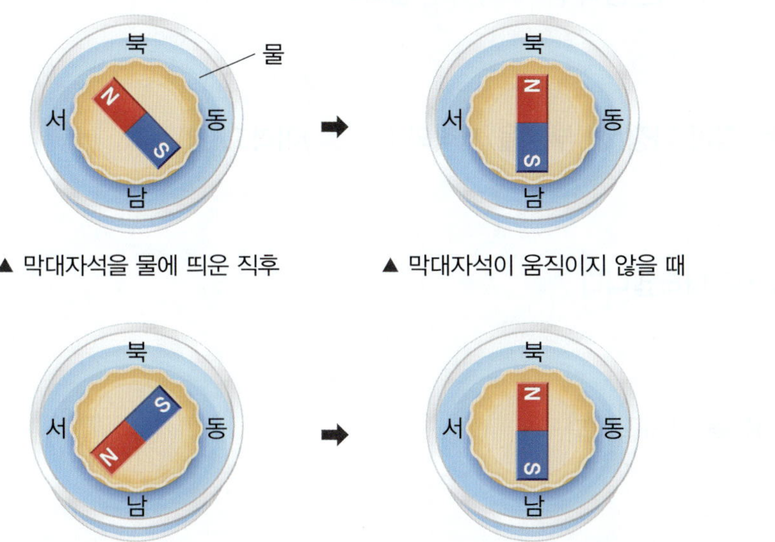

▲ 막대자석을 물에 띄운 직후

▲ 막대자석이 움직이지 않을 때

▲ 막대자석을 다른 방향으로 돌린 직후

▲ 막대자석이 움직이지 않을 때

② 막대자석에서 북쪽을 가리키는 자석의 극을 N극이라고 하고, 남쪽을 가리키는 자석의 극을 S극이라고 합니다.

▲ 막대자석의 N극과 S극

(2) 자석의 극의 특징 정리하기 ➕

① 막대자석, 말굽자석, 고리 자석, 동전 모양 자석에서 철 클립이 많이 붙는 부분은 공통적으로 두 군데입니다.

② 자석의 모양이 달라도 자석의 극은 항상 두 개입니다.

③ 자석의 극은 각각 N극과 S극으로 나타냅니다.

④ 물에 띄운 막대자석의 N극은 북쪽을 가리키고, S극은 남쪽을 가리킵니다.

➕ 자석의 극

• 막대자석을 반으로 나누면 N극이나 S극 중 한쪽만 따로 있는 것이 아니라, 잘린 두 개의 자석에 각각 N극과 S극이 모두 있습니다.

• 막대자석을 아무리 작게 잘라도 그 자석에는 항상 N극과 S극이 있습니다.

용어 사전

* **방위** 공간의 어떤 점이나 방향이 한 기준의 방향에 대하여 나타내는 위치. 동서남북의 네 방향을 기준으로 하여 8방향, 16방향, 32방향으로 나눌 수 있음.

핵심만 **한번 더 쓰면서** 정리 !

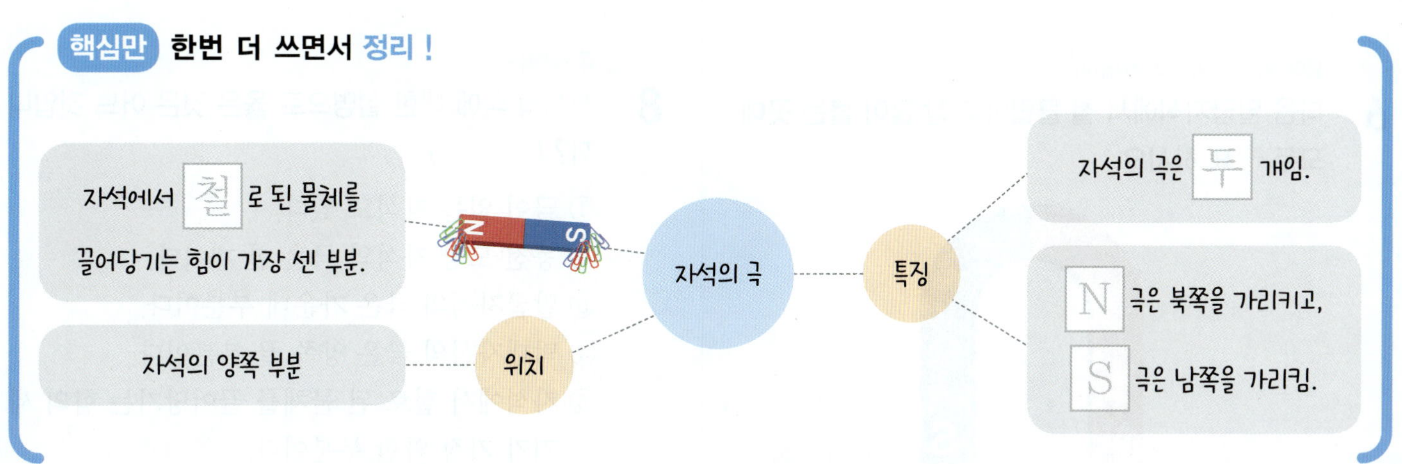

핵심 체크

1 막대자석에서 철 클립이 가장 많이 붙는 부분은 양쪽 (　　　) 부분입니다.

2 자석에서 철로 된 물체를 끌어당기는 힘이 가장 센 부분을 자석의 (　　　)이라고 합니다.

3 자석의 극은 (　　　)극과 (　　　)극으로 나타냅니다.

4 물에 띄운 막대자석의 N극은 (　　　)쪽을 가리킵니다.

7종 공통

5 오른쪽과 같이 막대자석을 철 클립이 든 종이 상자에 넣고 들어 올렸을 때 철 클립이 붙은 모양으로 옳은 것을 골라 기호를 쓰시오.

㉠  ㉡

(　　　　　　　)

동아, 미래엔, 지학사, 천재(이)

6 다음 말굽자석에서 철 클립이 가장 많이 붙는 곳에 모두 ○표 하시오.

7종 공통

7 막대자석에서 철로 된 물체를 끌어당기는 힘이 가장 센 부분의 기호를 두 군데 찾아 쓰시오.

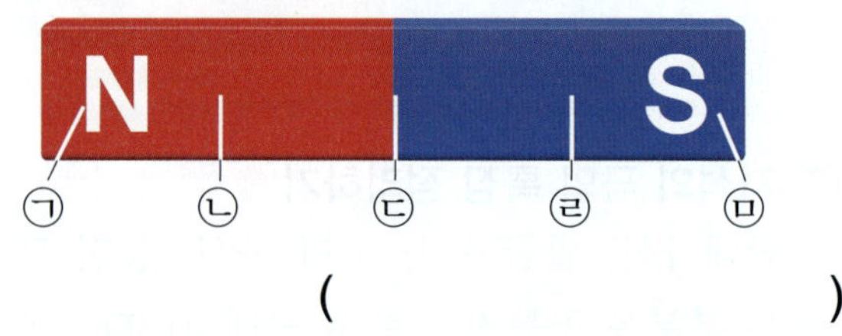

(　　　　　　　)

7종 공통

8 자석의 극에 대한 설명으로 옳은 것은 어느 것입니까? (　　　)

① 극이 없는 자석도 있다.
② 동전 모양 자석의 극은 한 개이다.
③ 말굽자석의 극은 가운데 부분이다.
④ 막대자석의 극은 양쪽 끝 부분이다.
⑤ 자석에서 철로 된 물체를 끌어당기는 힘의 세기가 가장 약한 부분이다.

서술형 | 미래엔, 비상, 아이스크림, 천재(이), 천재(정)

9 다음은 둥근기둥 모양 자석에 철 클립이 붙은 모습입니다. 둥근기둥 모양 자석의 극은 어디인지 쓰고, 그렇게 생각한 까닭을 쓰시오.

____

도움말 자석에서 철로 된 물체를 끌어당기는 힘이 가장 센 부분을 무엇이라고 부르는지 떠올려 보세요.

지학사, 천재(이), 천재(정)

10 막대자석을 올려놓은 플라스틱 접시를 물에 띄웠습니다. 플라스틱 접시가 움직이지 않을 때 막대자석이 가리키는 방향으로 옳은 것에 ○표 하시오.

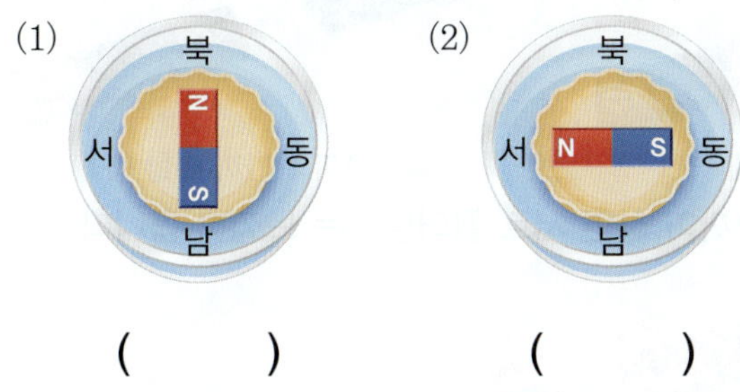

(1)   (2)

(   )   (   )

지학사, 천재(이), 천재(정)

11 다음 ( ) 안에 들어갈 알맞은 말을 각각 쓰시오.

> 물에 띄운 막대자석이 움직이다가 멈추었을 때 북쪽을 가리키는 극은 (㉠)극이고, 남쪽을 가리키는 극은 (㉡)극이다.

㉠ (   ), ㉡ (   )

디지털 문해력 | 📖 7종 공통

12 다음은 여러 가지 모양의 자석에 철 클립을 붙여 본 결과를 SNS에 올린 것입니다. 이 모습으로 알 수 있는 사실로 옳은 것을 (보기)에서 두 가지 골라 기호를 쓰시오.

(보기)

㉠ N극이 S극보다 자석의 힘이 더 세다.
㉡ 고리 자석과 동전 모양 자석에는 자석의 극이 없다.
㉢ 자석에서 철로 된 물체가 가장 많이 붙는 부분은 두 군데이다.
㉣ 자석에서 철로 된 물체를 끌어당기는 힘이 가장 센 부분은 두 군데이다.

(   )

📖 7종 공통

13 다음은 무엇에 대한 설명인지 쓰시오.

> • 남쪽과 북쪽을 가리킨다.
> • 한 개의 자석에 항상 두 개가 있다.
> • 자석에서 철로 된 물체를 끌어당기는 힘이 가장 센 부분이다.

(   )

학습 결과에 색칠하세요.   

자석과 자석 사이의 힘

➕ 자석을 보관하는 방법

자석을 올바른 방법으로 보관하여 극이 바뀌거나 세기가 약해지지 않도록 합니다. N극과 S극을 서로 붙인 상태로 보관하거나 양쪽 끝에 철 조각을 붙여 놓는 것이 좋습니다. 또 자석은 *실온에서 보관하고, 충격을 가하는 일이 없도록 합니다.

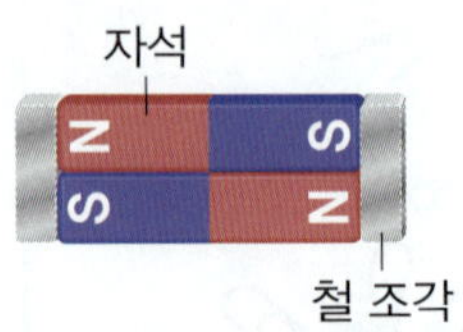 

탐구 팩트 두 막대자석을 가까이 할 때 어느 정도 힘을 주어야 할까?

두 자석을 가까이 할 때 손에 너무 힘을 주면 자석 사이에 작용하는 힘을 느끼기 어려워. 그래서 손에 힘을 빼고 자연스럽게 가까이 해야 해.

➕ 막대자석 두 개를 같은 극끼리 마주 보게 나란히 놓고 한쪽으로 밀어 보기

막대자석의 같은 극끼리는 서로 밀어 내는 힘이 작용하기 때문에 다른 막대자석이 가까이 한 막대자석에서 멀어집니다.

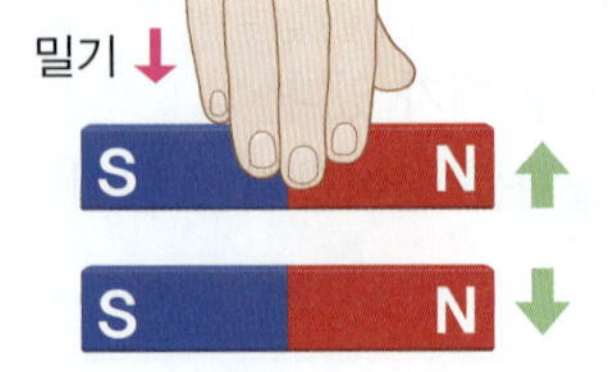

용어 사전

★ **실온** 방이나 건물 등 안의 온도.

1️⃣ 자석과 자석 사이에 작용하는 힘

(1) 자석의 같은 극과 다른 극을 가까이 했을 때의 특징

교과서 대표 탐구

두 막대자석의 극 가까이 해 보기 ➕

| 과정 |

❶ 막대자석의 같은 극끼리 가까이 했을 때 손에 어떤 느낌이 드는지 이야기해 봅니다.

❷ 막대자석의 다른 극끼리 가까이 했을 때 손에 어떤 느낌이 드는지 이야기해 봅니다.

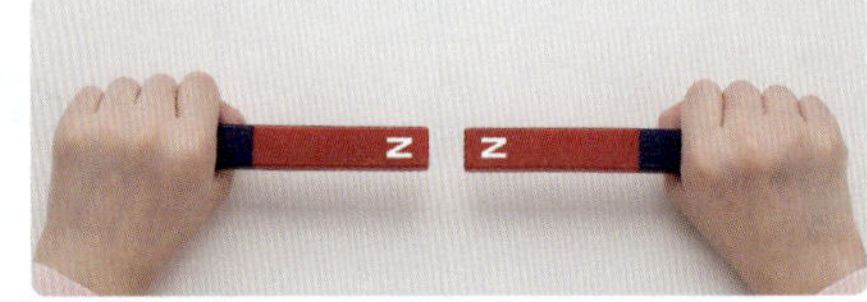 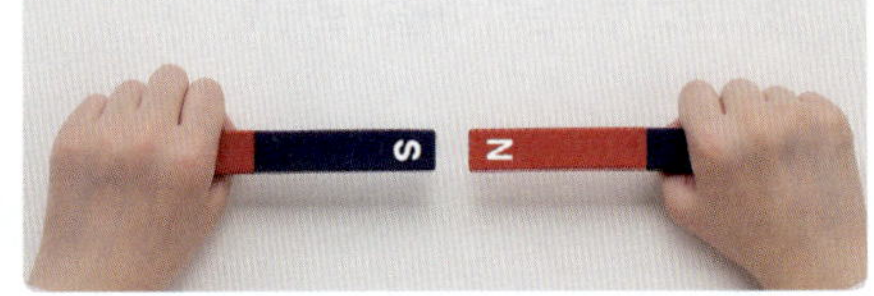

▲ 같은 극끼리 가까이 할 때　　　▲ 다른 극끼리 가까이 할 때

| 결과 |

• 막대자석의 N극끼리 가까이 하면 서로 밀어 내는 느낌이 듭니다.
• 막대자석의 S극끼리 가까이 하면 서로 밀어 내는 느낌이 듭니다.

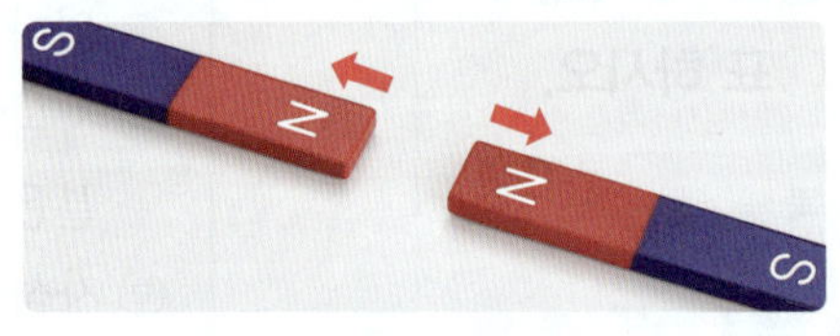 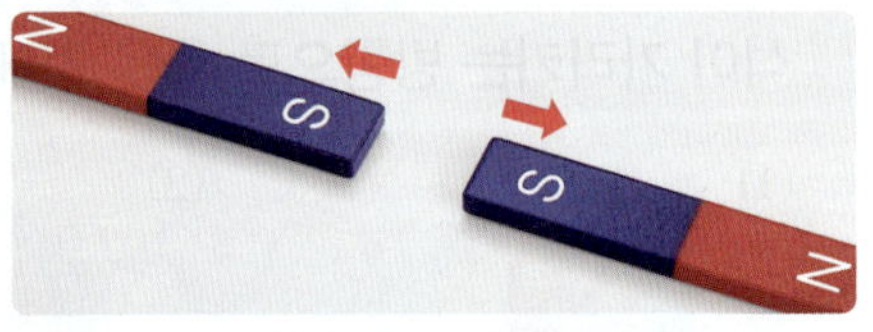

▲ N극끼리 가까이 할 때　　　▲ S극끼리 가까이 할 때

• 막대자석의 N극과 S극을 가까이 하면 서로 끌어당기는 느낌이 듭니다.

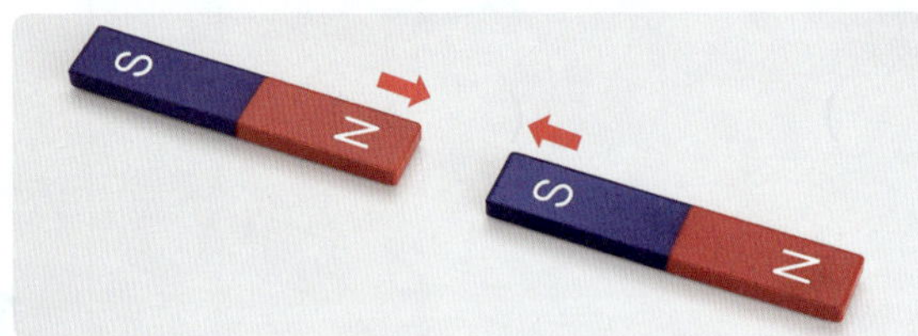

정리

• 자석을 다른 자석에 가까이 가져가면 서로 밀어 내거나 끌어당기는 힘을 느낄 수 있습니다.
• 자석의 같은 극끼리 가까이 하면 서로 밀어 내고, 자석의 다른 극끼리 가까이 하면 서로 끌어당깁니다.

(2) 자석과 자석 사이에 작용하는 힘 ➕

① 자석의 같은 극끼리는 서로 밀어 내는 힘이 작용합니다.

② 자석의 다른 극끼리는 서로 끌어당기는 힘이 작용합니다.

2 자석과 자석 사이에 작용하는 힘 이용하기

실험동영상

교과서 대표 탐구

고리 자석의 극*추리하기 ⊕

| 과정 |

❶ 빨대에 끼운 고리 자석의 한쪽 면에 막대자석의 N극을 가까이 해 봅니다.
❷ 고리자석의 한쪽 면에 막대자석의 S극을 가까이 해 봅니다.
❸ 막대자석을 가까이 한 고리 자석의 면은 무슨 극인지 생각해 봅니다.

| 결과 |

구분	막대자석과 고리 자석이 서로 밀어 낼 때	막대자석과 고리 자석이 서로 끌어당길 때
막대자석의 N극을 가까이 할 때	고리 자석의 이동 방향 — N극	S극
막대자석의 S극을 가까이 할 때	S극	N극

정리

• 막대자석의 N극을 가까이 했을 때 서로 밀어 내면 막대자석을 가까이 한 고리 자석의 면은 N극이고, 서로 끌어당기면 S극입니다.
• 막대자석의 S극을 가까이 했을 때 서로 밀어 내면 막대자석을 가까이 한 고리 자석의 면은 S극이고, 서로 끌어당기면 N극입니다.

탐구 팩트 고리 자석으로 가장 높은 탑과 가장 낮은 탑을 쌓는 방법은 무엇일까?

같은 극끼리 마주 보게 쌓으면 서로 밀어 내어 탑의 높이가 가장 높아지고, 다른 극끼리 마주 보게 쌓으면 서로 끌어당겨 높이가 가장 낮아져.

1단원
4회

⊕ 맨 위에 있는 자석 윗면의 극 추리하기

가장 먼저 끼운 고리 자석의 윗면이 N극임을 알 때, 사이가 떨어진 가운데 고리 자석의 아랫면은 같은 극인 N극임을 추리할 수 있습니다. 같은 방법으로 맨 위에 있는 자석 윗면의 극을 알 수 있습니다.

용어 사전

★ 추리　알고 있는 사실을 바탕으로 미루어 생각함.

핵심만 한번 더 쓰면서 정리 !

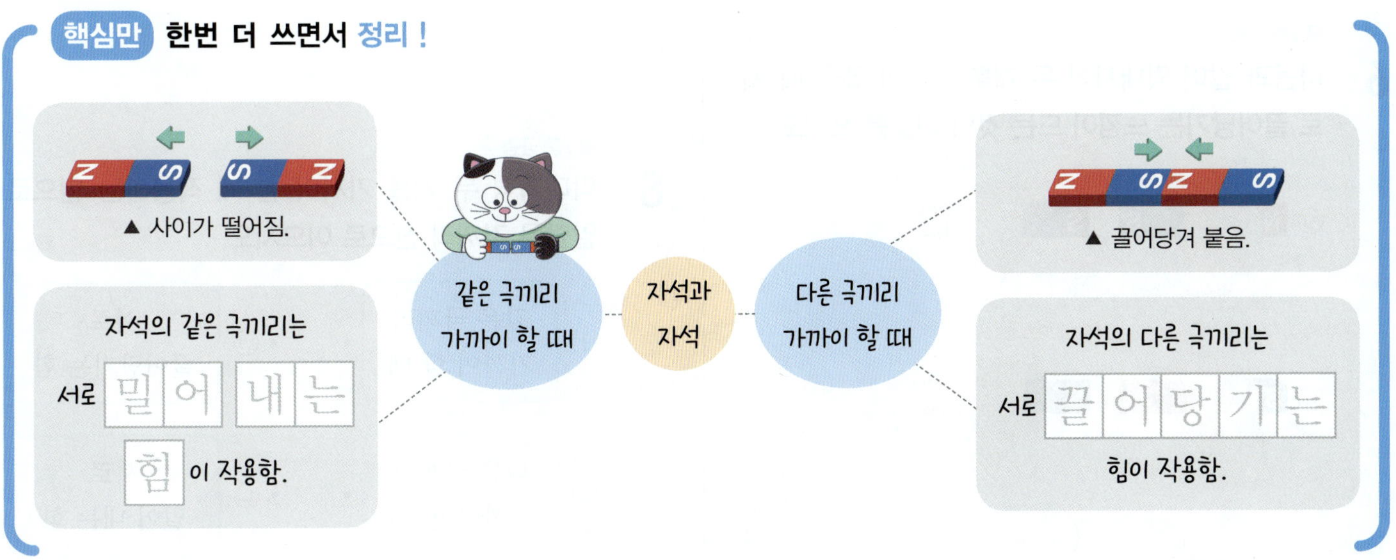

핵심 체크

1 두 자석을 같은 극끼리 가까이 하면 서로 (　　　)는 힘이 작용합니다.

2 두 자석을 다른 극끼리 가까이 하면 서로 (　　　)는 힘이 작용합니다.

3 고리 자석의 한쪽 면에 막대 자석의 N극을 가까이 했을 때, 서로 밀어 내면 가까이 한 고리 자석의 면은 (　　　)극입니다.

4 고리 자석의 한쪽 면에 막대 자석의 S극을 가까이 했을 때, 서로 끌어당기면 가까이 한 고리 자석의 면은 (　　　)극입니다.

📖 7종 공통

5 다음과 같이 막대자석 두 개를 같은 극끼리 가까이 했을 때 손에 드는 느낌으로 옳은 것에 ○표 하시오.

(1) 서로 밀어 내는 느낌이 든다. (　　　)
(2) 서로 끌어당기는 느낌이 든다. (　　　)

📖 7종 공통

6 다음과 같이 막대자석 두 개를 가까이 했을 때 서로 끌어당기는 느낌이 드는 것의 기호를 쓰시오.

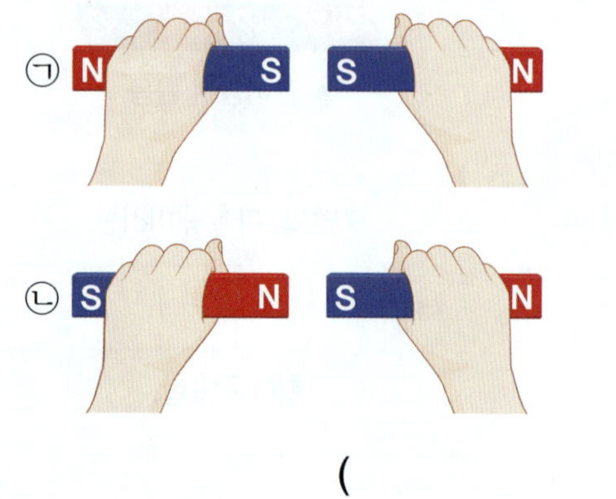

(　　　　　　　　　)

📖 7종 공통

7 막대자석에 종이로 감싸서 극을 가린 다른 막대자석을 가까이 했더니 서로 밀어 냈습니다. ㉠, ㉡ 부분은 어느 극인지 각각 쓰시오.

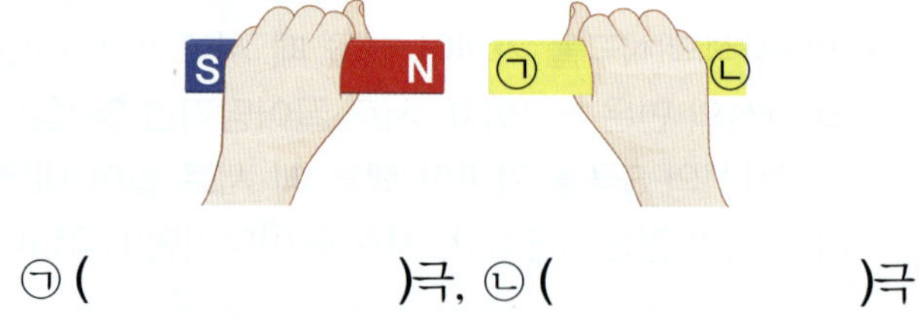

㉠ (　　　　　　)극, ㉡ (　　　　　　)극

📖 7종 공통

8 막대자석 두 개를 가까이 할 때 작용하는 힘으로 알맞은 것끼리 선으로 이으시오.

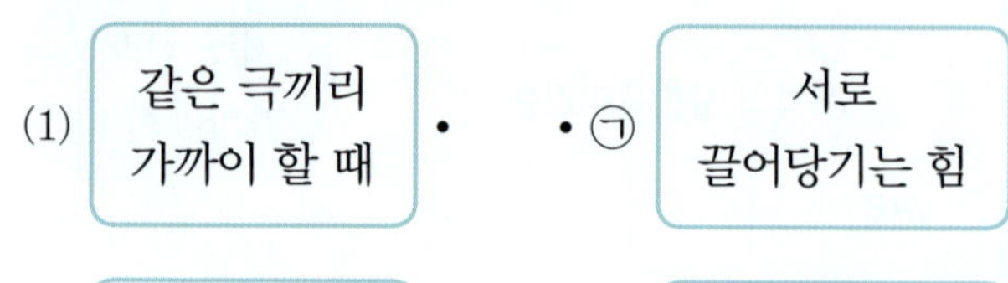

(1) 같은 극끼리 가까이 할 때 · · ㉠ 서로 끌어당기는 힘

(2) 다른 극끼리 가까이 할 때 · · ㉡ 서로 밀어 내는 힘

서술형 동아, 비상, 지학사

9 오른쪽과 같이 막대자석 두 개를 같은 극끼리 마주 보게 놓고 막대자석 하나를 다른 막대자석 쪽으로 밀면 어떤 현상이 일어나는지 두 자석 사이에 작용하는 힘과 관련지어 쓰시오.

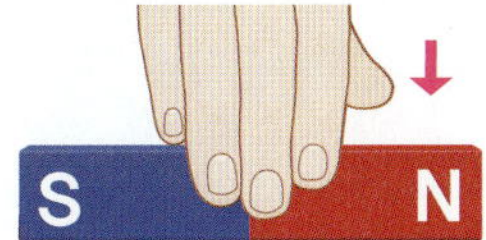

____

____

도움말 자석의 같은 극끼리 가까이 할 때 작용하는 힘을 떠올려요.

|10~11| 다음과 같이 고리 자석 끼우개에 N극이 위로 오도록 ⓒ 고리 자석을 끼우고 다른 고리 자석 두 개로 고리 자석 탑을 쌓았습니다. 물음에 답하시오.

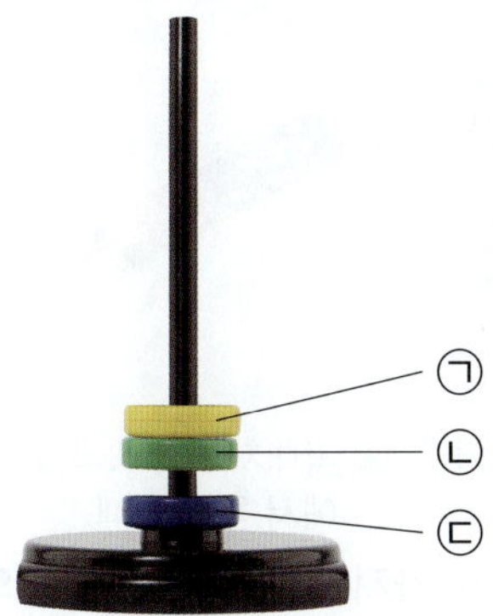

미래엔, 비상, 아이스크림, 천재(이), 천재(정)

10 ⓒ 고리 자석의 윗면과 ⓛ 고리 자석의 아랫면 사이에 작용하는 힘으로 옳은 것에 ○표 하시오.

⑴ 서로 밀어 내는 힘 ( )
⑵ 서로 끌어당기는 힘 ( )

미래엔, 비상, 아이스크림, 천재(이), 천재(정)

11 ㄱ 고리 자석의 윗면은 무슨 극인지 쓰시오.

( )극

디지털 문해력 미래엔, 비상, 아이스크림, 천재(이), 천재(정)

12 다음 메신저 대화를 보고, 고리 자석으로 탑을 쌓는 방법에 대해 잘못 말한 사람의 이름을 쓰시오.

( )

📖 7종 공통

13 두 막대자석을 가까이 할 때 서로 끌어당기는 경우로 알맞은 것을 (보기)에서 골라 기호를 쓰시오.

(보기)
ㄱ S극과 S극을 가까이 할 때
ㄴ N극과 N극을 가까이 할 때
ㄷ S극과 N극을 가까이 할 때

( )

학습 결과에 색칠하세요.  

나침반 바늘의 빨간색 부분이 항상 북쪽을 가리키는 까닭

나침반 바늘이 항상 북쪽과 남쪽을 가리키는 까닭은 지구가 하나의 커다란 자석이기 때문입니다. 지구는 남극 쪽이 N극이고, 북극 쪽이 S극을 띱니다. 따라서 나침반 바늘의 빨간색 부분(N극)은 북쪽을 가리키고, 빨간색 부분의 반대편(S극)은 남쪽을 가리킵니다.

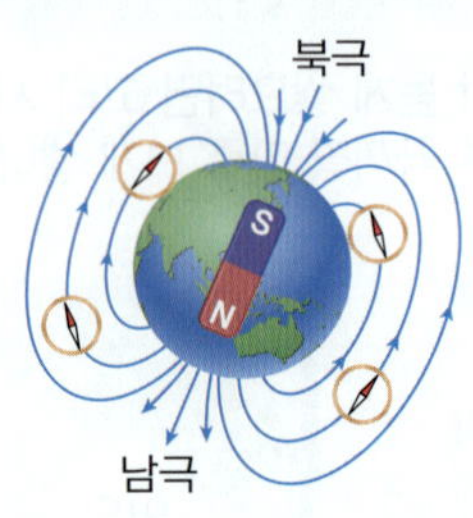

탐구 팩트 나침반 주변에 실험에 쓰이는 막대자석 외에 다른 자석이나 철로 된 물체가 있어도 될까?

> 나침반 바늘은 자석이므로 주변에 다른 자석이나 철로 된 물체의 영향을 받아. 따라서 정확한 실험을 위해 주변에 다른 자석이나 철로 된 물체가 없는지 먼저 확인해야 해.

자석 주위에서 나침반 바늘의 방향

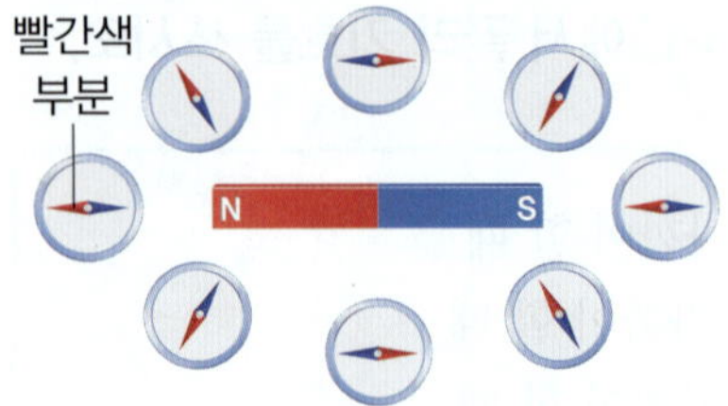

용어 사전

★ **나침반** 자석으로 된 바늘이 움직이면서 남쪽과 북쪽을 가리켜 방향을 알 수 있게 하는 도구.

---

1 나침반과 자석

(1) 나침반

① 나침반은 자석이 북쪽과 남쪽을 가리키는 성질을 이용해 방향을 찾을 수 있도록 만든 도구입니다. → 나침반 바늘은 자석으로 되어 있어요.

② 나침반 바늘의 빨간색 부분은 N극이고, 반대편은 S극입니다.

(2) 나침반과 자석을 가까이 했을 때 나타나는 현상

실험동영상

교과서 대표 탐구

나침반과 자석을 가까이 했을 때 나타나는 현상 관찰하기

| 과정 |

❶ 책상 위에 나침반을 올려놓고 나침반 바늘이 멈출 때까지 기다립니다.

❷ 막대자석의 N극과 S극을 각각 나침반에 가까이 가져가며 나침반 바늘의 움직임을 관찰합니다.

| 결과 |

• 막대자석의 N극을 나침반에 가까이 가져가면 나침반 바늘의 빨간색 부분이 막대자석의 N극에서 멀어집니다.

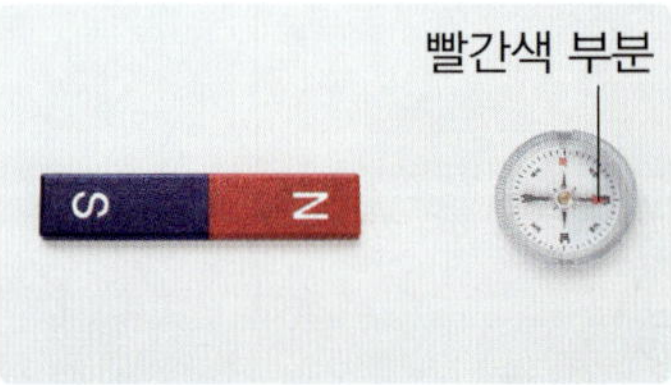

▲ 막대자석의 N극을 나침반에 가까이 가져갈 때

▲ 막대자석의 N극을 나침반 주변에서 움직일 때

• 막대자석의 S극을 나침반에 가까이 가져가면 나침반 바늘의 빨간색 부분이 막대자석의 S극에 가까워집니다.

▲ 막대자석의 S극을 나침반에 가까이 가져갈 때

▲ 막대자석의 S극을 나침반 주변에서 움직일 때

정리

• 막대자석의 N극과 나침반 바늘의 빨간색 부분을 가까이 하면 서로 밀어 내는 힘이 작용합니다. → 같은 N극이므로 밀어 내요.

• 막대자석의 S극과 나침반 바늘의 빨간색 부분을 가까이 하면 서로 끌어당기는 힘이 작용합니다.

2 자석을 이용한 장치

(1) 자석을 이용한 장치에 이용할 수 있는 자석의 성질
① 자석과 철로 된 물체는 서로 끌어당깁니다.
② 자석의 같은 극끼리는 서로 밀어 내고, 다른 극끼리는 끌어당깁니다.
③ 자석은 일정한 방향을 가리킵니다.

(2) 자석을 이용한 장치를 이용할 때의 편리한 점 ➕

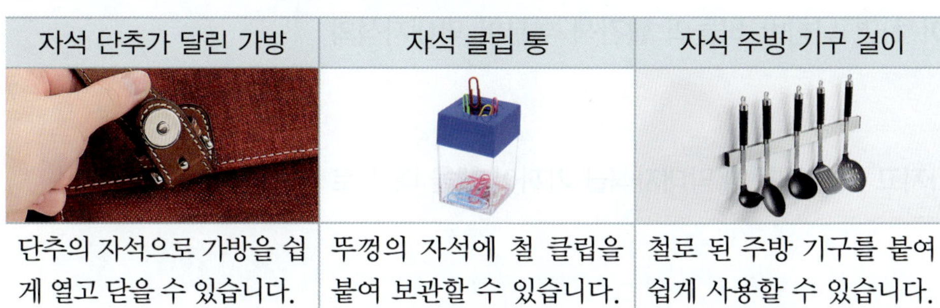

자석 단추가 달린 가방	자석 클립 통	자석 주방 기구 걸이
단추의 자석으로 가방을 쉽게 열고 닫을 수 있습니다.	뚜껑의 자석에 철 클립을 붙여 보관할 수 있습니다.	철로 된 주방 기구를 붙여 쉽게 사용할 수 있습니다.

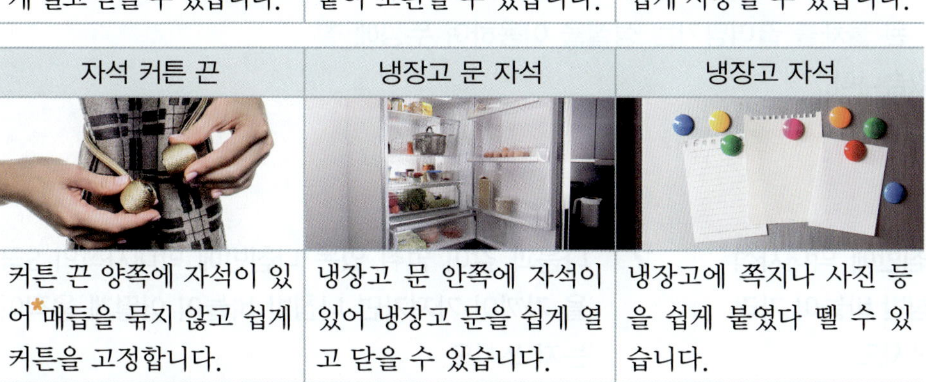

자석 커튼 끈	냉장고 문 자석	냉장고 자석
커튼 끈 양쪽에 자석이 있어 *매듭을 묶지 않고 쉽게 커튼을 고정합니다.	냉장고 문 안쪽에 자석이 있어 냉장고 문을 쉽게 열고 닫을 수 있습니다.	냉장고에 쪽지나 사진 등을 쉽게 붙였다 뗄 수 있습니다.

자석 창문 닦이	자석 드라이버	자석 칠판
자석의 다른 극끼리 끌어당기는 성질을 이용하여 유리창 안쪽과 바깥쪽을 동시에 닦을 수 있습니다.	드라이버의 끝에 자석이 있어서 철 나사못을 붙일 수 있으므로 편한 작업을 돕습니다.	철로 된 칠판에 자석을 붙여서 쪽지를 *고정하거나 모양 자석을 붙일 수 있습니다.

➕ **자석을 이용한 생활용품**

- 스마트 기기 덮개: 덮개 내부에 작은 자석이 들어 있어 스마트 기기 화면을 덮으면 꼭 붙어서 화면을 보호하고, 덮개를 접어 세워놓을 수도 있습니다.

- 자석 비누 걸이: 한쪽 면에 철을 붙인 비누를 벽 지지대의 자석에 붙여 편리하게 보관할 수 있습니다.

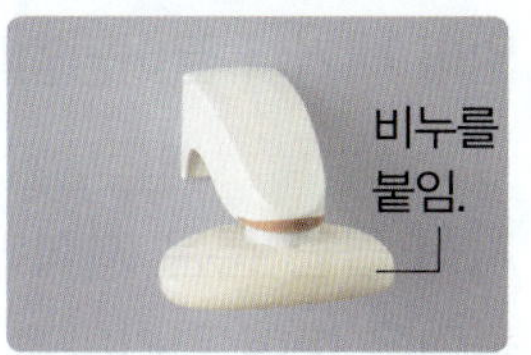

- 스마트폰 자석 *거치대: 자석으로 된 거치대에 철로 된 판을 붙인 스마트폰을 붙여서 고정시킬 수 있습니다.

용어 사전

★ **매듭** 실이나 끈 등을 묶어 마디를 맺은 자리.

★ **고정** 일정한 장소나 상태에서 움직이지 않음.

★ **거치대** 물건을 받쳐 놓는 대.

핵심만 **한번 더 쓰면서** 정리!

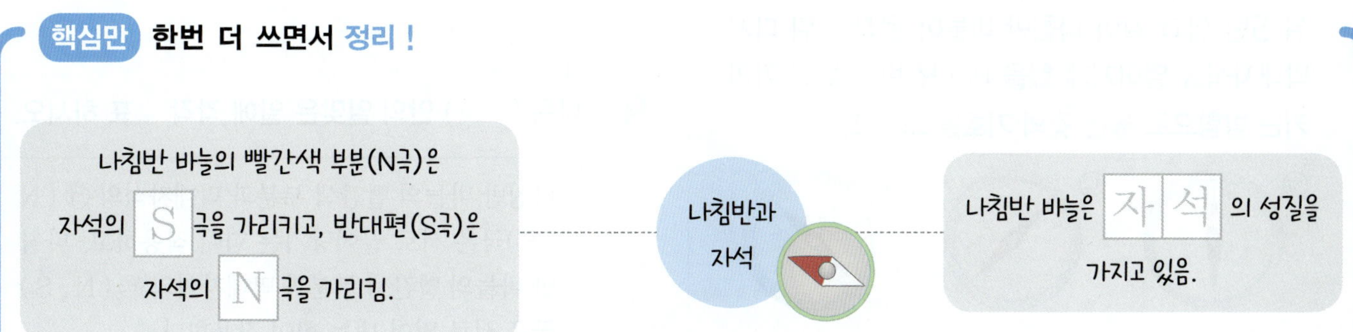

나침반 바늘의 빨간색 부분(N극)은 자석의 [S] 극을 가리키고, 반대편(S극)은 자석의 [N] 극을 가리킴.

나침반과 자석

나침반 바늘은 [자 | 석] 의 성질을 가지고 있음.

핵심 체크

1 주변에 자석이 없을 때 나침반 바늘의 빨간색 부분인 N극은 항상 (　　　)쪽을 가리킵니다.

2 나침반에 막대자석의 S극을 가까이 하면 나침반 바늘의 빨간색 부분이 막대자석의 (　　　)극을 가리킵니다.

3 나침반 바늘은 (　　　)의 성질을 가지고 있기 때문에 막대자석을 가까이 했을 때 서로 밀어 내거나 끌어당깁니다.

4 자석 클립 통은 자석이 (　　　)로 된 물체를 끌어당기는 성질을 이용하여 뚜껑에 철 클립을 붙여 편리하게 보관할 수 있습니다.

📖 7종 공통

5 다음과 같은 방향을 가리키던 나침반에 막대자석의 N극을 가까이 가져갔을 때, 나침반 바늘이 가리키는 방향으로 옳은 것의 기호를 쓰시오.

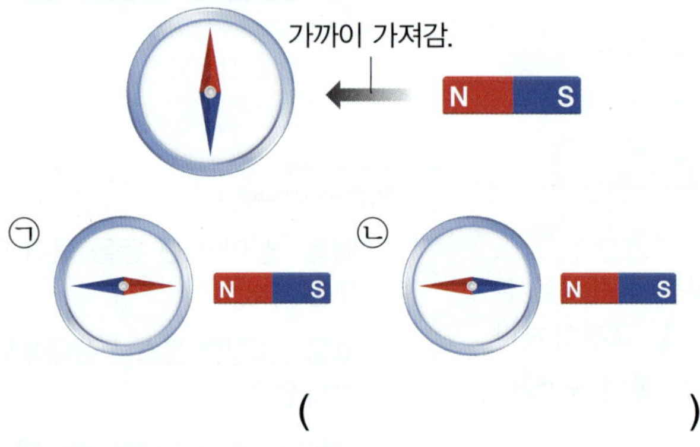

(　　　　　　　　)

📖 7종 공통

6 위 **5**번 답과 같이 나침반 바늘이 움직인 뒤 다시 막대자석을 멀어지게 했을 때 나침반 바늘이 가리키는 방향으로 옳은 것의 기호를 쓰시오.

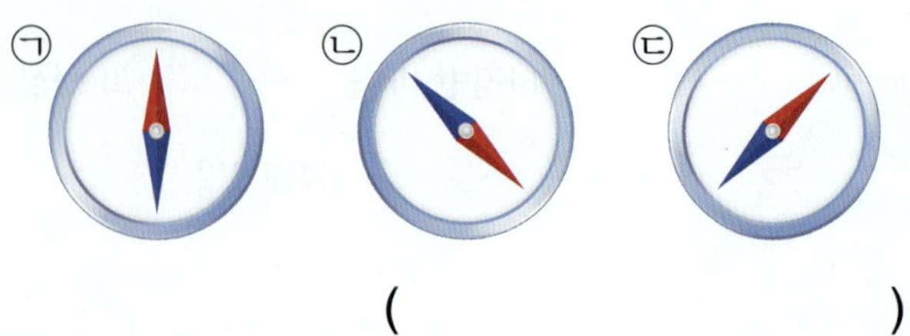

(　　　　　　　　)

서술형 📖 7종 공통

7 다음과 같이 멈춰 있는 나침반에 막대자석의 S극을 가까이 가져가면 나침반 바늘이 어떻게 움직이는지 쓰시오.

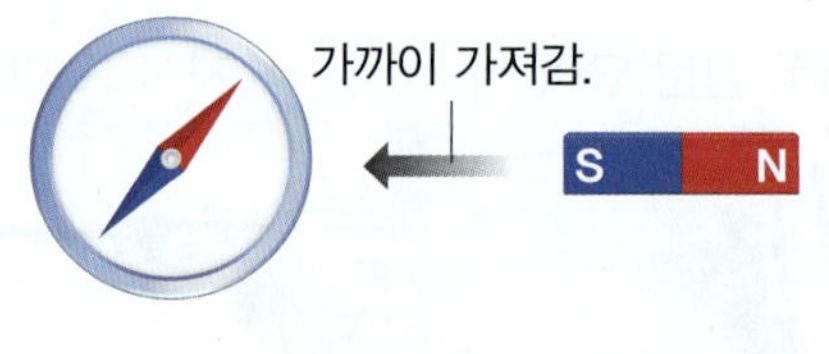

도움말 나침반 바늘도 자석임을 떠올리고 자석과 자석 사이에 작용하는 힘에 대해서 생각해 봐요.

📖 7종 공통

8 다음 (　　　) 안의 알맞은 말에 각각 ○표 하시오.

> 나침반 바늘의 빨간색 부분과 막대자석의 ㉠ (N , S)극은 서로 끌어당기는 힘이 작용하고, 나침반 바늘의 빨간색 부분과 막대자석의 ㉡ (N , S)극은 서로 밀어 내는 힘이 작용한다.

비상, 천재(이), 천재(정)

9 다음과 같이 막대자석 주위에 나침반을 놓았을 때 나침반 바늘의 모습으로 옳지 <u>않은</u> 것을 두 가지 골라 기호를 쓰시오.

(   )

디지털 문해력   지학사, 천재(이), 천재(정)

10 다음은 나침반 바늘이 항상 일정한 방향을 가리키는 까닭과 관련된 글입니다. (   ) 안에 들어갈 알맞은 자석의 극을 각각 쓰시오.

㉠ (   )극, ㉡ (   )극

동아, 아이스크림, 천재(정)

11 오른쪽과 같은 자석 클립 통에 이용된 자석의 성질로 알맞은 것을 (보기)에서 골라 기호를 쓰시오.

(보기)
㉠ 일정한 방향을 가리키는 성질
㉡ 철로 된 물체를 끌어당기는 성질
㉢ 다른 극끼리 서로 끌어당기는 성질

(   )

동아, 천재(정)

12 다음과 같이 드라이버 끝에 철 나사못을 붙일 수 있는 것은 드라이버의 끝에 무엇이 있기 때문인지 쓰시오.

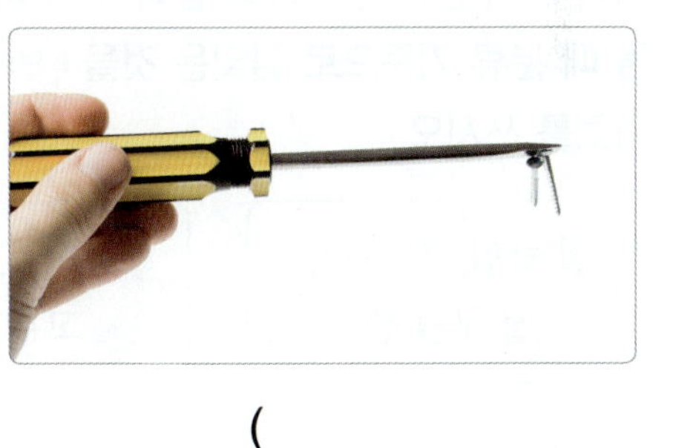

(   )

7종 공통

13 자석을 이용한 생활용품 중 이용한 자석의 성질이 <u>다른</u> 하나는 어느 것입니까? (   )

① 
▲ 냉장고 문 자석

② 
▲ 자석 주방 기구 걸이

③ 
▲ 나침반

④ 
▲ 자석 칠판

학습 결과에 색칠하세요.

1 단원 5회

📖 7종 공통

1 자석에 붙는 물체끼리 짝 지은 것은 어느 것입니까? (　　　　)

① 색종이, 유리구슬
② 가위, 플라스틱 자
③ 철 집게, 철 나사못
④ 나무젓가락, 철 구슬
⑤ 고무지우개, 알루미늄 포일

📖 7종 공통

2 여러 가지 물체를 다음과 같이 두 무리로 분류하였을 때 분류 기준으로 알맞은 것을 (보기)에서 골라 기호를 쓰시오.

철 클립, 철 고리, 철 구슬 줄	종이컵, 유리컵, 고무지우개

(보기)
㉠ 가벼운 물체와 무거운 물체
㉡ 물에 가라앉는 물체와 물에 뜨는 물체
㉢ 자석에 붙는 물체와 자석에 붙지 않는 물체

(　　　　　　　)

서술형 동아, 미래엔, 아이스크림, 천재(이)

3 철 캔과 알루미늄 캔 여러 개가 섞여 있을 때 자석을 이용하여 분리할 수 있을지 그렇게 생각한 까닭과 함께 쓰시오.

____

____

동아, 미래엔, 비상, 아이스크림, 천재(이), 천재(정)

4 다음은 자석에 붙는 부분과 붙지 않는 부분이 모두 있는 물체입니다. 자석에 붙는 부분을 모두 골라 기호를 쓰시오.

(　　　　　　　)

동아, 미래엔, 아이스크림, 지학사, 천재(이), 천재(정)

⭐ 5 다음 모습을 통해 알 수 있는 사실로 옳은 것을 (보기)에서 두 가지 골라 기호를 쓰시오.

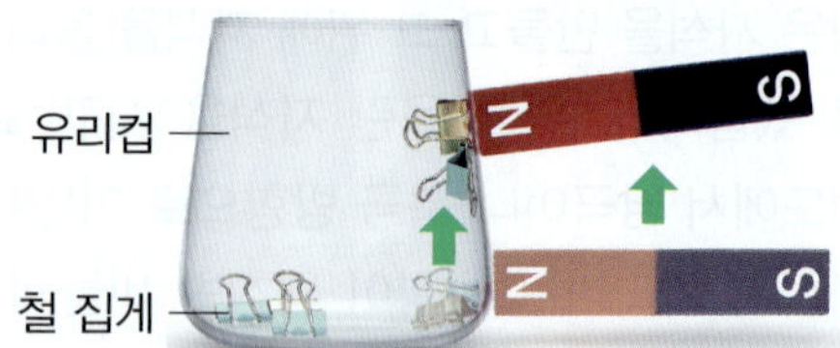

(보기)
㉠ 자석과 철로 된 물체는 서로 밀어 낸다.
㉡ 자석과 철로 된 물체는 서로 끌어당긴다.
㉢ 자석과 철로 된 물체 사이에 유리가 있어도 서로 끌어당기는 힘이 작용한다.
㉣ 자석과 철로 된 물체 사이에 유리가 있으면 서로 끌어당기는 힘이 사라진다.

(　　　　　　　)

서술형 동아, 미래엔, 아이스크림, 천재(이), 천재(정)

6 다음은 실을 묶은 철 클립을 막대자석에 붙인 뒤 플라스틱 컵을 움직여 철 클립에서 조금 떨어지게 한 결과입니다. 이 모습으로 알 수 있는 사실을 자석과 철 클립 사이에 작용하는 힘과 관련지어 쓰시오.

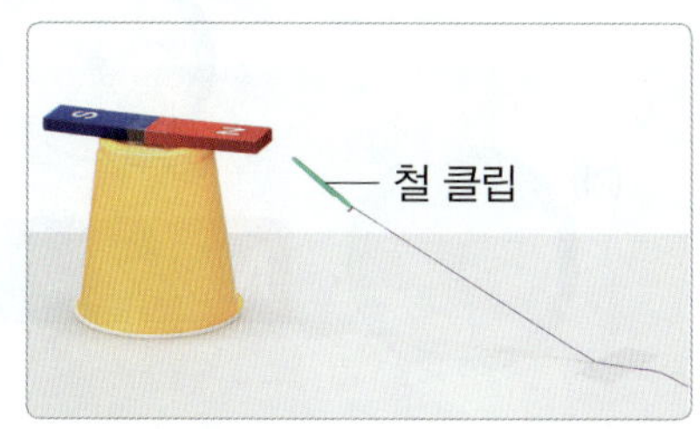

____

____

동아, 미래엔, 아이스크림, 천재(이), 천재(정)

7 다음과 같이 철 클립과 막대자석 사이에 얇은 플라스틱판을 넣었을 때 볼 수 있는 모습을 옳게 말한 사람의 이름을 쓰시오.

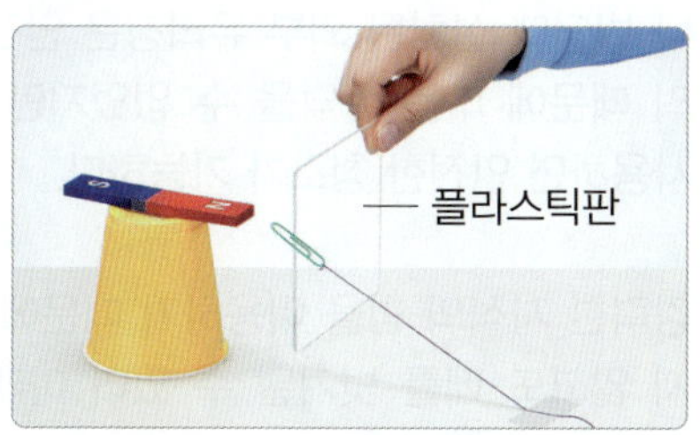

> • 진우: 철 클립이 바닥에 떨어져.
> • 수정: 철 클립이 그대로 공중에 떠 있어
> • 하을: 철 클립이 얇은 플라스틱판에 붙어.

(　　　　　　　　　　)

7종 공통

8 자석과 자석에 붙는 물체 사이에 작용하는 힘에 대한 설명으로 옳은 것에 ○표, 옳지 <u>않은</u> 것에 ×표 하시오.

⑴ 자석과 자석에 붙는 물체는 사이가 서로 조금 떨어져 있어도 서로 끌어당기는 힘이 작용한다.

(　　　　)

⑵ 자석과 자석에 붙는 물체 사이에 종이나 얇은 유리판을 넣으면 서로 밀어 내는 힘이 작용한다.

(　　　　)

7종 공통

9 막대자석에 철 클립이 붙은 모습으로 알 수 있는 사실이 <u>아닌</u> 것은 어느 것입니까? (　　　　)

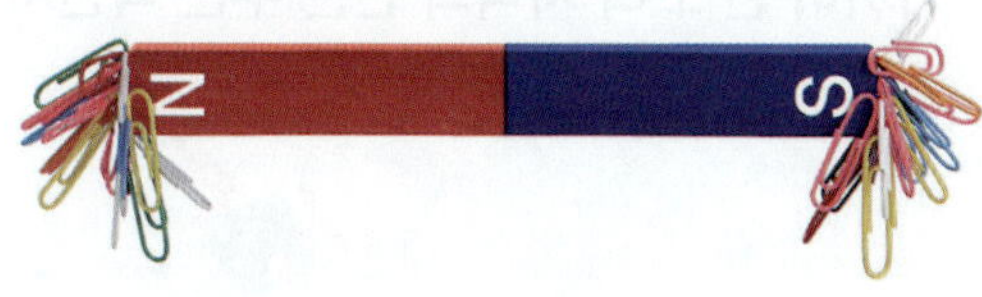

① 막대자석의 극은 두 개이다.
② 막대자석의 극은 양쪽 끝에 있다.
③ 막대자석의 극은 가운데에 한 개 있다.
④ 막대자석 양쪽 끝에서 자석의 힘이 가장 세다.
⑤ 막대자석의 양쪽 끝에 철로 된 물체가 가장 많이 붙는다.

미래엔, 비상, 아이스크림, 천재(이), 천재(정)

10 다음 여러 가지 자석에서 자석의 극으로 알맞은 부분에 모두 ○표 하시오.

⑴　　　　　　　⑵　　　　　　　⑶

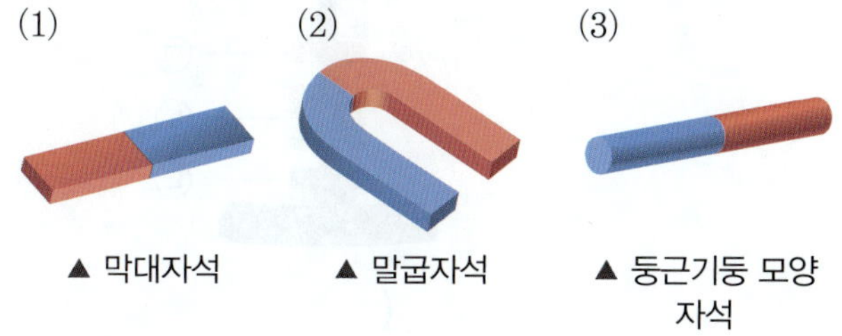

▲ 막대자석　　　▲ 말굽자석　　　▲ 둥근기둥 모양 자석

동아, 비상, 지학사

11 다음과 같이 막대자석 두 개를 마주 보게 나란히 놓고 한쪽 막대자석을 밀 때, 다른 막대자석이 뒤로 밀려나는 것의 기호를 쓰시오.

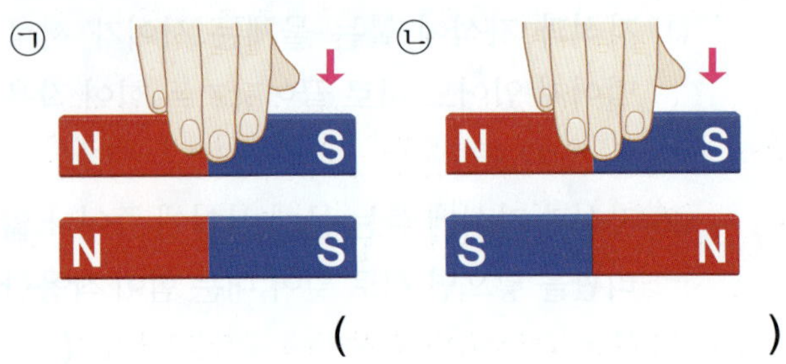

( )

📖 7종 공통

12 빨대에 끼운 고리 자석에 막대자석의 S극을 가까이 했더니 고리 자석이 밀려났습니다. 막대자석을 가까이 한 고리 자석의 면은 무슨 극인지 쓰시오.

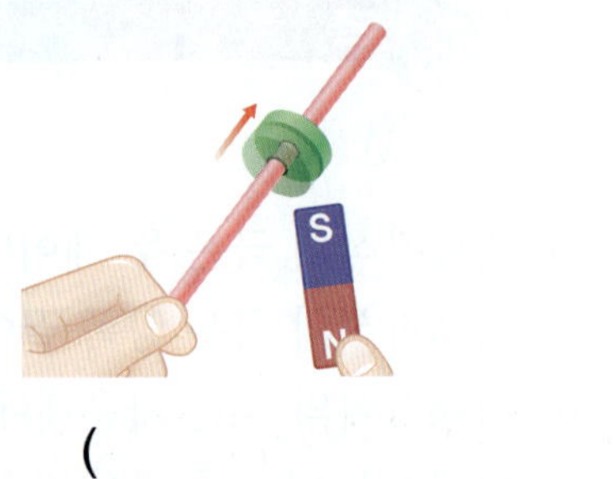

( )극

미래엔, 비상, 아이스크림, 천재(이), 천재(정)

13 다음 고리 자석 탑에서 다른 자석과 서로 같은 극끼리 마주 보게 쌓은 것을 모두 골라 기호를 쓰시오.

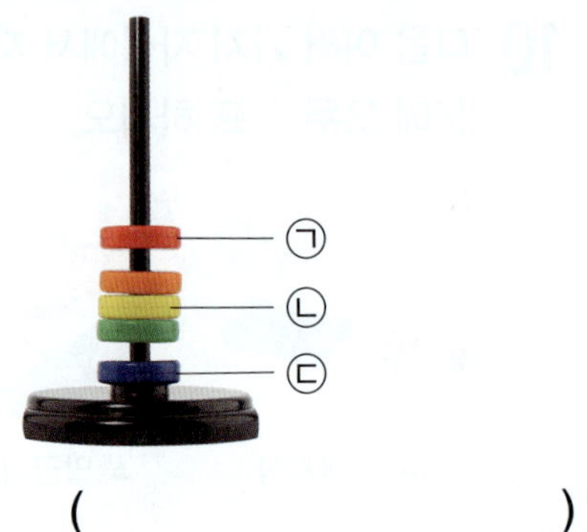

( )

📖 7종 공통

14 막대자석과 가까운 ㈎, ㈏의 위치에 각각 나침반을 놓았을 때 나침반 바늘의 모습으로 알맞은 것을 〈보기〉에서 골라 각각 기호를 쓰시오.

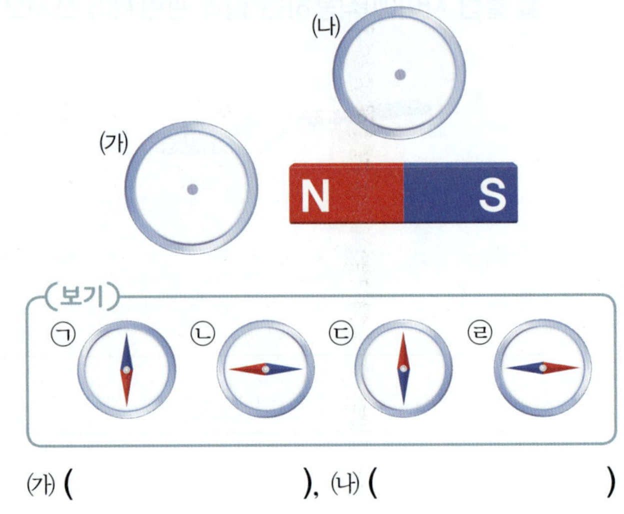

보기

㈎ ( ), ㈏ ( )

디지털 문해력   동아, 비상, 아이스크림, 천재(이)

15 다음은 양면 창문 닦이에 대한 광고 페이지입니다. 이 제품은 자석의 어떤 성질을 이용한 것인지 알맞은 것에 ◯표 하시오.

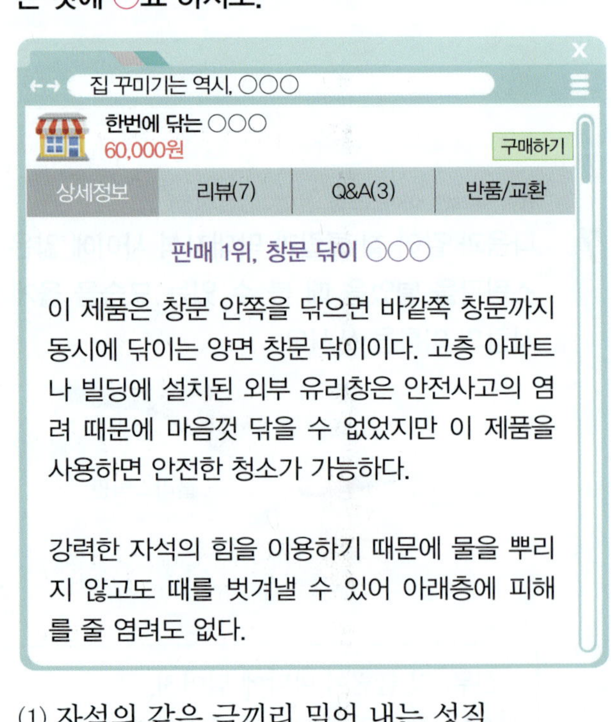

집 꾸미기는 역시, ◯◯◯

한번에 닦는 ◯◯◯
60,000원   구매하기

상세정보 | 리뷰(7) | Q&A(3) | 반품/교환

판매 1위, 창문 닦이 ◯◯◯

이 제품은 창문 안쪽을 닦으면 바깥쪽 창문까지 동시에 닦이는 양면 창문 닦이이다. 고층 아파트나 빌딩에 설치된 외부 유리창은 안전사고의 염려 때문에 마음껏 닦을 수 없었지만 이 제품을 사용하면 안전한 청소가 가능하다.

강력한 자석의 힘을 이용하기 때문에 물을 뿌리지 않고도 때를 벗겨낼 수 있어 아래층에 피해를 줄 염려도 없다.

(1) 자석의 같은 극끼리 밀어 내는 성질

( )

(2) 자석의 다른 극끼리 끌어당기는 성질

( )

동아, 천재(정)

16 자석 드라이버가 이용하는 자석의 성질로 (   ) 안에 들어갈 알맞은 말을 쓰시오.

자석과 (   )(으)로 된 물체가 서로 끌어당기는 성질을 이용한다.

(   )

📖 7종 공통

17 다음 중 자석을 이용한 편리한 생활용품이 <u>아닌</u> 것은 어느 것입니까? (   )

① 
▲ 냉장고 문

② 
▲ 소화기

③ 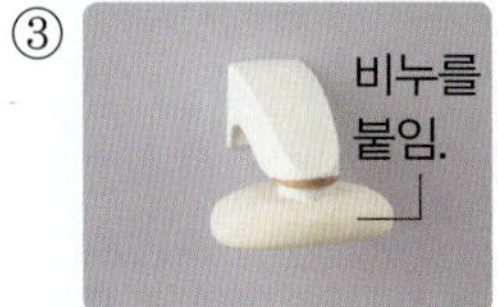

▲ 비누 걸이

④ 
▲ 클립 통

동아, 미래엔, 아이스크림, 지학사, 천재(이), 천재(정)

18 가방의 단추에 자석을 이용하면 편리한 점으로 가장 알맞은 것을 (보기)에서 골라 기호를 쓰시오.

(보기)
㉠ 가방을 쉽게 열고 닫을 수 있다.
㉡ 가방의 무게를 가볍게 할 수 있다.
㉢ 가방에 철로 된 물체를 붙여 보관할 수 있다.

(   )

|19~20| 다음과 같이 막대자석 두 개를 가까이 할 때 나타나는 현상을 관찰하였습니다. 물음에 답하시오.

(가) 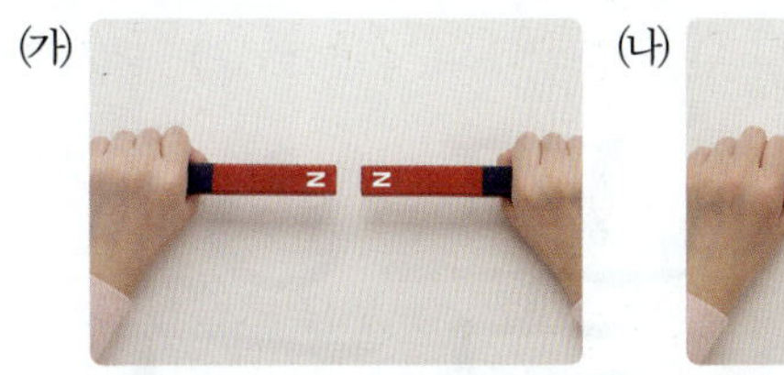
▲ 같은 극끼리 가까이 할 때

(나) 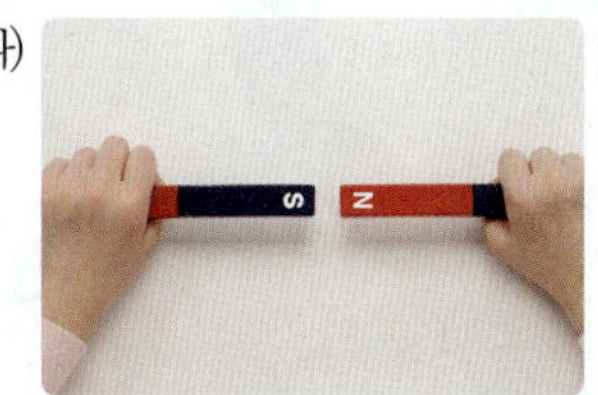
▲ 다른 극끼리 가까이 할 때

📖 7종 공통

19 위 (가), (나)와 같이 막대자석 두 개를 가까이 할 때 자석이 서로 끌어당기는 경우와 밀어 내는 경우로 구분하여 기호를 쓰시오.

끌어당기는 경우	밀어 내는 경우
(1)	(2)

서술형 📖 7종 공통

20 자석 두 개의 극 부분을 서로 가까이 할 때 작용하는 힘에 대해서 쓰시오.

____

____

____

학습 결과에 색칠하세요.   

1
단원
6회

2 물의 상태 변화

● 이번에 배울 내용

회차	쪽수	학습 내용	학습 주제
1회	36~39쪽	개념+문제 학습	물의 세 가지 상태, 물의 상태 변화
2회	40~43쪽	개념+문제 학습	물이 얼 때와 얼음이 녹을 때의 변화
3회	44~47쪽	개념+문제 학습	물의 증발과 끓음
4회	48~51쪽	개념+문제 학습	응결, 응결의 예
5회	52~55쪽	개념+문제 학습	물의 중요성, 물을 얻을 수 있는 장치
6회	56~59쪽	마무리 평가	단원 마무리 문제, 수행 평가

● 문해력을 높이는 어휘

수증기

기체 상태로 되어 있는 물

부피

넓이와 높이를 가진 물건이 공간에서 차지하는 크기로 물이 얼면 부피가 늘어남.

증발

어떤 물질이 액체 상태에서 기체 상태로 변하는 현상

응결

온도가 낮아지거나 압력 등에 의해 수증기 일부가 액체로 변하는 현상

➕ 수증기와 김

주전자에 든 물을 끓이면 수증기가 되고, 주전자 입구로 나온 수증기가 식으면 김이 됩니다. 수증기는 기체 상태로 눈에 보이지 않는 반면, 김은 수증기가 식어서 만들어진 작은 물방울로 액체 상태이므로 눈에 보입니다.

탐구 팩트 얼음과 물이 같은 물질이라는 것을 어떻게 확인할까?

물이 묻으면 붉은색으로 변하는 염화 코발트 종이를 이용하면 물과 얼음이 같은 물질이라는 것을 확인할 수 있어.

1 물의 세 가지 *상태

물은 고체인 얼음, 액체인 물, 기체인 수증기의 세 가지 상태로 있습니다.

얼음	물	수증기 ➕
일정한 모양이 있고 손으로 잡을 수 있음.	일정한 모양이 없고 흐르며, 손으로 잡을 수 없음.	일정한 모양이 없고 눈에 보이지 않음. →공기 중에 있어요.

2 물의 상태 변화

(1) 물의 상태 변화: 물이 서로 다른 상태로 변하는 것을 물의 상태 변화라고 합니다.

실험동영상

교과서 대표 탐구

물의 상태 변화 관찰하기

| 과정 |

❶ 페트리 접시에 담긴 얼음의 특징을 관찰해 봅니다.
❷ 시간이 지나면 얼음이 어떻게 변하는지 관찰해 봅니다.
❸ 붓에 물을 묻혀 실험용 장갑을 착용한 손에 칠한 뒤 시간이 지나면 물이 어떻게 변하는지 관찰해 봅니다.

| 결과 |

얼음의 특징	• 차갑고 단단함. • 일정한 모양이 있어 손으로 잡을 수 있음.
얼음의 변화	• 얼음의 크기가 작아짐. • 페트리 접시에 물이 생김. • 얼음이 녹아 물이 됨.
손에 묻힌 물의 변화	• 손에 묻은 물이 점점 줄어듦. • 시간이 지남에 따라 말라서 보이지 않음. • 물이 수증기가 되어 공기 중으로 사라짐.

정리

얼음은 시간이 지남에 따라 고체 상태에서 액체 상태로 변하고, 손에 묻힌 물은 시간이 지남에 따라 액체 상태에서 기체 상태로 변합니다.

용어 사전

★ 상태 고체, 액체, 기체와 같이 어떤 사물이나 현상이 처해 있는 형편이나 모양.

(2) 물의 상태 변화의 예

고체(얼음) → 액체(물)

날씨가 따뜻해지면 *고드름이 녹음.	봄이 되면서 강의 얼음이 녹음.	냉동실에서 꺼낸 얼음과자가 녹음.

액체(물) → 고체(얼음)

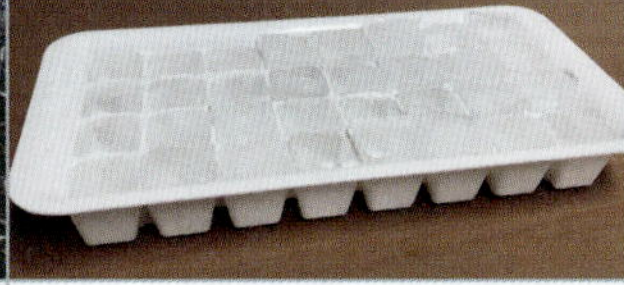

물을 얼려 스케이트장을 만듦.	얼음 틀에 물을 채워 넣어서 얼림.	스키장에서 물로 인공 눈을 만듦.

액체(물) → 기체(수증기) ➕

젖은 빨래가 시간이 지나면서 마름.	스팀다리미로 옷을 다림질함.	어항 속의 물이 시간이 지나면서 줄어듦.

기체(수증기) → 액체(물) ➕

이른 아침 풀잎에 이슬이 맺힘.	차가운 음료수 캔 표면에 물방울이 맺힘.	추운 겨울 유리창 안쪽에 물방울이 맺힘.

➕ *염전의 소금과 물의 상태 변화

염전에 바닷물을 가두어 두면 액체인 물이 기체인 수증기가 되어 공기 중으로 날아가므로 소금이 만들어집니다.

➕ 물의 상태 변화를 이용한 생활용품

- 스팀다리미: 전원을 켜서 온도가 올라가면 물이 뜨거운 수증기로 변해 구겨진 옷을 주름을 펼 수 있습니다.
- *가열식 가습기: 물을 끓여 액체인 물을 수증기로 변화시켜 공기 중으로 내보내는 기구로 집 안을 건조하지 않게 합니다.
- 제습기: 공기 중의 수증기를 액체 상태의 물로 변화시켜 모아서 습기를 제거하는 기구로 습기가 많은 여름철에 사용합니다.

용어 사전

- ✶ **고드름** 흘러내리던 물이 땅에 떨어지지 않고 길게 얼어붙어 매달린 얼음.
- ✶ **염전** 소금을 만들기 위해 바닷물을 끌어들여 논처럼 만든 곳.
- ✶ **가열** 어떤 물질에 열을 가함.

2단원 / **1회**

핵심만 **한번 더 쓰면서 정리 !**

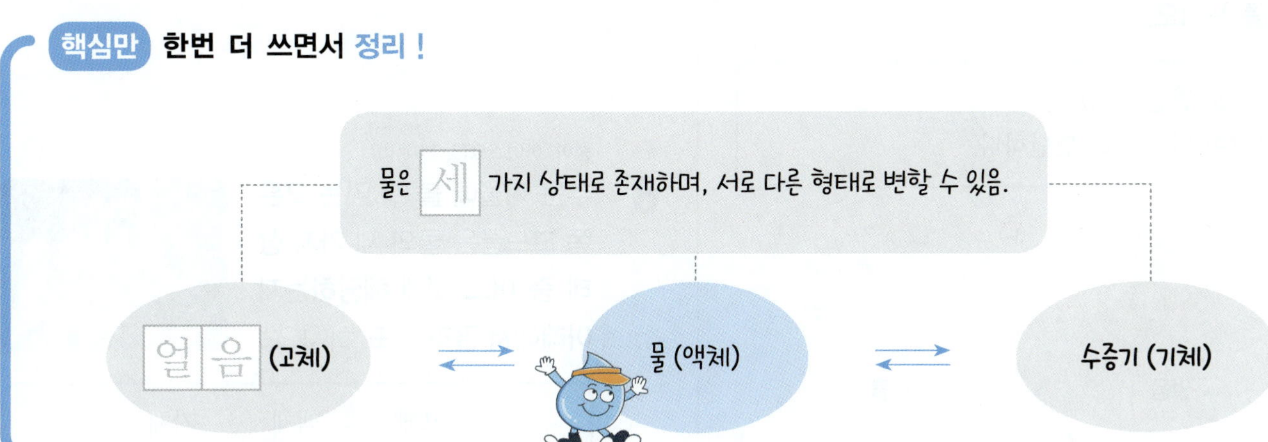

문제 학습

1 물이 얼음이 되거나 눈에 보이지 않는 수증기로 변하는 것처럼, 물이 서로 다른 상태로 변하는 것을 물의 (   )라고 합니다.

2 얼음이 녹아 물이 되는 것은 고체에서 (   )로 물의 상태가 변하는 것입니다.

3 물이 눈에 보이지 않는 수증기로 변하는 것은 액체에서 (   )로 물의 상태가 변하는 것입니다.

4 이른 아침 풀잎 표면에 이슬이 맺히는 것은 기체 상태의 (   )가 물로 상태가 변한 것입니다.

■ 7종 공통

5 물의 세 가지 상태로 알맞은 것끼리 선으로 이으시오.

(1) 물 •　　　• ㉠ 고체

(2) 얼음 •　　　• ㉡ 기체

(3) 수증기 •　　　• ㉢ 액체

■ 7종 공통

6 얼음과 물 중 다음과 같은 특징이 있는 것을 골라 기호를 쓰시오.

> • 손으로 잡을 수 있다.
> • 모양이 일정하고, 단단하다.

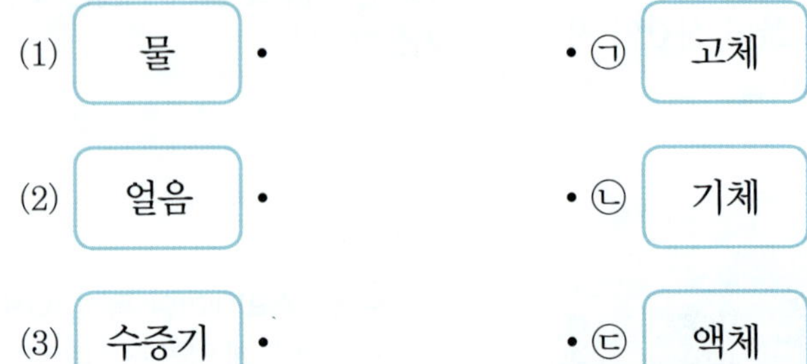

㉠ ▲ 얼음　　　㉡ ▲ 물

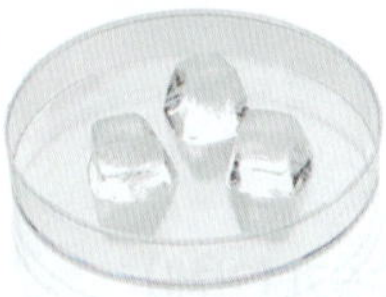

(　　　　　　　　)

■ 7종 공통

7 오른쪽과 같이 페트리 접시에 얼음을 담았을 때, 시간이 지남에 따른 얼음의 변화로 옳지 <u>않은</u> 것은 어느 것입니까? (   )

① 얼음이 녹는다.
② 얼음의 크기가 점점 작아진다.
③ 얼음이 녹으면서 바닥에 물이 생긴다.
④ 액체에서 고체로 물의 상태가 변한다.
⑤ 시간이 지날수록 얼음이 녹아서 생긴 물의 양이 점점 많아진다.

동아, 아이스크림, 천재(이)

8 추운 겨울에 볼 수 있는 오른쪽 고드름은 물의 세 가지 상태 중 어느 것에 해당하는지 아래에서 골라 ◯표 하시오.

| 고체 | 액체 | 기체 |

📖 7종 공통

9 물이 수증기로 변하는 상태 변화의 예로 알맞은 것을 (보기)에서 골라 기호를 쓰시오.

(보기)
- ㉠ 고드름이 녹는다.
- ㉡ 계곡의 물이 언다.
- ㉢ 어항의 물이 줄어든다.
- ㉣ 거미줄에 이슬이 생긴다.

( )

서술형 📖 7종 공통

10 다음 ㈎, ㈏에서는 물의 상태가 각각 어떻게 변하는지 쓰시오.

㈎ 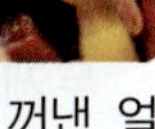
▲ 냉동실에서 꺼낸 얼음과자가 녹음.

㈏ 
▲ 젖은 빨래가 마름.

___

도움말 물은 고체인 얼음, 액체인 물, 기체인 수증기의 세 가지 상태가 있고, 서로 다른 상태로 변할 수 있음을 생각해요.

📖 7종 공통

11 이른 아침 풀잎 표면에 이슬이 맺힐 때의 물의 상태 변화 과정을 옳게 나타낸 것은 어느 것입니까? ( )

① 고체 → 액체
② 액체 → 고체
③ 기체 → 액체
④ 액체 → 기체
⑤ 기체 → 고체

디지털 문해력 📖 7종 공통

12 다음은 북극 지방의 이누이트 족이 물의 상태 변화를 이용해 만든 이글루에 대해 인터넷에서 조사한 내용입니다. 이글루를 만드는 과정에서 눈 벽돌 사이를 강력하게 붙일 때 일어나는 물의 상태 변화로 알맞은 것을 (보기)에서 골라 기호를 쓰시오.

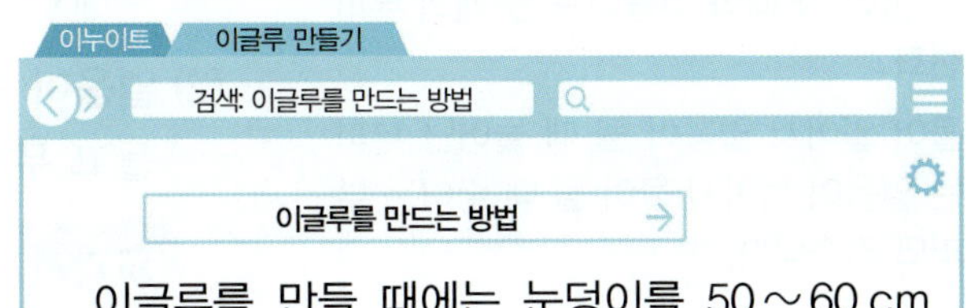

이글루를 만드는 방법 →

이글루를 만들 때에는 눈덩이를 50～60 cm 길이의 벽돌 모양으로 잘라 둥근 지붕 모양이 되게 쌓아 올린다. 집 모양이 완성되면 문을 닫고 램프를 켜거나 가벼운 난방을 통해 온도를 높인다. 실내 온도가 올라가면 안쪽 벽이 녹아서 흘러내린다.

잠시 후, 문을 열어 외부의 찬 공기를 실내로 들어오게 하면 녹았던 눈이 순식간에 얼어붙어 눈 벽돌 사이사이를 강력하게 붙게 만든다고 한다.

▲ 이글루

(보기)
- ㉠ 고체 → 액체
- ㉡ 액체 → 고체
- ㉢ 액체 → 기체
- ㉣ 기체 → 액체

( )

📖 7종 공통

13 물의 상태 변화에 대한 설명으로 옳은 것에 ○표, 옳지 **않은** 것에 ×표 하시오.

(1) 물은 얼음, 물, 수증기의 세 가지 상태로 있고, 상태가 변할 수 있다. ( )

(2) 얼음이 녹아 물이 되는 것은 액체에서 고체로 상태가 변하는 것이다. ( )

학습 결과에 색칠하세요. 

1 물이 얼 때와 얼음이 녹을 때의 변화 ⊕

(1) 물이 얼 때의 *부피와 *무게 변화: 물이 얼어 얼음이 되면 부피는 늘어나고 무게는 변하지 않습니다.

(2) 얼음이 녹을 때의 부피와 무게 변화: 얼음이 녹아 물이 되면 부피는 줄어들고 무게는 변하지 않습니다.

⊕ 물이 얼 때와 얼음이 녹을 때의 부피 변화

물이 얼어서 얼음이 될 때 늘어난 부피는 얼음이 녹아서 물이 될 때 줄어든 부피와 같습니다.

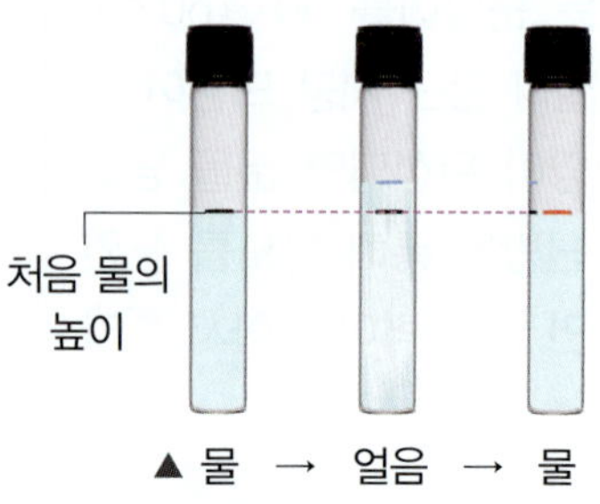

탐구 팩트 물을 얼릴 때 얼음에 소금을 넣는 이유는 무엇일까?

물을 얼음으로 만들려면 온도를 0 ℃ 이하로 낮추어야 해. 얼음과 소금을 섞으면 온도를 약 영하 21 ℃ 까지 낮출 수 있어. 얼음과 소금의 비율을 3 : 1 정도로 섞을 때 가장 효과적이야.

용어 사전

★ 부피 넓이와 높이를 가진 물체가 공간에서 차지하는 크기.

★ 무게 물체의 무거운 정도로, 지구가 물체를 잡아당기는 힘의 크기.

교과서 대표 탐구   실험동영상

물이 얼 때와 얼음이 녹을 때의 부피와 무게 변화 관찰하기

활동 1. 물이 얼 때의 부피와 무게 변화 관찰하기

| 과정 |

❶ 시험관에 물을 넣고 마개로 막은 뒤 물의 높이를 검은색 유성펜으로 표시하고, 무게를 측정해 봅니다.

❷ 소금을 섞은 얼음이 든 비커에 물이 든 시험관을 넣고 얼립니다.

❸ 물이 완전히 얼면 얼음의 높이를 파란색 유성펜으로 표시하고, 무게를 측정해 봅니다.

| 결과 |

부피 변화	무게 변화
물이 언 후 얼음의 높이가 얼기 전 물의 높이보다 높아짐.	물이 얼기 전과 완전히 언 후의 무게가 같음.

활동 2. 얼음이 녹을 때의 부피와 무게 변화 관찰하기

| 과정 |

❶ 따뜻한 물이 담긴 비커에 활동 1의 물이 언 시험관을 꽂고 얼음을 녹입니다.

❷ 얼음이 완전히 녹으면 물의 높이를 빨간색 유성펜으로 표시하고, 무게를 측정해 봅니다.

| 결과 |

부피 변화	무게 변화
얼음이 녹은 후 물의 높이가 녹기 전 얼음의 높이보다 낮아짐.	얼음이 녹기 전과 녹은 후의 무게가 같음.

정리

- 물이 얼 때 부피는 늘어나고, 무게는 변하지 않습니다.
- 얼음이 녹을 때 부피는 줄어들고, 무게는 변하지 않습니다.
- 물이 얼 때와 얼음이 녹을 때 부피는 변하지만, 무게에는 변함이 없습니다.

2 물이 얼 때 볼 수 있는 현상

① 추운 겨울 수돗물이 얼면서 부피가 늘어나 수도 계량기가 터집니다. ➕

② 페트병에 물을 가득 넣어 얼리면 물이 얼면서 부피가 늘어나 페트병이 부풉니다.

③ 주스가 들어 있는 유리병을 냉동실에 넣어 두면 유리병이 깨집니다.

④ 얼음 틀에 물을 가득 넣어 얼리면 얼음이 볼록하게 튀어나옵니다.

⑤ 추운 겨울에 바위틈에 있던 물이 얼면서 바위가 쪼개집니다.

▲ 추운 겨울 얼어서 터진 수도 계량기

▲ 물이 얼면서 부피가 늘어나 부푼 페트병

▲ 물이 얼면서 부피가 늘어나 깨진 유리병

3 얼음이 녹을 때 볼 수 있는 현상

① 튜브형 얼음과자를 따뜻한 곳에 놓아두면 얼음이 녹으면서 부피가 줄어들어 빈 공간이 생깁니다.

② 물이 얼어 부푼 페트병을 냉동실에서 꺼내 두면 얼음이 녹으면서 부피가 줄어듭니다.

③ 요구르트가 든 병을 얼린 뒤에 냉동실에서 꺼내 두면 요구르트가 녹으면서 병의 부피가 줄어듭니다.

▲ 튜브형 얼음과자를 녹였을 때의 변화

▲ 물이 얼어서 부푼 페트병을 녹였을 때의 변화

➕ 수도 계량기 동파

수도 계량기에는 가정에서 물 사용량을 쉽게 알아볼 수 있도록 유리판으로 덮인 부분이 있습니다. 겨울철 한파에 물이 얼면 부피가 늘어나서 유리가 깨져 물이 새거나 얼어 피해가 발생합니다. 이를 막기 위해 수도 계량기함 내부에 헌옷이나 보온재를 채우고, 한파에는 수도꼭지를 조금 열어 물이 계속 흐르도록 합니다.

용어 사전

★ **동파** 수도관 등이 얼어서 터지는 것을 말함.

★ **한파** 겨울에 기온이 갑자기 떨어져 추위가 심한 날씨.

핵심만 한번 더 쓰면서 정리 !

부피는 | 늘 | 어 | 나 | 고 | ,
무게에는 변화가 없음.

물이 얼 때 / 얼음이 녹을 때

부피는 | 줄 | 어 | 들 | 고 | ,
무게에는 변화가 없음.

문제 학습

1 물이 얼거나 얼음이 녹을 때 부피가 변하고, (　　　)는 변하지 않습니다.

2 물을 가득 넣은 페트병의 무게를 재고, 냉동실에 넣어 완전히 얼린 다음 다시 무게를 재면 무게는 (　　　).

3 물을 가득 넣은 페트병을 얼리면 물이 얼면서 (　　　)가 늘어나기 때문에 페트병이 부풉니다.

4 튜브형 얼음과자를 따뜻한 곳에 놓아두면 얼음이 녹아서 부피가 (　　　) 때문에 빈 공간이 생깁니다.

|5~6| 시험관에 물을 넣고 유성펜으로 물의 높이를 표시한 뒤 무게를 측정하고, 얼음과 소금을 섞은 비커에 넣어 얼렸습니다. 물음에 답하시오.

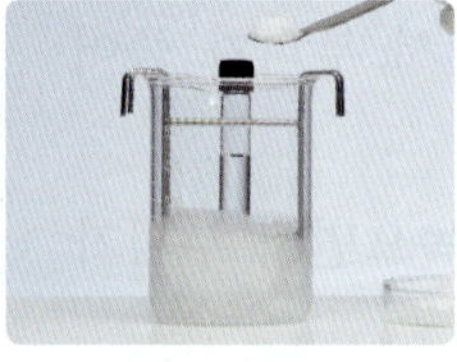

▲ 물을 얼림.

5 ㉠~㉢ 중 물이 완전히 얼었을 때 얼음의 높이로 알맞은 것의 기호를 쓰시오.

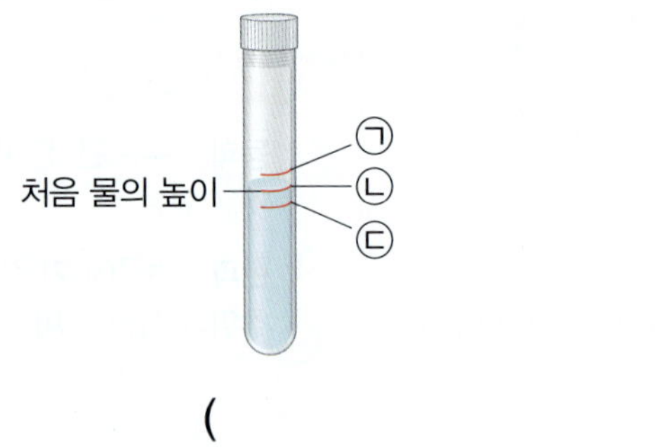

(　　　　　　　　)

6 위 실험에서 처음에 물이 든 시험관의 무게가 29.5 g이었습니다. 물이 완전히 언 후 시험관의 무게는 얼마인지 쓰시오.

(　　　　　　) g

7 물이 얼어 있는 시험관에 유성펜으로 얼음의 높이를 표시하고 따뜻한 물에 넣어 녹였습니다. 얼음이 완전히 녹은 후 물의 높이 변화로 옳은 것에 ○표 하시오.

(1) 녹은 후 물의 높이가 녹기 전 얼음의 높이와 같다.　(　　　)

(2) 녹은 후 물의 높이가 녹기 전 얼음의 높이보다 높아졌다.　(　　　)

(3) 녹은 후 물의 높이가 녹기 전 얼음의 높이보다 낮아졌다.　(　　　)

8 다음 (　　　) 안에 들어갈 알맞은 말에 각각 ○표 하시오.

> 물이 얼면 부피가 ㉠ (늘어나고 , 줄어들고), 얼음이 녹으면 부피가 ㉡ (늘어난다 , 줄어든다).

9 페트병에 물을 가득 넣어 얼리면 페트병이 부푸는 까닭으로 옳은 것은 어느 것입니까? (　　　)

① 물이 얼면서 부피가 늘어났기 때문이다.
② 물이 얼면서 무게가 늘어났기 때문이다.
③ 물이 얼면서 부피가 줄어들었기 때문이다.
④ 물이 얼면서 무게가 줄어들었기 때문이다.
⑤ 물이 얼면서 페트병이 작아졌기 때문이다.

10 튜브형 얼음과자가 녹으면 아래와 같이 빈 공간이 생기는 까닭은 무엇인지 쓰시오.

____

도움말　고체인 얼음이 녹아 액체인 물이 될 때 부피가 어떻게 변하는지 생각해요.

11 물이 가득 담긴 유리병을 냉동실에 넣어 두면 물이 얼면서 유리병이 깨지는 까닭으로 옳은 것을 (보기)에서 골라 기호를 쓰시오.

(보기)
㉠ 물이 얼면 부피가 줄어들기 때문이다.
㉡ 물이 얼면 부피가 늘어나기 때문이다.
㉢ 물이 얼면 무게가 늘어나기 때문이다.

(　　　　　　　)

12 다음은 수도 계량기 동파에 관한 뉴스 기사의 일부입니다. 추운 겨울에 수도 계량기가 터지는 까닭을 옳게 말한 사람의 이름을 쓰시오.

 **백점뉴스**

뉴스홈 ▶ 최신기사

올해 첫 수도계량기 '동파 경계' 발령

일자: 2000−00−00 17:30 

 ○○○ 기자

서울시는 22일 오후 6시부터 25일 오전 9시까지 수도 계량기 '동파 경계' 단계를 발령한다고 밝혔다.
이 기간 서울의 최저 기온은 영하 14도까지 떨어지는 등 강력한 한파가 예보됐다.
동파 경계 단계는 4단계 동파 예보제 중 3단계에 해당하며 하루 최저 기온이 영하 10도를 밑도는 날씨가 이틀 이상 지속할 때 발령한다.

• 유경: 물이 얼어 무게가 늘어나기 때문이야.
• 서훈: 물이 얼어 부피가 늘어나기 때문이야.
• 민영: 얼음이 녹아 부피가 늘어나기 때문이야.

(　　　　　　　)

13 다음 현상이 일어날 때 물의 상태 변화 과정으로 옳은 것은 어느 것입니까? (　　　)

• 냉동실에 넣어 둔 요구르트병이 볼록해진다.
• 물이 가득 담긴 유리병을 냉동실에 넣어 얼리면 유리병이 깨진다.

① 고체 → 액체　　② 액체 → 고체
③ 액체 → 기체　　④ 기체 → 액체
⑤ 기체 → 고체

학습 결과에 색칠하세요.   

개념 학습

1 물이 증발할 때와 끓을 때의 변화

① 물이 증발할 때와 끓을 때 물의 높이 변화: 물의 높이가 처음보다 낮아집니다.
② 물이 증발할 때와 끓을 때 물의 상태 변화: 액체인 물이 기체인 수증기로 변합니다.

실험동영상

교과서 대표 탐구

물이 증발할 때와 끓을 때의 특징 관찰하기

활동 1. 물이 증발할 때의 특징 관찰하기 ⊕

| 과정 |

❶ 비커에 물을 반 정도 넣고 물의 높이를 표시합니다.
❷ 햇빛이 잘 비치는 곳에 비커를 두고, 4일 동안 물의 높이 변화를 관찰합니다.

| 결과 |

활동 2. 물이 끓을 때의 특징 관찰하기

| 과정 |

❶ 비커에 물을 반 정도 넣고, 물의 높이를 빨간색 유성펜으로 표시합니다.
❷ 비커를 핫플레이트로 가열하면서 변화를 관찰합니다.
❸ 물이 끓기 시작하면 2분 뒤에 핫플레이트를 끄고, 물의 높이를 비교합니다.

| 결과 |

물을 가열할 때의 변화	• 처음에는 거의 변화가 없다가 시간이 지나면 매우 작은*기포가 조금씩 생김. • 물이 끓으면 물 전체에서 크고 작은 기포가 많이 생기고, 위로 올라와 터지면서 물 표면이 출렁임. 
물이 끓은 후 물의 높이 변화	

정리

• 물이 증발할 때와 끓을 때 모두 물의 높이가 처음보다 낮아집니다.
• 물이 증발할 때와 끓을 때 모두 액체인 물이 기체인 수증기로 변합니다.

탐구 팩트 실험에서 증발이 잘 일어나도록 하려면 어떻게 해야 할까?

> 햇빛이 잘 비치고 바람이 잘 부는 장소에 비커를 두어야 해. 또 공기 중에 습기가 많으면 증발이 잘 일어나지 않으므로 습도가 낮은 날 탐구 활동을 하는 것이 좋아.

⊕ 증발이 잘 일어나는 조건
건조할수록, 온도가 높을수록, 바람이 많이 불수록, 공기와 접촉하는 면이 넓을수록 증발이 잘 일어납니다.

용어 사전

★ **기포** 액체나 고체에 둘러싸인 기체 방울.

2 물의 증발과 끓음

(1) 증발 ➕

① 물*표면에서 액체인 물이 기체인 수증기로 상태가 변하는 현상을 증발이라고 합니다.

② 시간이 지나면서 어항 속 물의 높이가 낮아진 까닭: 액체인 물이 기체인 수증기가 되어 공기 중으로 날아갔기 때문입니다.

③ 우리 주변에서 볼 수 있는 증발의 예 ➕

▲ 젖은 빨래가 마름.　　▲ 고추를 햇빛에 말림.　　▲ 젖은 머리를 말림.

(2) 끓음

① 물 표면과 물속에서 모두 물이 수증기로 상태가 변하는 현상을 끓음이라고 합니다.

② 물을 계속 가열할 때 물속에서 생기는 기포는 액체인 물이 기체인 수증기로 변한 것입니다.

③ 우리 주변에서 볼 수 있는 끓음의 예

▲ 물을 끓임.　　▲ 달걀을 삶음.　　▲ 찌개를 끓임.

(3) 증발과 끓음의 공통점과 차이점

구분	증발	끓음
공통점	액체인 물이 기체인 수증기로 상태가 변함.	
차이점	• 물 표면에서 물이 수증기로 변함. • 물의 양이 천천히 줄어듦.	• 물 표면과 물속에서 물이 수증기로 변함. • 증발할 때보다 물의 양이 빠르게 줄어듦.

➕ 일상생활에서 볼 수 있는 증발의 예

• 어항의 물이 줄어듭니다.
• 호수의 물이 줄어듭니다.
• 촉촉한 빵이 시간이 지나면 마릅니다.
• 염전에서 바닷물을 증발시켜 소금을 만듭니다.
• 비가 내려 운동장에 고인 물이 시간이 지나면 사라집니다.

➕ 곶감 말리기

생감의 껍질을 깎아 햇빛이 잘 비치고 바람이 잘 부는 곳에 두어 말리면 물이 증발하면서 곶감이 됩니다.

용어 사전

★ 표면　사물의 가장 바깥쪽 혹은 위쪽 부분.

핵심만 한번 더 쓰면서 정리 !

물 표면에서

액체인 물이 기체인 수증기로 변하므로, 물의 양이 천천히 줄어듦.

증발 / 끓음

물 표면과 물 속 에서

액체인 물이 기체인 수증기로 변하므로, 물의 양이 빠르게 줄어듦.

핵심 체크

1 물 표면에서 액체인 물이 기체인 수증기로 상태가 변하는 현상을 (　　　)이라고 합니다.

2 물 표면과 물속에서 액체인 물이 기체인 수증기로 상태가 변하는 현상을 (　　　)이라고 합니다.

3 물을 계속 가열할 때 물속에서 생기는 기포는 (　　　)이 수증기로 변한 것입니다.

4 증발과 끓음은 모두 액체인 물이 기체인 (　　　)으로 변하는 현상입니다.

동아, 비상, 아이스크림, 지학사, 천재(이)

5 비커에 물을 넣고 물의 높이를 표시한 후, 햇빛이 잘 비치는 곳에 비커를 두고 며칠 뒤 관찰하였을 때 물의 높이로 알맞은 것은 어느 것인지 골라 기호를 쓰시오.

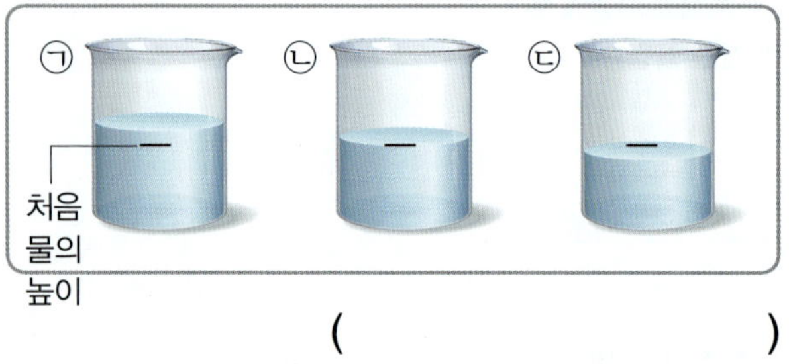

(　　　　　　)

▌7종 공통

6 위 **5**번 실험 결과에 대한 설명으로 (　　) 안에 들어갈 알맞은 말을 각각 쓰시오.

> 물 표면에서 액체인 물이 기체인 (㉠)(으)로 변해 공기 중으로 날아가는 (㉡)이/가 일어난 것이다.

㉠ (　　　　　　), ㉡ (　　　　　　)

▌7종 공통

7 오른쪽과 같이 비커에 물을 넣고 가열할 때의 변화로 옳지 <u>않은</u> 것은 어느 것입니까? (　　　)

① 처음에는 물 표면에서 증발이 일어난다.
② 시간이 지나면서 작은 기포가 조금씩 생긴다.
③ 물이 끓으면 물 전체에서 크고 작은 기포가 생긴다.
④ 물이 끓으면 물 표면과 물속에서 모두 상태 변화가 일어난다.
⑤ 물이 끓은 뒤 물의 높이는 물이 끓기 전보다 높아진다.

▌7종 공통

8 다음 (　　) 안에 들어갈 알맞은 말에 각각 ○표 하시오.

> 어항의 물이 줄어들거나 주전자의 물이 끓는 것은 모두 ㉠(물 , 수증기)이/가 ㉡(물 , 수증기)로 상태가 변하는 현상이다.

9 물이 증발할 때와 끓을 때 공통적으로 일어나는 물의 상태 변화 과정으로 알맞은 것은 어느 것입니까?

(   )

① 얼음 → 물　　② 물 → 얼음
③ 물 → 수증기　　④ 수증기 → 물
⑤ 수증기 → 얼음

 동아, 아이스크림, 천재(이)

10 염전에서 소금을 얻는 방법을 물의 상태 변화와 관련지어 쓰시오.

____

 바닷물 속에 녹아 있는 소금을 어떻게 얻을 수 있을지 물의 상태 변화와 관련지어 생각해요.

11 다음 중 물의 증발을 이용한 예가 <u>아닌</u> 것은 어느 것입니까? (   )

①

▲ 젖은 빨래 말리기

②

▲ 고추 말리기

③

▲ 젖은 머리 말리기

④

▲ 얼음과자 만들기

12 다음은 물의 증발과 끓음에 대하여 나눈 대화입니다. 옳지 <u>않게</u> 말한 사람의 이름을 쓰고, 고른 사람이 잘못 사용한 낱말을 찾아 바르게 고쳐 쓰시오.

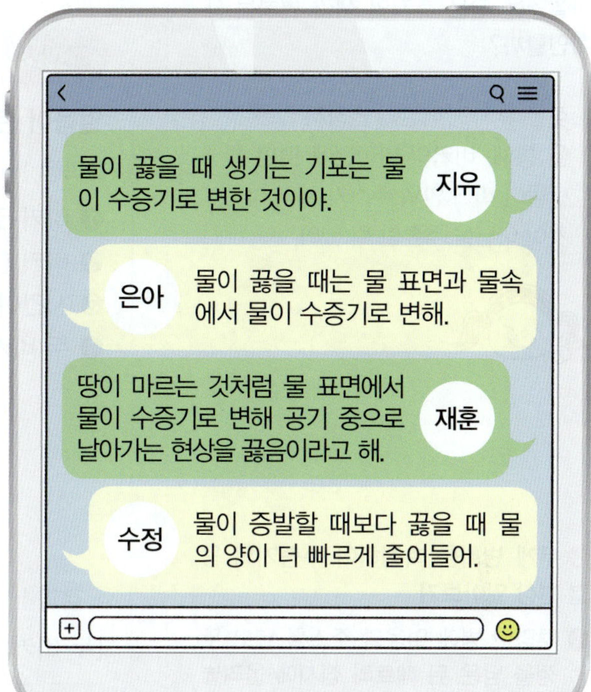

⑴ 옳지 않게 말한 사람: (   )
⑵ 잘못 사용한 낱말: (   ) → (   )

동아, 아이스크림, 천재(이), 천재(정)

13 다음 중 물의 끓음을 이용한 예를 골라 기호를 쓰시오.

㉠

▲ 오징어 말리기

㉡

▲ 달걀 삶기

㉢
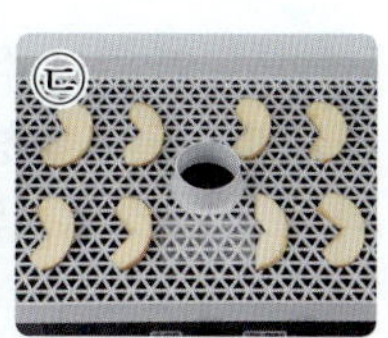
▲ 과일 건조기로 과일 말리기

(   )

학습 결과에 색칠하세요.　  

탐구 팩트 얼음과 주스를 넣은 비커의 바깥면을 닦은 휴지의 색깔 변화는 왜 확인할까?

젖은 휴지의 색깔이 변하지 않은 것을 통해, 비커의 바깥면에 맺힌 물방울이 비커 안의 주스가 새어 나온 것이 아님을 추론*할 수 있어.

➕ **무게 변화를 측정하여 수증기의 응결 현상 알아보기**

❶ 투명한 병에 얼음과 주스를 넣고 뚜껑을 닫은 뒤 페트리 접시에 올려놓고 무게를 측정합니다.

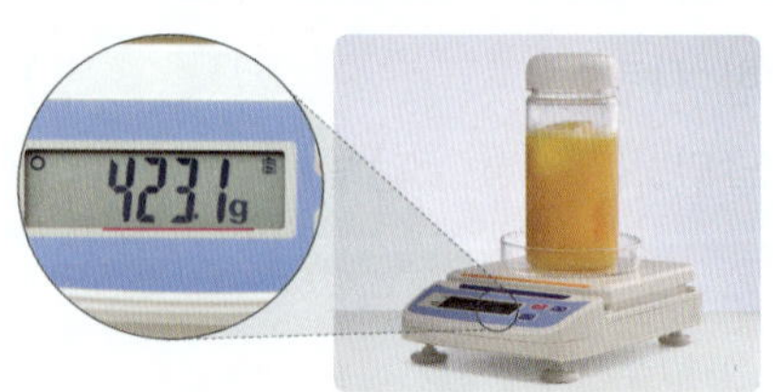

❷ 일정한 시간이 지난 뒤 페트리 접시에 올려놓은 병의 무게를 측정합니다.

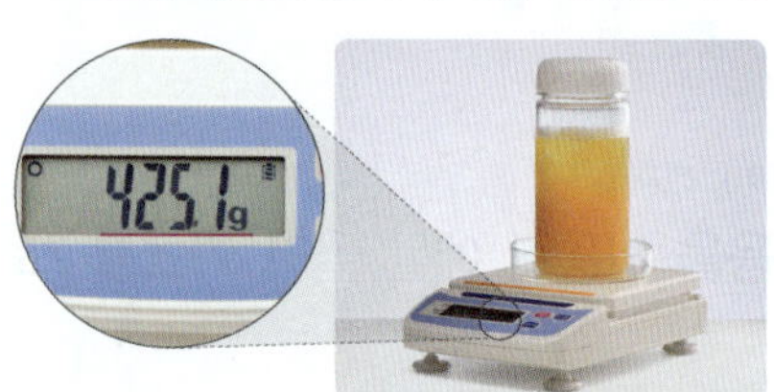

[결과] 공기 중의 수증기가 차가운 병의 바깥면에 닿아 물방울로 맺힙니다. 따라서 맺힌 물방울의 무게만큼 무게가 늘어납니다.

용어 사전

★ **추론** 어떠한 판단을 바탕으로 삼아 다른 판단을 이끌어 냄.

1 차가운 물체의 표면에서 일어나는 변화

교과서 대표 탐구

얼음이 든 비커의 바깥면 관찰하기

| 과정 |

❶ 비커 두 개의 바깥면을 휴지로 닦습니다.

❷ 비커 한 개에는 주스만 넣고, 다른 비커에는 얼음과 주스를 함께 넣습니다.

❸ 시간이 지남에 따라 비커의 바깥면에서 일어나는 변화를 관찰합니다.

❹ 두 비커의 바깥면을 휴지로 닦은 뒤 휴지를 관찰하여 비교합니다.

| 결과 |

[두 비커의 바깥면에서 일어나는 변화] ➕

얼음을 넣지 않은 비커	얼음을 넣은 비커
아무 변화가 없음.	• 비커의 바깥면에 물방울이 맺힘. • 물방울이 점점 커지면서 흘러내려 페트리 접시에 물이 고임.

[두 비커의 바깥면을 휴지로 닦은 뒤 비교하기]

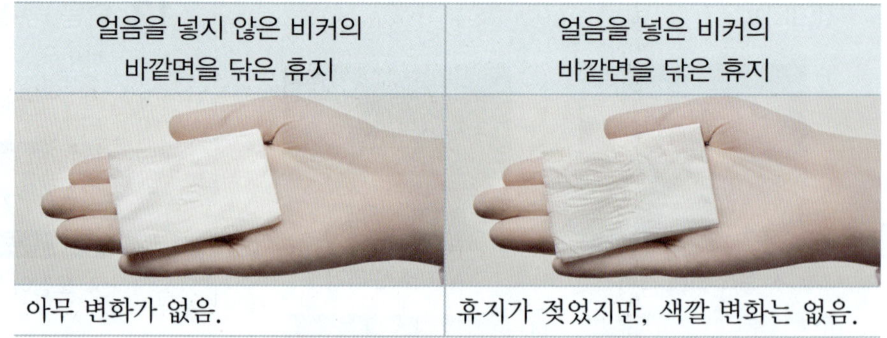

얼음을 넣지 않은 비커의 바깥면을 닦은 휴지	얼음을 넣은 비커의 바깥면을 닦은 휴지
아무 변화가 없음.	휴지가 젖었지만, 색깔 변화는 없음.

정리

얼음이 든 비커의 바깥면에 물방울이 맺힌 것은 공기 중에 있는 수증기가 차가운 비커의 바깥면에 닿아 물로 변한 것입니다.

2 응결

(1) 차가운 물체의 표면에 물방울이 맺히는 까닭 ➕

① 냉장고에서 차가운 음료수 캔을 꺼내 놓았을 때

- 차가운 음료수 캔을 만지면 축축합니다.
- 캔 표면이 뿌옇게 흐려지고, 물방울이 맺혀 아래로 흘러내립니다.

② 캔 표면에 물방울이 맺힌 까닭: 공기 중의 수증기가 차가운 음료수 캔의 표면에 닿아 물방울로 변한 것입니다.

(2) 응결: 기체인 수증기가 액체인 물로 상태가 변하는 현상을 응결이라고 합니다.

3 우리 주변에서 볼 수 있는 응결의 예 ➕

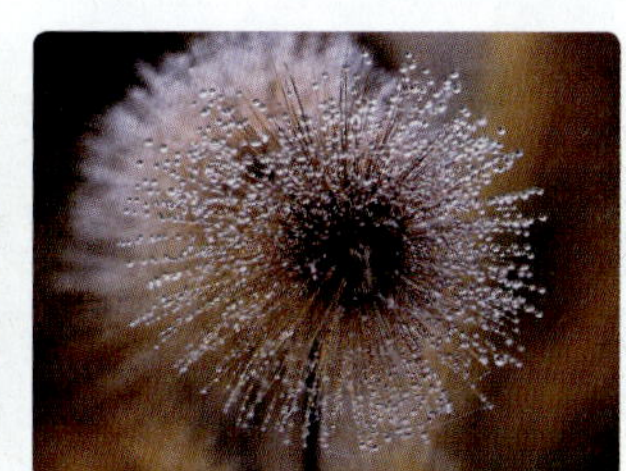

▲ 맑은 날 새벽에 거미줄이나 풀잎 등의 표면에 이슬이 맺힘.

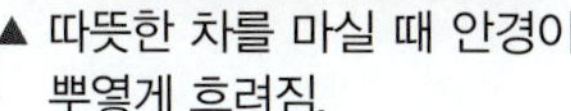

▲ 따뜻한 차를 마실 때 안경이 뿌옇게 흐려짐.　▲ 목욕을 할 때 욕실 거울이 뿌옇게 흐려짐.　▲ 추운 겨울 실내의 유리창 안쪽에 물방울이 맺힘.

➕ 물을 끓일 때 냄비 뚜껑 안쪽에 물방울이 맺히는 까닭

물을 끓이면 냄비에 있던 물이 수증기로 변합니다. 이 수증기가 상대적으로 차가운 냄비 뚜껑에 닿아 응결하여 물방울로 맺힙니다.

➕ 응결과 관련된 *기상 현상

- 이슬: 새벽에 차가워진 나뭇가지나 풀잎 등에 수증기가 응결해 생긴 작은 물방울입니다.
- 안개: 수증기가 지표면 근처에서 응결해 공기 중에 작은 물방울로 떠 있는 것입니다.
- 구름: 수증기가 높은 하늘에서 응결해 작은 물방울로 떠 있는 것입니다.

▲ 안개　　▲ 구름

용어 사전

★ 기상　공기 중에서 일어나는 현상을 통틀어 이르는 말. 바람, 안개, 구름, 비, 눈, 더위, 추위 등을 말함.

핵심만 한번 더 쓰면서 정리 !

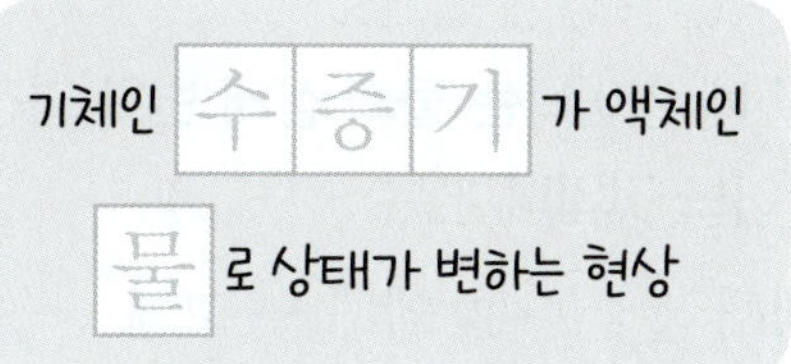

기체인 수 증 기 가 액체인 물 로 상태가 변하는 현상 → 응결 → 예
- 새벽에 풀잎 표면에 맺힌 이슬
- 따뜻한 차를 마실 때 뿌옇게 흐려진 안경
- 목욕할 때 뿌옇게 흐려진 욕실 거울

핵심 체크

1 냉장고에서 꺼낸 차가운 물병 표면에 맺힌 물방울은 공기 중에 있는 (   )가 물병 표면에 닿아 물로 변한 것입니다.

2 이른 아침 풀잎 표면에 생긴 이슬은 공기 중의 수증기가 (   )로 변하여 맺힌 것입니다.

3 따뜻한 물로 목욕을 할 때 욕실 거울이 뿌옇게 흐려지는 것은 (   )가 액체로 상태가 변하는 현상과 관련이 있습니다.

4 기체인 수증기가 액체인 물로 상태가 변하는 현상을 (   )이라고 합니다.

|5~7| 오른쪽과 같이 비커에 얼음과 주스를 넣고 변화를 관찰하였습니다. 물음에 답하시오.

📖 7종 공통

5 위 비커의 변화를 설명한 것으로 (   ) 안에 들어갈 알맞은 말을 각각 쓰시오.

> 시간이 지남에 따라 비커의 바깥면에 물방울이 맺힌다. 이 물방울은 공기 중에 있는 (㉠   )이/가 (㉡   )(으)로 상태가 변한 것이다.

㉠ (   ), ㉡ (   )

📖 7종 공통

6 위 5번과 관련있는 물의 상태 변화 현상을 무엇이라고 하는지 쓰시오.

(   )

동아, 미래엔, 천재(정)

7 앞 5번의 비커 바깥면을 휴지로 닦았을 때의 결과로 옳은 것을 (보기)에서 골라 기호를 쓰시오.

> (보기)
> ㉠ 휴지가 젖지 않았다.
> ㉡ 휴지가 젖었고, 휴지의 색깔 변화가 없다.
> ㉢ 휴지가 젖었고, 휴지의 젖은 부분이 주스와 같은 색깔이다.

(   )

📖 7종 공통

8 응결이 일어날 때 일어나는 물의 상태 변화 과정으로 옳은 것은 어느 것입니까? (   )

① 고체 → 액체
② 액체 → 고체
③ 액체 → 기체
④ 기체 → 액체
⑤ 기체 → 고체

동아, 비상, 아이스크림, 지학사, 천재(이)

9 오른쪽과 같이 냉장고에서 꺼낸 차가운 주스 병의 무게를 측정하였더니 385.0 g이었습니다. 10분 뒤 다시 무게를 측정하였을 때의 무게 변화로 옳은 것을 (보기)에서 골라 기호를 쓰시오.

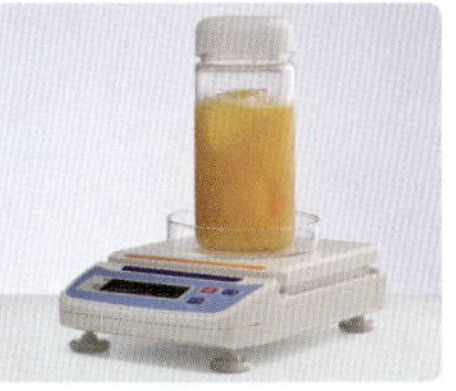

(보기)

㉠ 385.0 g로 무게가 같다.

㉡ 385.0 g보다 무게가 줄어든다.

㉢ 385.0 g보다 무게가 늘어난다.

(   )

서술형 ▮ 7종 공통

10 따뜻한 물로 목욕을 할 때 욕실 거울이 뿌옇게 흐려지는 까닭은 무엇인지 쓰시오.

____

도움말 욕실 거울이 뿌옇게 흐려지는 것은 물의 상태 변화로 볼 수 있는 모습 중에서 무엇에 해당하는지 생각해요.

▮ 7종 공통

11 다음 모습과 관련된 현상을 찾아 ○표 하시오.

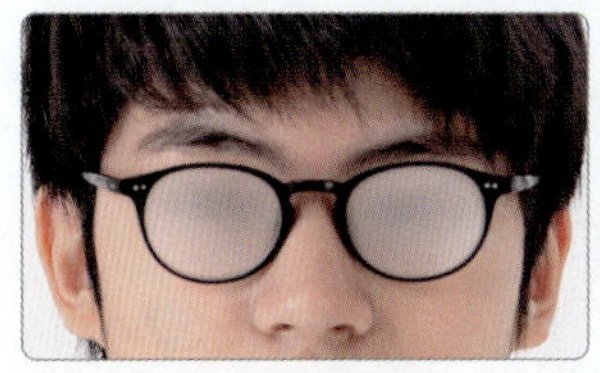
▲ 뜨거운 차를 마실 때 안경이 뿌옇게 흐려짐.

▲ 추운 겨울 실내의 유리창 안쪽에 물방울이 맺힘.

증발   응결   끓음

디지털 문해력 ▮ 7종 공통

12 다음은 오늘의 날씨를 검색하여 나온 정보입니다. 안개가 생길 때의 물의 상태 변화와 같은 경우로 옳은 것은 어느 것입니까? (   )

관련 기사

열대야 끝나니 찾아 온 아침 안개 주의보

일교차가 커진 영향으로 생긴 초가을 안개는 오전에 해가 뜨면 대부분 바로 사라지기 때문에 새벽~아침 출근 시간대만 조심하면 큰 사고는 피할 수 있다.

① 차를 마시기 위해 물을 끓인다.

② 맑은 날 새벽 풀잎에 이슬이 맺힌다.

③ 날씨가 따뜻해지면 고드름이 녹는다.

④ 비가 내려 운동장에 고인 물이 마른다.

⑤ 염전에서 바닷물로부터 소금을 얻는다.

▮ 7종 공통

13 수증기의 응결과 관련된 모습으로 알맞은 것을 (보기)에서 골라 기호를 쓰시오.

(보기)

㉠ 어항의 물이 줄어든다.

㉡ 물을 끓여 달걀을 삶는다.

㉢ 국을 끓일 때 냄비 뚜껑 안쪽에 물방울이 맺힌다.

(   )

학습 결과에 색칠하세요.   

➕ 우리 생활에서 물을 이용하는 경우 (예)

- 설거지와 빨래를 하는 데 이용합니다.
- 목이 마를 때 물을 마십니다.
- 몸이나 물건을 씻을 때 이용합니다.
- 화분에 물을 줍니다.

➕ 와카워터

- 와카워터는 공기 중의 수증기가 차가운 물체에 닿아 응결하는 원리를 이용하여 환경 오염을 일으키지 않고 물을 얻을 수 있는 장치입니다.
- 낮과 밤의 기온 차이가 큰 일부 지역에서 물 부족 현상을 해결하기 위해 사용합니다.

1 물의 중요성

(1) 물이 중요한 까닭 ➕

① 물은 동식물이 생명을 유지하는 데 꼭 필요합니다.

② 농사를 짓거나 가축을 기를 때, 공장에서 물건을 만들 때, 전기를 만들 때, 불을 끌 때 등 우리 생활에서 다양하게 물이 이용됩니다.

(2) 물 부족 현상이 일어나는 까닭

① 인구가 증가하고 산업이 발달하면서 물 이용량이 늘어났습니다.

② 물 이용량이 증가한 만큼 *수질 오염이 심각해져 깨끗한 물이 점점 부족해집니다.

③ *지구 온난화가 심해져 기후 변화가 일어나며, 가뭄이 자주 발생합니다.

▲ 산업 발달로 물 이용량이 늘고, 폐수가 발생함.

▲ 수질 오염이 심각해짐.

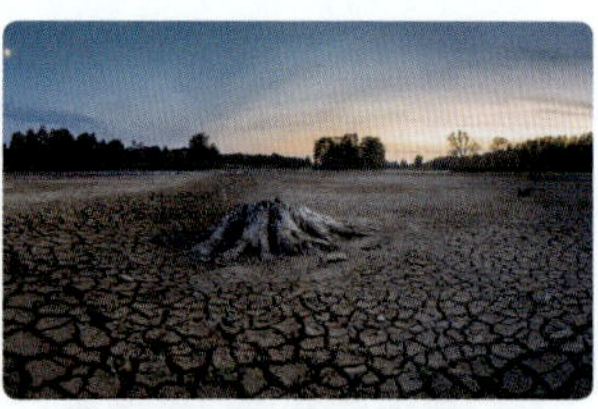

▲ 땅이 메말라 가뭄이 자주 발생함.

(3) 물이 부족할 때 발생할 수 있는 일

① 빨래나 설거지를 할 수 없습니다.

② 농작물에 물을 주지 못해 농작물이 말라 죽습니다.

③ 불이 나도 불을 끌 수 없어 큰 피해를 입을 수 있습니다.

2 물 부족 현상을 해결하기 위한 장치 ➕

① 빗물 이용 시설: 지붕이나 건물 옥상에 내린 빗물을 저장 탱크에 모아 두었다가 빗물에 섞인 불순물을 거르고 필요한 곳에 사용합니다.

② 해수 담수화 장치: 바닷물을 끓여서 얻은 수증기를 식혀 소금기가 제거된 물을 얻습니다.

③ 워터콘을 이용하여 깨끗한 물을 얻는 과정

바닥 부분에 바닷물이나 더러운 물을 넣고 투명한 윗부분을 씌워 햇빛이 비치는 곳에 둠.

바닥에 있는 물이 증발하고, 증발한 수증기가 응결하여 벽면에 맺힘.

물이 벽면을 따라 흘러내려 모이면 뒤집어서 깨끗한 물을 얻을 수 있음.

3 물을 얻을 수 있는 장치 만들기 ⊕

과정

❶ 물의 상태 변화를 이용해 물을 얻을 수 있는 장치를 설계하기
❷ 설계한 대로 물을 얻을 수 있는 장치를 만들기
❸ 물의 어떤 상태 변화를 이용하여 장치를 만들었는지 소개하기

결과

[물을 얻을 수 있는 장치 설계하기 예]
❶ 큰 그릇 가운데에 양면테이프로 작은 그릇을 붙입니다.
❷ *식용 색소를 탄 물을 큰 그릇에 넣고 큰 그릇의 입구를 비닐로 덮은 뒤, 비닐 가운데가 작은 그릇 쪽으로 움푹 들어가도록 누릅니다.
❸ 고무줄로 비닐을 고정하고, 비닐 가운데에 자갈을 올립니다.
❹ 햇빛이 강하게 비치는 곳에 두고 변화를 관찰합니다.

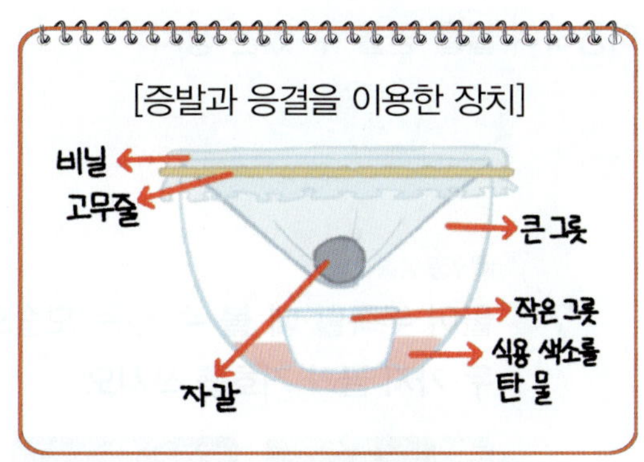

▲ 설계한 장치를 그림으로 나타낸 모습

[설계한 장치에서 물을 얻는 원리와 과정]
❶ 큰 그릇에 담긴 식용 색소를 탄 물이 증발하여 수증기로 변합니다.
❷ 큰 그릇 안의 수증기가 비닐에 닿아 응결하여 물방울이 됩니다.
❸ 맺힌 물방울이 비닐을 따라 흘러 내려 아래의 작은 그릇에 모입니다.

⊕ **물을 얻을 수 있는 여러 가지 장치**

• 솔라볼: 더러운 물을 솔라볼에 넣고 햇빛이 비치는 곳에 두면 물이 증발하여 수증기가 되고, 수증기가 응결하여 깨끗한 물이 모입니다.
• 안개 포집기: 물이 부족한 지역 중 안개가 자주 발생하는 곳에 그물망을 설치하여 그물에 응결한 안개 속의 물방울을 모으는 장치입니다.

용어 사전

★ **식용 색소**　음식물을 물들이는 데 쓰는 색소로, 먹을 수 있음.

핵심만 **한번 더 쓰면서** 정리 !

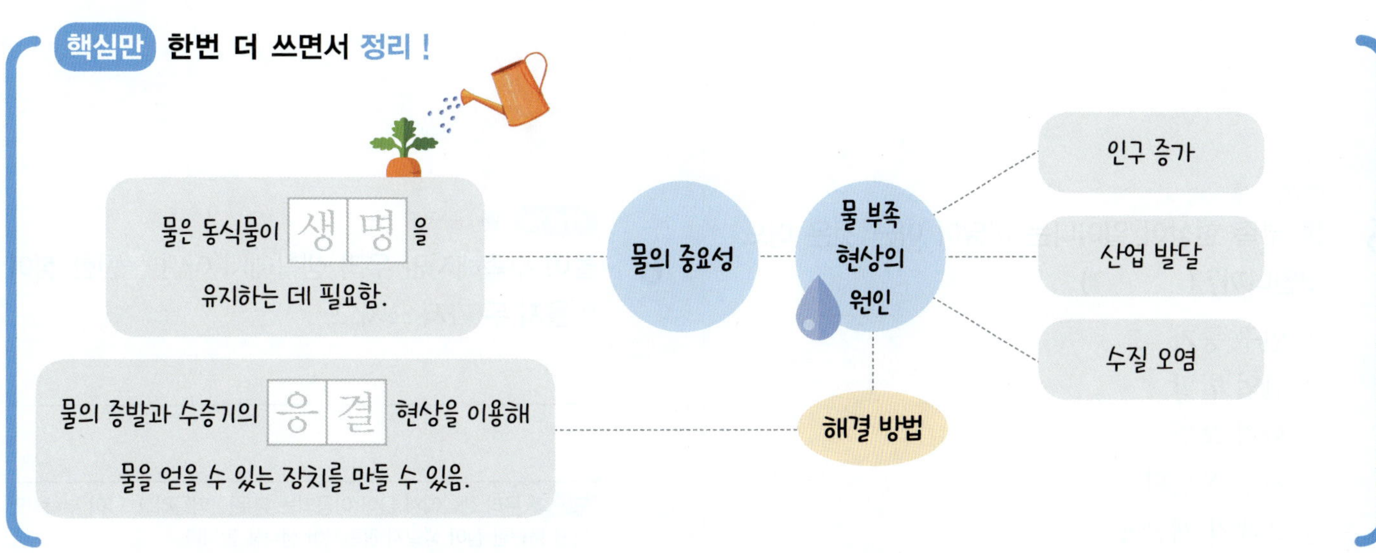

핵심 체크

1 (　　　)은 동식물이 생명을 유지하는 데, 농사를 지을 때, 불을 끌 때 등 여러 곳에서 필요한 자원입니다.

2 인구 증가와 산업 발달 등으로 (　　　) 이용량이 증가한만큼 수질 오염이 심각해졌습니다.

3 와카워터는 공기 중의 수증기가 차가운 물체에 닿아 (　　　)하는 원리를 이용하여 물을 얻을 수 있는 장치입니다.

4 물이 서로 다른 상태로 변하는 물의 (　　　) 변화를 이용하여 물을 얻을 수 있는 장치를 만들 수 있습니다.

📖 7종 공통

5 물이 이용되는 경우로 알맞은 것을 〈보기〉에서 모두 골라 기호를 쓰시오.

〈보기〉
㉠ 몸을 씻을 때
㉡ 농작물을 기를 때
㉢ 공장에서 물건을 만들 때

(　　　　　　)

📖 7종 공통

7 물이 부족할 때 볼 수 있는 모습으로 알맞은 것을 두 가지 골라 기호를 쓰시오.

▲ 가뭄으로 논이 갈라짐.

▲ 공장 근처 강의 물고기 떼가 죽음.

▲ 호수 바닥이 드러남.

(　　　　　　)

📖 7종 공통

6 물 부족 현상이 일어나는 까닭이 <u>아닌</u> 것은 어느 것입니까? (　　　)

① 인구 증가
② 산업 발달
③ 환경 오염
④ 지구 온난화
⑤ 쓰레기 재활용

서술형 📖 7종 공통

8 물이 부족해지면 우리 생활에서 어떤 불편한 점이 있을지 두 가지 쓰시오.

____

도움말 우리 생활에서 물이 이용되는 경우를 떠올리고, 물이 부족하면 어떤 불편한 점이 생길지 관련지어 생각해 봅니다.

9 오른쪽은 물 부족 문제를 해결하기 위해 만든 장치입니다. 이 장치에 이용된 원리에 대한 설명으로 알맞은 것을 (보기)에서 골라 기호를 쓰시오.

동아, 비상, 아이스크림, 지학사, 천재(정)

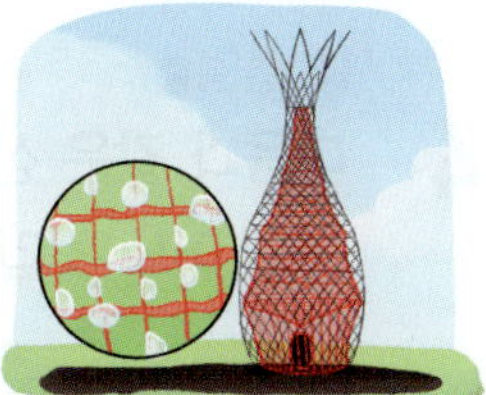

▲ 와카워터

(보기)
ⓐ 빗물을 걸러 깨끗한 물을 얻는다.
ⓑ 바닷물을 끓여 생긴 수증기를 냉각한다.
ⓒ 공기 중의 수증기를 응결하여 물을 얻는다.

(   )

10 다음은 해수 담수화 장치로 물을 얻는 원리입니다. (   ) 안에 들어갈 알맞은 말을 쓰시오.

아이스크림, 천재(이), 천재(정)

(   )을/를 끓여 얻은 수증기를 식혀서 소금 성분이 제거된 물을 얻는다.

(   )

11 위 **10**번의 밑줄 친 부분과 관련 있는 것을 (보기)에서 골라 기호를 쓰시오.

📖 7종 공통

(보기)
ⓐ 증발   ⓑ 끓음   ⓒ 응결

(   )

12 다음은 와카워터에 대한 질문의 답변 내용입니다. 와카워터에 대한 설명으로 옳지 <u>않은</u> 것은 어느 것입니까? (   )

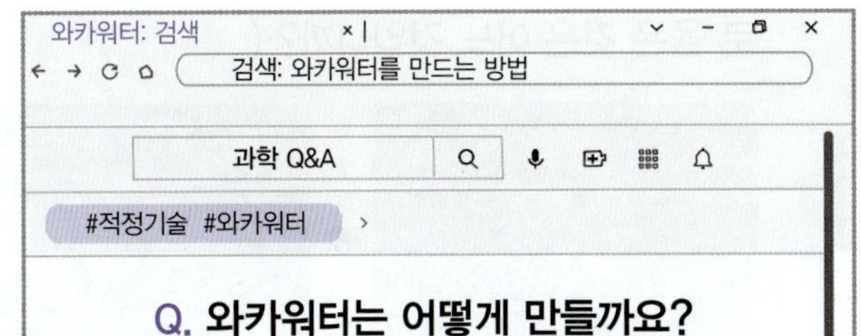

Q. 와카워터는 어떻게 만들까요?

와카워터는 대나무 등 식물의 줄기를 엮어 틀을 만들고, 거기에 이슬이 잘 달라붙도록 촘촘한 나일론 소재의 그물을 달아 만듭니다.

아프리카는 낮과 밤의 기온 차가 큰 곳이 많아 응결 현상이 잘 일어납니다. 와카워터로 하루 약 100 L 정도의 물을 얻을 수 있습니다.

와카워터는 주위에서 쉽게 구할 수 있는 재료로 만들 수 있으며 유지와 관리가 쉽고, 친환경 재료 사용으로 환경 오염이 없습니다.

① 환경 오염을 일으키지 않는다.
② 기온 차가 큰 곳에서 이용하기 좋다.
③ 응결 현상을 이용해 물을 얻는 장치이다.
④ 그물에 맺힌 이슬은 공기 중의 수증기가 물로 변한 것이다.
⑤ 비가 자주 오는 곳에서 공기 중의 먼지를 걸러 깨끗한 물을 얻는 장치이다.

13 다음은 무엇을 얻기 위한 장치인지 쓰시오.

동아, 아이스크림, 천재(이)

▲ 워터콘

▲ 솔라볼

(   )

학습 결과에 색칠하세요. 😄 🙂 😣

1 다음은 페트리 접시에 얼음을 담아 관찰하였을 때 얼음의 변화 모습입니다. 얼음의 상태 변화 과정으로 옳은 것은 어느 것입니까? (   )

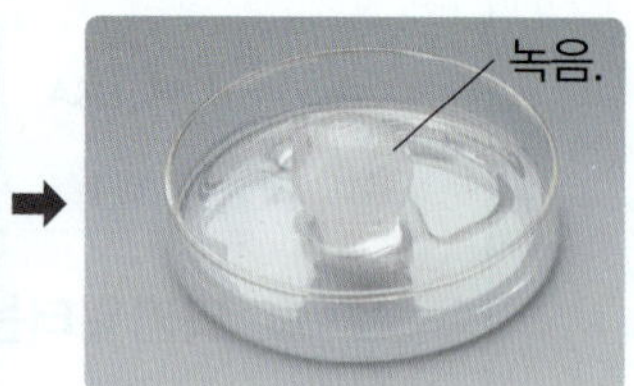

① 고체 → 액체
② 고체 → 기체
③ 액체 → 고체
④ 기체 → 고체
⑤ 변하지 않는다.

2 물의 세 가지 상태와 상태 변화에 대한 설명으로 옳은 것을 (보기)에서 두 가지 골라 기호를 쓰시오.

(보기)

㉠ 얼음은 고체 상태, 물은 액체 상태이다.
㉡ 물은 얼음과 수증기로 상태가 변할 수 있다.
㉢ 얼음, 물, 수증기는 모두 손으로 잡을 수 있고 눈에 보인다.
㉣ 물이 수증기로 변하는 것은 고체에서 기체로 상태가 변하는 것이다.

(   )

3 다음 ㉠~㉢ 중 물의 상태가 고체에서 액체로 변한 것을 골라 기호를 쓰시오.

㉠ 겨울철에 처마 끝에 고드름이 생겼다. ㉡ 햇빛을 받은 고드름이 녹아서 물이 떨어졌다. ㉢ 땅에 떨어진 물은 시간이 지나자 모두 말랐다.

(   )

4 다음과 같은 상태 변화가 일어나는 경우로 알맞은 것은 어느 것입니까? (   )

> 액체 → 기체

① 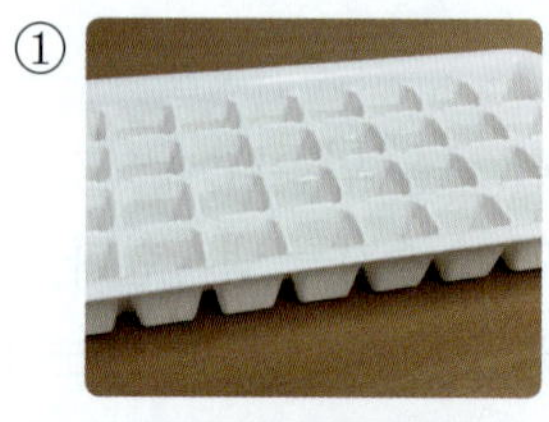
▲ 얼음 틀에 물을 넣어 얼림.

② 
▲ 젖은 빨래를 말림.

③ 
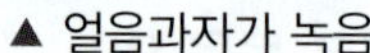
▲ 얼음과자가 녹음.

④ 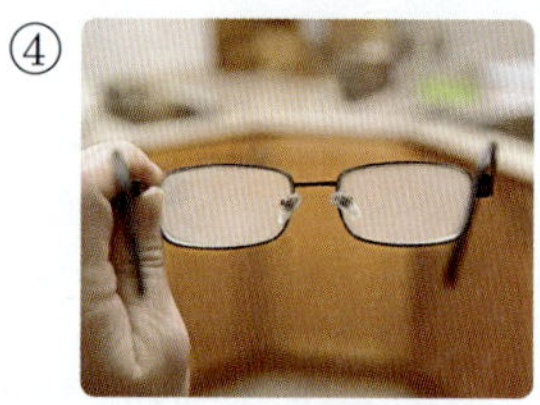
▲ 추운 곳에서 실내로 들어 오면 안경이 뿌옇게 흐려짐.

5 물이 수증기로 변하는 상태 변화의 예를 조사하려 합니다. 검색어를 옳지 <u>않게</u> 쓴 사람의 이름을 쓰시오.

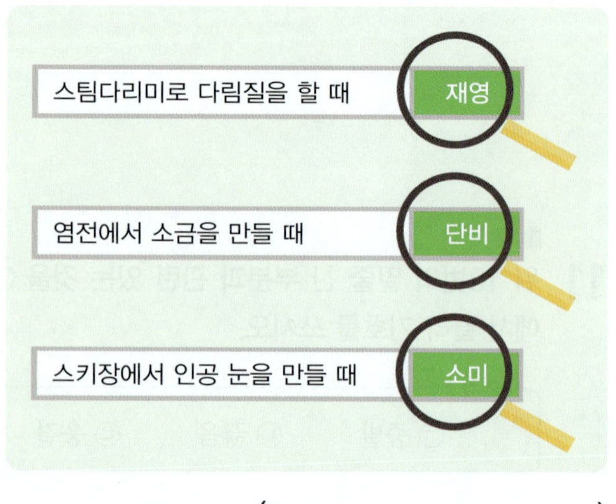

(   )

6 다음은 물이 얼기 전과 완전히 언 후의 물의 높이를 표시한 것입니다. 이에 대한 설명으로 옳은 것에 ◯표 하시오.

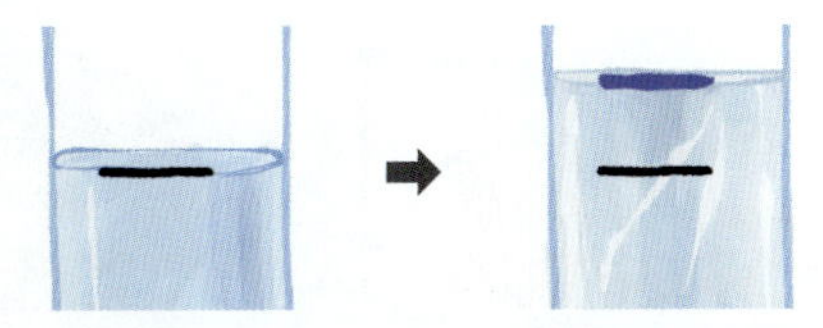

(1) 물이 얼어 얼음이 되면 부피가 줄어든다.

(　　　)

(2) 얼음의 높이가 높아진 것은 부피가 늘어났기 때문이다.

(　　　)

(3) 물이 얼어 얼음이 되면 부피가 늘어나서 무게도 늘어난다.

(　　　)

서술형　동아, 미래엔, 아이스크림, 지학사, 천재(정)

7 물이 가득 담긴 페트병을 냉동실에 넣어 얼렸더니 페트병이 부풀었습니다. 페트병이 부푼 까닭을 물의 상태 변화와 관련지어 쓰시오.

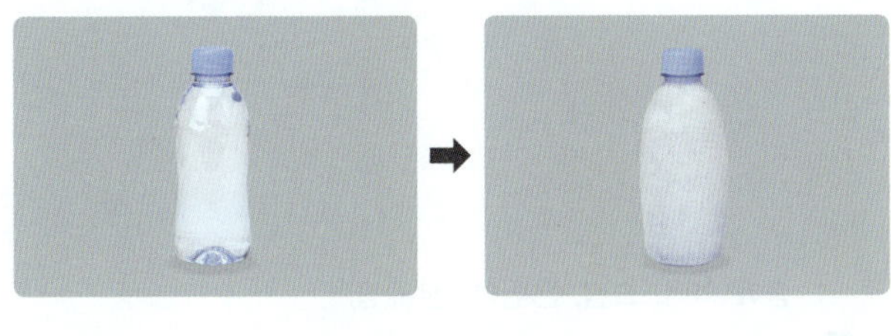

____

____

8 다음 (　　　) 안에 들어갈 알맞은 말에 각각 ◯표 하시오.

> 얼음이 물로 변하면 부피는 ㉠ (줄어들고 , 늘어나고 , 변화가 없고), 무게는 ㉡ (줄어든다 , 늘어난다 , 변화가 없다).

9 튜브형 얼음과자가 녹으면 튜브 안에 빈 공간이 생기는 까닭은 무엇입니까? (　　　)

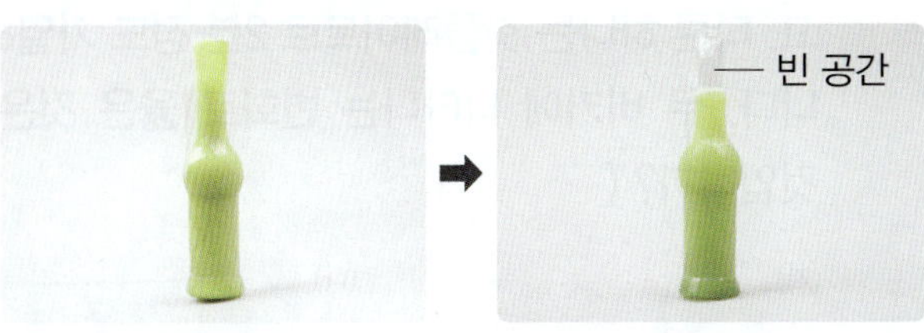

① 얼음과자가 녹아서 물이 될 때 무게가 줄어들기 때문이다.

② 얼음과자가 녹아서 물이 될 때 무게가 늘어나기 때문이다.

③ 얼음과자가 녹아서 물이 될 때 부피가 줄어들기 때문이다.

④ 얼음과자가 녹아서 물이 될 때 부피가 늘어나기 때문이다.

⑤ 얼음과자가 녹아서 물이 될 때 공기가 들어가기 때문이다.

10 물이 얼 때 부피가 늘어나서 생기는 현상으로 옳은 것을 두 가지 고르시오. (　　　)

①

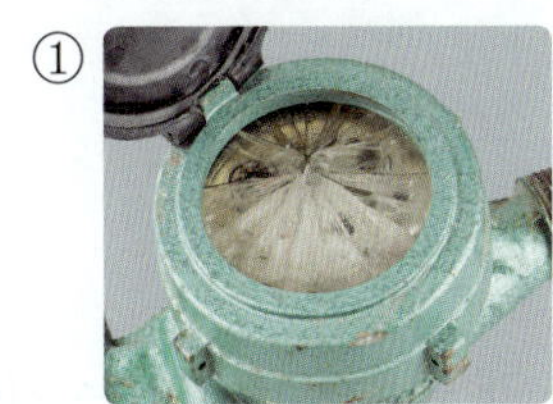

▲ 추운 겨울에 수도 계량기가 깨짐.

②

▲ 추운 겨울에 유리창 안쪽에 물방울이 맺힘.

③

▲ 튜브형 얼음과자를 꺼내어 두고 시간이 지나면 빈 공간이 생김.

④

▲ 물이 가득 담긴 유리병을 냉동실에 넣어 두면 깨짐.

11 두 개의 비커에 물을 반 정도 넣고 물의 높이를 표시한 뒤 하나는 햇빛이 잘 비치는 곳에 4일 동안 두고, 다른 하나는 핫플레이트로 2분 정도 가열하였습니다. 두 비커에 나타나는 변화로 옳은 것은 어느 것입니까? (   )

(가)

(나)

▲ 햇빛이 비치는 곳에 둠.　　▲ 핫플레이트로 가열함.

① (가), (나) 모두 물의 양이 늘어난다.
② (가), (나) 모두 물의 양이 줄어든다.
③ (가)는 변화가 없고, (나)는 물의 양이 늘어난다.
④ (가), (나) 모두 물 전체에 큰 기포가 계속 생긴다.
⑤ (가)는 물의 양이 많이 줄어들고, (나)는 물의 양이 조금 줄어든다.

12 위 **11**번의 (가), (나) 중 물의 표면뿐만 아니라 물속에서도 액체인 물이 기체인 수증기로 변하는 것은 어느 것인지 기호를 쓰시오.

(　　　　　　　　　)

13 다음과 같이 물이 끓을 때 물속에서 생기는 기포와 가장 관련이 있는 것에 ○표 하시오.

물　　　　얼음　　　　수증기

14 얼음과 주스를 넣은 비커의 바깥면에 점점 물방울이 생겨서 맺혔습니다. 이와 같은 현상이 일어난 까닭은 무엇인지 쓰시오.

____

____

____

15 다음 중 수증기가 물로 변하는 상태 변화와 관련 있는 것은 어느 것입니까? (   )

① 
② 

▲ 고추를 햇빛에 말림.　　▲ 젖은 머리를 말림.

③ 
④ 

▲ 새벽에 나뭇잎에 이슬이 맺힘.　　▲ 물을 끓여 달걀을 삶음.

■ 7종 공통

16 다음에서 공통으로 필요한 것은 무엇인지 쓰시오.

> • 동식물의 생명을 유지하는 데 필요하다.
> • 설거지를 하거나 빨래를 할 때 필요하다.
> • 농작물을 기르거나 공장에서 물건을 만들 때 필요하다.

(   )

■ 7종 공통

17 물 부족 현상이 일어나는 까닭을 <u>잘못</u> 말한 사람의 이름을 쓰시오.

> • 수정: 인구가 증가하면서 물 이용량이 늘어나기 때문이야.
> • 인아: 산업이 발달하면서 물 이용량이 줄어들기 때문이야.
> • 은수: 환경 파괴로 물이 오염되어 우리가 쓸 수 있는 물이 줄어들기 때문이야.

(   )

동아, 비상, 아이스크림, 지학사, 천재(정)

18 와카워터와 솔라볼에 공통으로 이용된 물의 상태 변화 과정으로 알맞은 것을 (보기)에서 골라 기호를 쓰시오.

> (보기)
> ㉠ 물 → 얼음　　　㉡ 얼음 → 물
> ㉢ 얼음 → 수증기　　㉣ 수증기 → 물

(   )

| 19~20 | 다음은 얼음이 녹을 때의 부피와 무게 변화를 관찰하는 탐구의 과정과 결과입니다. 물음에 답하시오.

> | 과정 |
> ❶ 얼음과 소금을 섞은 비커에 물이 든 시험관을 꽂는다.
> ❷ 시험관에 든 물이 완전히 얼면 얼음의 높이를 빨간색 유성펜으로 표시하고, 무게를 측정한다.
> ❸ 따뜻한 물이 담긴 비커에 얼음이 든 시험관을 꽂는다.
> ❹ 시험관에 든 얼음이 완전히 녹으면 파란색 유성펜으로 물의 높이를 표시하고, 무게를 측정한다.
>
> | 결과 |

부피		무게(g)	
녹기 전	녹은 후	녹기 전	녹은 후
		30.4	30.4

■ 7종 공통

19 얼음이 녹아서 물이 될 때 변하는 것으로 알맞은 것을 (보기)에서 골라 기호를 쓰시오.

> (보기)
> ㉠ 무게가 변한다.　　　㉡ 부피가 변한다.
> ㉢ 무게와 부피가 모두 변한다.

(   )

서술형 ■ 7종 공통

20 얼음이 녹아서 물이 될 때의 부피와 무게 변화에 대하여 쓰시오.

____

____

학습 결과에 색칠하세요.   

침식

비, 강물, 빙하, 바람 등의 자연 현상이 지표를 깎는 일

화산

땅속에 있는 마그마와 가스 등이 지표로 분출하는 지점이나 그 결과로 생기는 구조

화성암

마그마가 식어서 굳어져 이루어진 암석을 통틀어 이르는 말

지진

지구 내부에서 오랫동안 쌓인 에너지가 갑자기 나오면서 지각이 흔들리는 것

1 흐르는 물에 의한 흙 언덕의 모습 변화 ⊕

(1) 흙 언덕에 물을 흘려보냈을 때의 변화 관찰하기

탐구 팩트 실험에서 흙 언덕의 윗부분에 왜 색 모래를 뿌릴까?

흙 언덕 위쪽에 색 모래를 뿌리면, 물을 흘려보낼 때 흙이 이동하는 모습을 조금 더 쉽게 볼 수 있어.

교과서　대표 탐구

실험동영상

흙 언덕에 물을 흘려보낸 후, 깎이는 곳과 쌓이는 곳 관찰하기

| 과정 |

❶ 쟁반에 흙 언덕을 쌓고 흙 언덕 위에 색 모래를 뿌립니다.

❷ 바닥에 구멍이 뚫린 종이컵을 흙 언덕 위에 두고 종이컵에 물을 붓습니다.

❸ 흙 언덕에 물을 흘려보내면서 흙 언덕의 모습이 어떻게 변하는지 관찰합니다.

❹ 흙 언덕의 모습을 관찰하여 그림으로 나타내고, 흙이 가장 많이 깎인 곳과 가장 많이 쌓인 곳에 각각 ○표해 봅니다.

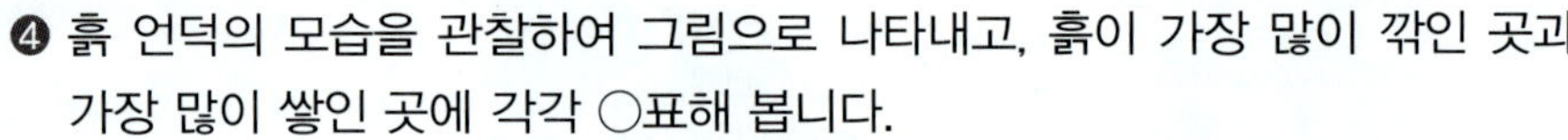

| 결과 |

[흙 언덕의 모습 변화]
• 흙과 색 모래가 흙 언덕 위에서 아래로 이동했습니다.
• 흙과 색 모래가 물이 흐르는 방향으로 이동했습니다.

[흙 언덕에서 흙이 가장 많이 깎인 곳과 가장 많이 쌓인 곳]

정리

흙이 가장 많이 깎인 곳은 흙 언덕의 위쪽이고, 흙이 가장 많이 쌓인 곳은 흙 언덕의 아래쪽입니다.

① 흙 언덕에 물을 흘려보내면 위쪽에 있던 흙이 아래쪽으로 이동합니다.

② 흙이 가장 많이 깎인 곳은 흙 언덕의 위쪽이고, 흙이 가장 많이 쌓인 곳은 흙 언덕의 아래쪽입니다.

③ 흙 언덕의 모습이 변한 까닭: 물이 흐르면서 흙 언덕의 위쪽에 있는 흙을 깎고 운반하여 아래쪽에 쌓았기 때문입니다.

⊕ 비가 내린 뒤 흙바닥의 모습

물웅덩이가 생기고,*물길이 생기며, 흙이 다른 곳으로 옮겨집니다.

용어 사전

★ **물길** 물이 흐르거나 물을 흘려 보내는 통로.

(2) 간이 유수대에 흐르는 물에 의한 흙 언덕의 모습 변화 관찰하기 ➕

▲ 꽃삽을 이용하여 간이 유수대의 절반 정도 흙 채우기

▲ 간이 유수대의 한쪽 끝으로 흙을 밀어 흙 언덕 만들기

▲ 위쪽에서 물을 흘려보내면서 흙 언덕의 모습 변화 관찰하기

① 흙 언덕 위쪽에서 흐르는 물에 깎인 흙이 흐르는 물을 따라 이동하여 아래쪽에 쌓입니다.

② 흙 언덕의 위쪽은 흙이 파였고, 흙 언덕의 아래쪽은 흙이 넓게 퍼져 쌓였습니다.

➕ 흙 언덕 위에서 흘려보내는 물의 양에 따른 흙 언덕의 모습 변화

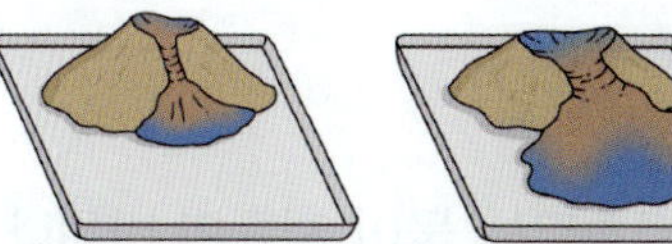

▲ 물을 적게 흘려보낸 경우　　▲ 물을 많이 흘려보낸 경우

흙 언덕 위에서 흘려보내는 물의 양이 많을수록 위쪽에서는 침식 작용이 더 많이 일어나고, 아래쪽에서는 퇴적 작용이 더 많이 일어납니다.

3 단원
1회

2 흐르는 물의 작용

① 높은 곳에서 낮은 곳으로 흐르는 물은 흙이나 바위를 깎아 내고, 깎아 낸 흙이나 돌 등을 옮기고 쌓으면서 서서히 *지표의 모습을 변화시킵니다.

② 흐르는 물은 침식, 운반, 퇴적 작용으로 지표의 모습을 변화시킵니다.

침식 작용	운반 작용	퇴적 작용
흐르는 물이 흙이나 바위 등을 깎아 내는 것	흐르는 물이 깎아 낸 흙이나 돌 등을 옮기는 것	흐르는 물에 의해 운반된 흙이나 돌 등이 쌓이는 것

용어 사전

★ **지표** 지구의 표면. 또는 땅의 겉면을 말함.

핵심만 **한번 더 쓰면서** 정리 !

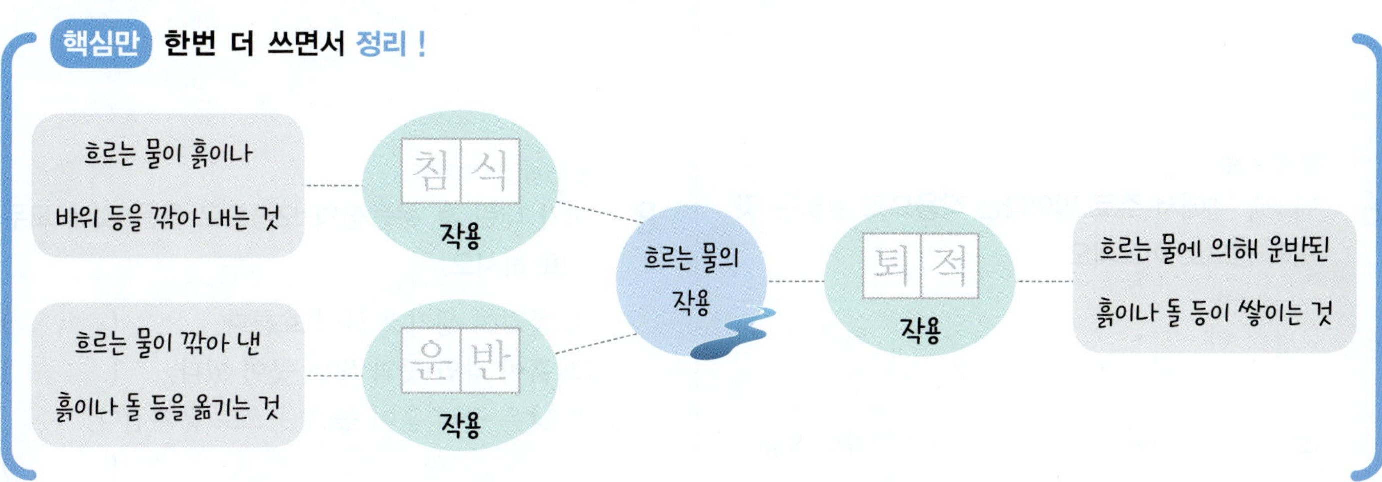

핵심 체크

1 흐르는 물이 지표의 바위나 돌 등을 깎아 내는 것을 (　　　) 작용이라고 합니다.

2 흐르는 물이 깎아 낸 돌이나 흙 등이 물과 함께 이동하는 것을 (　　　) 작용이라고 합니다.

3 흐르는 물에 의해 운반된 돌이나 흙 등이 쌓이는 것을 (　　　) 작용이라고 합니다.

4 흐르는 (　　　)은 침식 작용, 운반 작용, 퇴적 작용으로 서서히 땅의 모습을 바꿉니다.

| 5~7 | 다음과 같이 흙 언덕 위에 색 모래를 뿌리고 위쪽에서 물을 흘려보냈습니다. 물음에 답하시오.

■ 7종 공통

5 위 (가), (나) 중 흙이 가장 많이 깎이는 곳의 기호를 쓰시오.

(　　　　)

■ 7종 공통

6 위 (가), (나)에서 주로 일어나는 작용으로 알맞은 것끼리 선으로 이으시오.

(1) (가) • • ㉠ 퇴적 작용

(2) (나) • • ㉡ 침식 작용

■ 7종 공통

7 앞 실험에 대한 설명으로 옳지 <u>않은</u> 것은 어느 것입니까? (　　　)

① (가) → (나) 쪽으로 색 모래가 이동한다.
② (가)에서는 운반 작용이 주로 일어난다.
③ 물을 많이 흘려보낼수록 흙이 많이 깎인다.
④ 흙 언덕에 물을 흘려보내면 흙 언덕의 모습이 변한다.
⑤ 색 모래를 뿌리는 것은 흙이 이동하는 모습을 쉽게 확인하기 위해서이다.

동아, 비상, 지학사

8 비가 내린 후 운동장의 모습으로 옳은 것에 모두 ○표 하시오.

(1) 물길이 생기고 물이 흐른다. (　　　)
(2) 흙이 깎인 곳과 쌓인 곳이 있다. (　　　)
(3) 낮은 곳의 흙이 높은 곳으로 옮겨진다. (　　　)

3 단원 1회

📖 7종 공통

9 다음과 같이 경사진 곳에서 물이 흐를 때 침식, 운반, 퇴적 작용이 주로 일어나는 곳을 구분하여 각각 기호를 쓰시오.

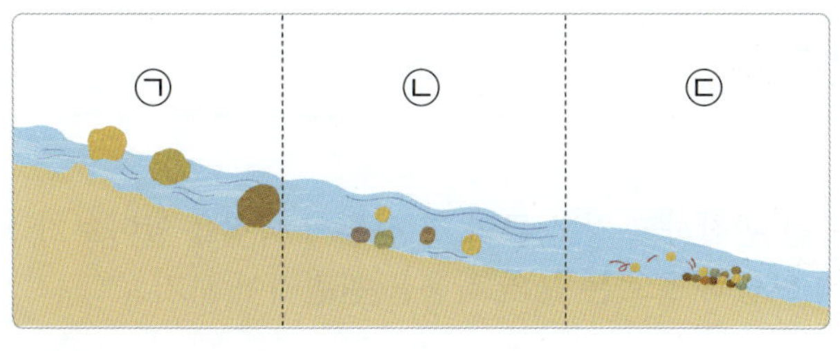

(1) 침식 작용: (　　　　　　　　)
(2) 운반 작용: (　　　　　　　　)
(3) 퇴적 작용: (　　　　　　　　)

서술형　📖 7종 공통

10 흙 언덕의 위쪽에서 물을 흘려보냈을 때 아래와 같이 흙 언덕의 모습이 변한 까닭은 무엇인지 쓰시오.

____

도움말　흙 언덕의 위쪽과 아래쪽에서 볼 수 있는 모습을 비교해 보고 주로 어떤 작용이 일어났을지 생각해 봐요.

동아, 미래엔, 천재(이)

11 다음 (　　) 안에 들어갈 알맞은 말에 각각 ○표 하시오.

흙 언덕 위쪽에서 물을 더 많이 흘려 보내면 흙 언덕의 위쪽에서는 ㉠ (침식 , 퇴적) 작용이 더 많이 일어나고, 아래쪽에서는 ㉡ (침식 , 퇴적) 작용이 더 많이 일어난다.

디지털 문해력　📖 7종 공통

12 다음은 흐르는 물의 작용에 대해 공부한 뒤 나눈 메신저 대화입니다. 흐르는 물의 작용에 대해 **잘못** 말한 사람의 이름을 쓰시오.

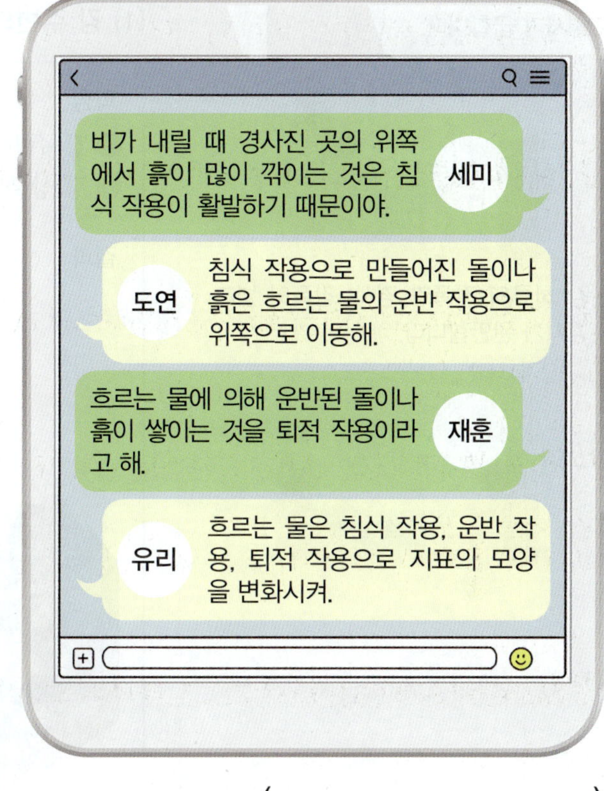

(　　　　　　　　)

📖 7종 공통

13 흐르는 물의 작용에 대한 설명으로 옳은 것에 ○표, 옳지 않은 것에 ×표 하시오.

(1) 침식 작용으로 깎인 흙이나 돌이 쌓이는 것을 운반 작용이라고 한다. (　　　)

(2) 흐르는 물은 높은 곳에서 낮은 곳으로 흐르면서 땅의 모습을 변화시킨다. (　　　)

(3) 침식 작용이 주로 일어나는 곳에서는 흙이 깎이고, 퇴적 작용이 주로 일어나는 곳에서는 흙이 쌓인다. (　　　)

학습 결과에 색칠하세요.　  

➕ 강 상류와 강 하류의 강폭과 경사

• 강 상류의 강폭과 경사: 강폭이 좁고 경사가 급합니다.

• 강 하류의 강폭과 경사: 강폭이 넓고 경사가 완만합니다.

➕ 강의 한 지점에서 강물이 흐르는 속도

같은 위치라도 강 바깥쪽과 안쪽에서 강물이 흐르는 속도가 다를 수 있습니다. 강의 바깥쪽은 물의 흐름이 빨라서 침식 작용이 주로 일어나고, 안쪽은 상대적으로 느려서 퇴적 작용이 주로 일어나면 강이 점차 구불구불한 형태로 변합니다.

★ **강폭** 강을 가로질러 잰 길이로 강의 너비를 말함.

★ **경사** 비스듬히 기울어진 정도.

★ **완만** 비스듬히 기울어진 정도가 급하지 않은 것.

---

① 강 주변의 모습 ➕

(1) 강 주변의 모습 조사하기

과정
❶ 강 주변의 모습 카드를 관찰하고 강 상류와 강 하류의 특징을 알아보기
❷ 강 상류와 강 하류의 모습과 흐르는 물의 작용을 관련지어 보기

결과

• 강 상류는 침식 작용이 활발하게 일어나서 큰 바위나 모난 돌이 많습니다.
• 강 하류는 퇴적 작용이 활발하게 일어나서 모래나 흙이 쌓입니다.

(2) 강 상류와 강 하류에서 흐르는 물의 빠르기 ➕

① 강 상류는 강폭이 좁고 경사가 급하여 물이 빠르게 흐릅니다.
② 강 하류는 강폭이 넓고 경사가 완만하여 물이 천천히 흐릅니다.

2 강 상류와 강 하류의 특징 ⊕

강 상류	• 강폭이 좁고 경사가 급함. • 침식 작용이 활발하여 주변의 바위를 깎아 냄. • 크고 모난 바위나 폭포와 계곡을 볼 수 있음. 
강 하류	• 강폭이 넓고 경사가 완만함. • 퇴적 작용이 활발하여 모래나 진흙이 쌓임. • 넓은 모래사장과 평탄한*지형을 볼 수 있음. 

⊕ 강 중류

• 강 상류에서 하류로 가는 중간 부분인 중류에서는 물이 구불구불하게 흐르는 모습을 볼 수 있습니다.
• 강 중류에서는 상류보다 흐르는 물의 양이 많아져서 물질을 이동시키는 운반 작용이 활발하게 일어납니다.

3 단원 2회

3 강 상류와 강 하류의 모습이 다른 까닭

① 강 상류에는 흐르는 물의 침식 작용이 퇴적 작용보다 활발하게 일어나므로 큰 바위와 모난 돌이 많습니다.

② 강 하류에는 흐르는 물의 퇴적 작용이 침식 작용보다 활발하게 일어나므로 상류에서 운반되어 온 자갈, 모래, 진흙 등이 쌓입니다.

③ 강 상류와 강 하류의 모습이 다른 까닭: 강 상류와 하류에서 활발하게 일어나는 흐르는 물의 작용이 다르기 때문입니다.

④ 흐르는 물은 오랜 시간에 걸쳐 강 주변의 모습을 변화시킵니다.

용어 사전

★ 지형　땅의 생긴 모양.

핵심만　**한번 더 쓰면서** 정리 !

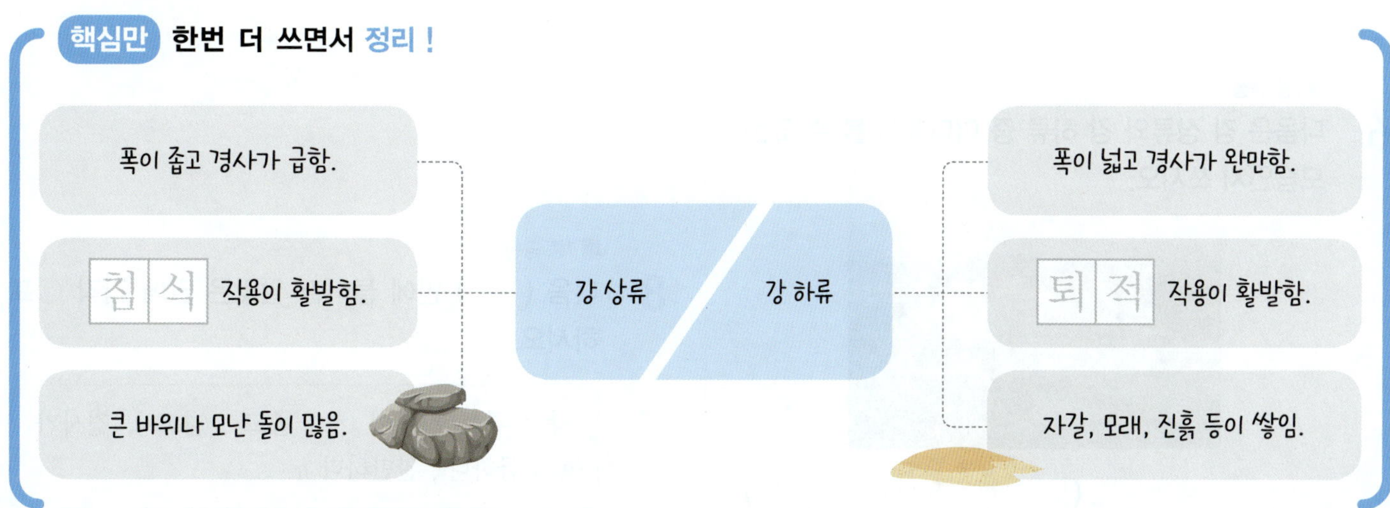

핵심 체크

1 강 상류와 강 하류 중, 강 (　　　)는 폭이 좁고 경사가 급합니다.

2 강 상류와 강 하류 중, 강 (　　　)는 폭이 넓고 경사가 완만합니다.

3 강 상류에서는 (　　　) 작용이 활발하게 일어나 주변의 바위를 깎아 냅니다.

4 강 하류에서는 (　　　) 작용이 활발하게 일어나 모래나 진흙 등이 쌓입니다.

■ 7종 공통

5 강 상류와 강 하류에서 가장 활발하게 일어나는 흐르는 물의 작용으로 알맞은 것끼리 선으로 이으시오.

(1) 강 상류 •　　　• ㉠ 퇴적 작용

(2) 강 하류 •　　　• ㉡ 침식 작용

■ 7종 공통

6 다음은 강 상류와 강 하류 중 어디에서 볼 수 있는 모습인지 쓰시오.

(　　　　　　　)

■ 7종 공통

7 다음 중 강 상류에서 주로 볼 수 있는 모습으로 알맞은 것을 골라 기호를 쓰시오.

㉠ 　　　㉡ 

(　　　　　　　)

■ 7종 공통

8 다음 (　　　) 안에 들어갈 알맞은 말에 각각 ○표 하시오.

강 상류는 강폭이 ㉠ (좁고 , 넓고), 경사가 ㉡ (급하다 , 완만하다).

📘 7종 공통

9 다음은 강 주변의 모습입니다. ㉠, ㉡ 중 다음과 같은 특징이 있는 곳으로 알맞은 것을 골라 기호를 쓰시오.

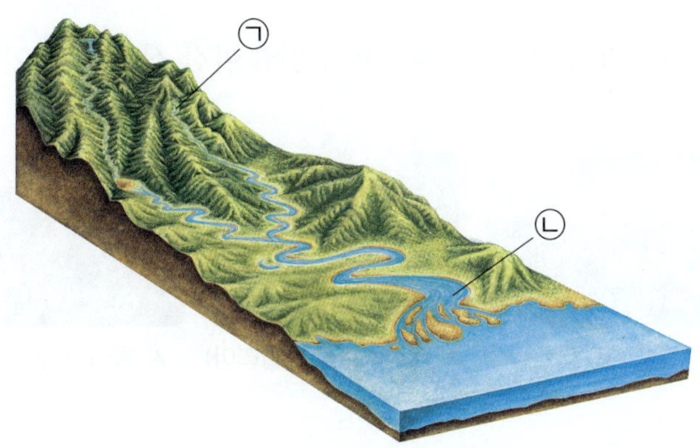

- 크고 모난 바위를 많이 볼 수 있다.
- 흐르는 물의 침식 작용이 퇴적 작용보다 활발하게 일어난다.

(   )

📘 7종 공통

10 다음 중 강 하류에 대한 설명으로 옳은 것은 어느 것입니까? (   )

① 강폭이 좁다.
② 물살이 빠르다.
③ 강의 경사가 급하다.
④ 계곡이나 폭포를 볼 수 있다.
⑤ 흐르는 물의 퇴적 작용이 활발하게 일어난다.

서술형 📘 7종 공통

11 강 하류에서 볼 수 있는 모습을 흐르는 물의 작용과 관련지어 쓰시오.

____

____

____

도움말 강 하류에서는 흐르는 물의 침식 작용과 퇴적 작용 중 어떤 작용이 활발하게 일어날지 생각해 봐요.

디지털 문해력 동아, 아이스크림, 지학사, 천재(이)

12 다음은 강 주변의 여러 지형에 대해 검색한 결과입니다. 이에 대한 설명으로 옳지 <u>않은</u> 것은 어느 것입니까? (   )

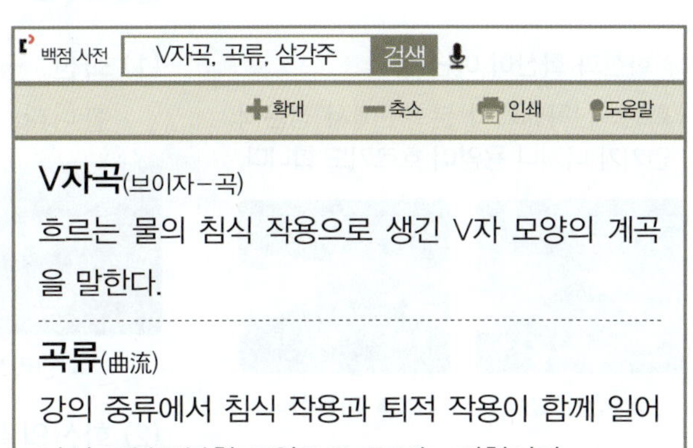

① V자곡은 강 상류에서 볼 수 있다.
② 삼각주는 강 하류에서 볼 수 있다.
③ 흐르는 물은 오랜 시간에 걸쳐 강 주변의 모습을 변화시킨다.
④ 강의 위치에 따라 흐르는 물의 침식 작용과 퇴적 작용 중 한 가지만 일어난다.
⑤ 강 주변의 모습이 다른 까닭은 강의 위치마다 활발하게 일어나는 물의 작용이 다르기 때문이다.

📘 7종 공통

13 강 상류의 특징에 해당하면 '상', 강 하류의 특징에 해당하면 '하'를 쓰시오.

(1) 강폭이 넓고 경사가 완만하다. (   )
(2) 큰 바위나 모난 돌을 많이 볼 수 있다.

(   )

(3) 흐르는 물의 퇴적 작용이 침식 작용보다 활발하게 일어난다. (   )

학습 결과에 색칠하세요. 

1 화산의 특징

(1) **화산:** 땅속에 있던 *마그마가 밖으로 *분출하여 만들어진 산을 화산이라고 합니다.

▲ 한라산

▲ 백두산

▲ 베수비오산(이탈리아)

▲ 콜리마산(멕시코)

(2) **화산의 특징** ➕
① 화산은 크기와 생김새가 다양합니다.
② 산꼭대기에서 연기가 나오는 곳도 있습니다.
③ 산꼭대기에 움푹 파인 *분화구가 있는 곳도 있습니다.
④ 분화구에 물이 고여 호수나 웅덩이가 만들어진 곳도 있습니다.
⑤ 붉은 용암이 흘러나오는 곳도 있습니다.

2 화산 분출물

(1) **화산 활동:** 화산이 분출하면서 여러 가지 물질이 나오는 것을 화산 활동이라고 합니다.

(2) **화산 분출물:** 화산 활동으로 나오는 여러 가지 물질을 화산 분출물이라고 하며, 화산 가스, 용암, 화산재, 화산 암석 조각 등이 있습니다.

화산 가스	대부분 수증기이며, 여러 가지 기체가 섞여 있음.	기체 상태
용암 ➕	마그마가 분출하여 땅 위에서 흐르는 물질임.	액체 상태
화산재	알갱이의 크기가 매우 작은 돌가루임.	고체 상태
화산 암석 조각	화산이 분출할 때 나오는 암석 조각으로 크기와 모양이 다양함.	

➕ 화산과 화산이 아닌 산
• 화산: 산꼭대기의 분화구에서 검은색 연기가 나거나 용암이 흐르기도 합니다.

▲ 푸에고산

▲ 마욘산

• 화산이 아닌 산: 마그마가 분출하여 만들어진 산이 아니므로 산꼭대기에 움푹 파인 곳이 없고, 산꼭대기에서 나오는 물질도 없습니다.

▲ 설악산

▲ 에베레스트산

➕ 용암
용암은 땅속의 마그마가 땅 위로 분출하면서 기체 물질이 빠져나간 액체 상태의 물질입니다. 용암의 온도는 매우 높으며, 지표를 따라 조용히 흐르기도 하고, 폭발하듯 솟구치기도 합니다.

용어 사전
★ **마그마** 땅속 깊은 곳에서 암석이 녹아 액체 상태로 있는 것.
★ **분출** 액체나 기체 상태의 물질이 한꺼번에 터져 나옴.
★ **분화구** 마그마가 분출하면서 생긴 움푹 파인 지형.

3 화산 활동 *모형실험과 실제 화산 활동의 비교

교과서 | 대표 탐구

화산 활동 모형실험 하기

| 과정 |

❶ 알루미늄 포일로 화산 모형을 만들고, 화산 모형 안에 마시멜로와 빨간색 식용 색소를 넣습니다.

❷ 핫플레이트로 화산 모형을 가열하면서 어떤 현상이 나타나는지 관찰합니다.

❸ 스마트 기기를 활용하여 화산 활동 영상을 찾아보고, 화산 활동 모형실험과 비교해 봅니다.

| 결과 |

▲ 마시멜로가 녹으면서 부풀어 오르고, 모형 입구에서 연기가 남.

▲ 녹은 마시멜로가 흘러내리거나 튀어 오르고, 시간이 지나면 식어서 굳음.
└ 작은 덩어리가 튀어요.

정리

연기는 화산 가스, 흐르는 마시멜로는 용암, 튀어나온 마시멜로는 화산 암석 조각에 해당합니다.

① 화산 활동 모형실험과 실제 화산에서 모두 연기가 나오고, 빨간색 액체가 흘러나오며 밖으로 나온 액체가 시간이 지나면 식으면서 굳습니다.

② 실제 화산은 크기가 크지만 화산 활동 모형은 크기가 작습니다.

③ 실제 화산에서는 화산재나 화산 암석 조각이 나오지만, 화산 활동 모형실험에서는 이런 물질이 나오지 않습니다.

탐구 팩트　화산 활동 모형실험에서 마시멜로에 빨간색 식용 색소를 넣는 까닭은 무엇일까?

화산 모형을 가열했을 때 흘러나오는 마시멜로의 색깔과 실제 화산이 분출할 때 나오는 용암의 색깔을 비교하기 위해서야.

3
단원
3회

용어 사전

✱ **모형**　실제로 있는 물건이나 사람 등을 본뜨거나 본받아서 만든 틀.

핵심만 **한번 더 쓰면서** 정리 !

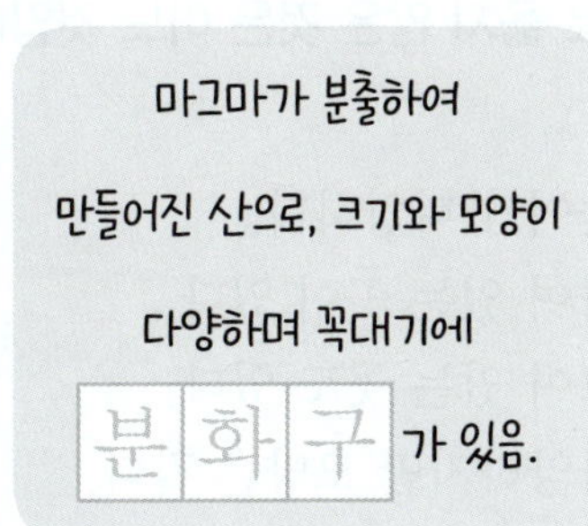

마그마가 분출하여 만들어진 산으로, 크기와 모양이 다양하며 꼭대기에 분화구 가 있음.

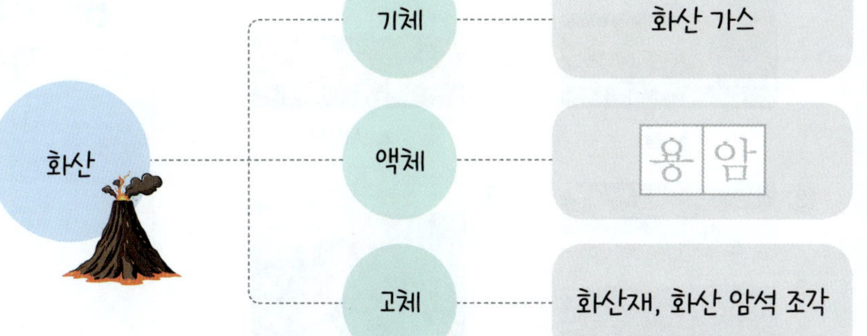

문제 학습

1 (   )은 땅속에 녹아 있던 마그마가 밖으로 분출하여 만들어진 산입니다.

2 화산 활동으로 인해 나오는 여러 가지 물질이 분출하면서 만들어진 움푹 파인 곳을 (   )라고 합니다.

3 화산 활동으로 분출하면서 나오는 여러 가지 물질을 (   )이라고 합니다.

4 땅속의 마그마가 땅 위로 분출하면서 흐르는 것을 (   )이라고 합니다.

📖 7종 공통

5 땅속 깊은 곳에서 암석이 녹아 액체 상태로 있는 물질로 알맞은 것은 어느 것입니까? (   )

① 용암　　　　② 마그마
③ 화산재　　　④ 화산 가스
⑤ 화산 암석 조각

📖 7종 공통

6 다음 중 마그마가 분출하여 만들어진 지형으로 알맞은 것은 어느 것입니까? (   )

① 
▲ 들

② 
▲ 사막

③ 
▲ 바다

④ 
▲ 화산

📖 7종 공통

7 다음과 같은 화산 꼭대기의 ㉠ 부분을 무엇이라고 하는지 쓰시오.

(   )

📖 7종 공통

8 화산에 대한 설명으로 옳지 <u>않은</u> 것은 어느 것입니까? (   )

① 화산은 크기와 높이가 다양하다.
② 꼭대기가 움푹 파여 있는 곳이 있다.
③ 분화구에 물이 고여 있는 곳도 있다.
④ 화산의 크기는 다양하지만 모양은 같다.
⑤ 마그마가 지표의 틈을 뚫고 나와 분출하여 만들어진 산이다.

📕 7종 공통

9 화산 분출물의 종류와 물질의 상태로 알맞은 것끼리 선으로 이으시오.

(1) 용암 • • ㉠ 고체 상태

(2) 화산재 • • ㉡ 액체 상태

(3) 화산 가스 • • ㉢ 기체 상태

| 10~11 | 다음은 화산 활동 모형실험 과정입니다. 물음에 답하시오.

㉮ 알루미늄 포일로 화산 모형을 만들고, 화산 모형 안에 마시멜로와 빨간색 식용 색소를 넣는다.

㉯ 화산 모형을 가열하면서 어떤 현상이 나타나는지 관찰한다.

동아, 아이스크림, 지학사, 천재(이)

10 화산 활동 모형을 가열하면 오른쪽과 같이 녹은 마시멜로가 알루미늄 포일을 타고 흘러내립니다.

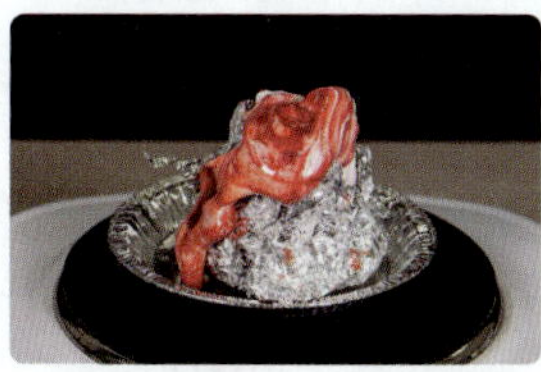

흘러내린 마시멜로는 실제 화산 활동에서 무엇에 해당하는지 쓰시오.

( )

서술형 동아, 아이스크림, 지학사, 천재(이)

11 화산 활동 모형실험과 실제 화산 활동의 같은 점을 두 가지 쓰시오.

____

도움말 화산 활동 모형을 가열할 때 나타나는 현상과 실제 화산 활동 모습을 비교해 보고 비슷한 점을 찾아봐요.

디지털 문해력 📕 7종 공통

12 다음은 세계의 화산을 검색한 결과입니다. 검색 결과를 보고, 화산의 특징을 잘못 말한 사람의 이름을 쓰시오.

- 은아: 화산은 모양이 다양해.
- 재민: 용암이 흘러내리기도 해.
- 인찬: 연기가 나오는 것도 있어.
- 수오: 분화구에 물이 고여 있는 것도 있어.
- 지영: 지금 활동하지 않는 화산은 화산이 아니야.

( )

📕 7종 공통

13 우리나라의 산 중에서 화산 활동으로 만들어진 산으로 알맞은 것을 골라 기호를 쓰시오.

( )

학습 결과에 색칠하세요.   

1 화강암과 현무암

(1) 화성암

① 마그마가 식어서 만들어진 암석을 화성암이라고 합니다.

② 대표적인 화성암에는 화강암과 현무암이 있습니다.

(2) 화강암과 현무암의 특징 ✚

실험동영상

교과서 대표 탐구

현무암과 화강암 관찰하고 분류하기

| 과정 |

❶ 현무암과 화강암을 관찰하고, 관찰한 것을 써 봅니다.

❷ *분류 기준을 정해 화성암 *표본을 현무암과 화강암으로 분류해 봅니다.

ㄱ    ㄴ    ㄷ    ㄹ 

| 결과 |

[현무암과 화강암의 특징]

구분	현무암	화강암
색깔	어두운 편임.	밝은 편임.
알갱이의 크기	알갱이가 작아 눈으로 구별하기 어려움.	알갱이의 크기가 큼.
그 밖의 특징	크고 작은 구멍이 있는 것도 있음.	밝은색 알갱이와 어두운색 알갱이가 섞여 있음.

[분류 기준을 정해 화성암 표본을 현무암과 화강암으로 분류하기]

분류 기준		암석 표본	화성암
색깔	밝은색	ㄱ, ㄷ	화강암
	어두운색	ㄴ, ㄹ	현무암
알갱이의 크기	알갱이가 큼.	ㄱ, ㄷ	화강암
	알갱이가 작음.	ㄴ, ㄹ	현무암

정리

• 화강암은 색깔이 밝고, 암석을 이루는 알갱이의 크기가 큽니다.

• 현무암은 색깔이 어둡고, 암석을 이루는 알갱이의 크기가 작으며, 구멍이 있는 것도 있습니다.

탐구 팩트 현무암 표면의 구멍은 왜 생겼을까?

현무암 중에는 표면에 구멍이 많이 나 있는 것도 있는데, 이것은 마그마가 식을 때 화산 가스가 빠져나가면서 생긴 거야. 표면에 구멍이 없는 현무암도 있어.

✚ 현무암과 화강암의 공통점과 차이점

 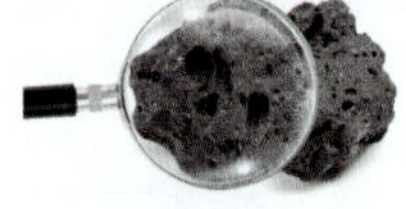 

▲ 현무암   ▲ 화강암

• 공통점: 마그마가 식어 굳어져서 만들어진 화성암입니다.

• 차이점: 암석의 색깔, 알갱이의 크기, 암석이 만들어진 장소가 다릅니다.

용어 사전

★ **분류** 종류에 따라 가름.

★ **표본** 본보기나 기준이 될 만한 것.

(3) 화강암과 현무암이 만들어지는 장소 ✚
① 화강암은 마그마가 땅속 깊은 곳에서 서서히 식어 만들어집니다.
② 현무암은 마그마가 지표 근처에서 빠르게 식어 만들어집니다.

2 화강암과 현무암의 이용 ✚

(1) 화강암의 이용: 설악산, 북한산, 금강산, 경주의 불국사 등에서 볼 수 있으며, 윤이 나서 건축자재로 많이 쓰입니다.

▲ 석굴암

▲ 불국사 다보탑

▲ *컬링 스톤

(2) 현무암의 이용: 울릉도, 제주특별자치도, 강원특별자치도의 철원, 경기도의 한탄강 등에서 볼 수 있으며 우리 생활에 다양하게 이용됩니다.

▲ 돌하르방

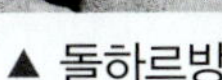

▲ *맷돌

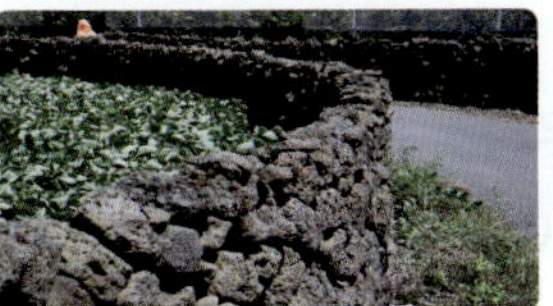

▲ 돌담(제주특별자치도)

✚ **화강암과 현무암의 생성 장소와 알갱이의 크기**
• 화강암은 마그마가 땅속 깊은 곳에서 서서히 식어서 만들어져 암석을 이루는 알갱이의 크기가 큽니다.
• 현무암은 마그마가 지표 가까이에서 빠르게 식어서 만들어져 암석을 이루는 알갱이의 크기가 작습니다.

✚ **화강암 지형과 현무암 지형**

▲ 설악산 울산바위(화강암)

▲ 경상북도 경주시 주상 절리(현무암)

용어 사전

★ **컬링 스톤**　컬링 경기에서 사용하는 화강암으로 만든 돌.

★ **맷돌**　곡식을 가는 데 쓰는 기구. 둥글넓적한 돌 두 개를 포개고, 윗돌 구멍에 곡식을 넣으면서 손잡이를 돌려서 씀.

핵심만 **한번 더 쓰면서** 정리 !

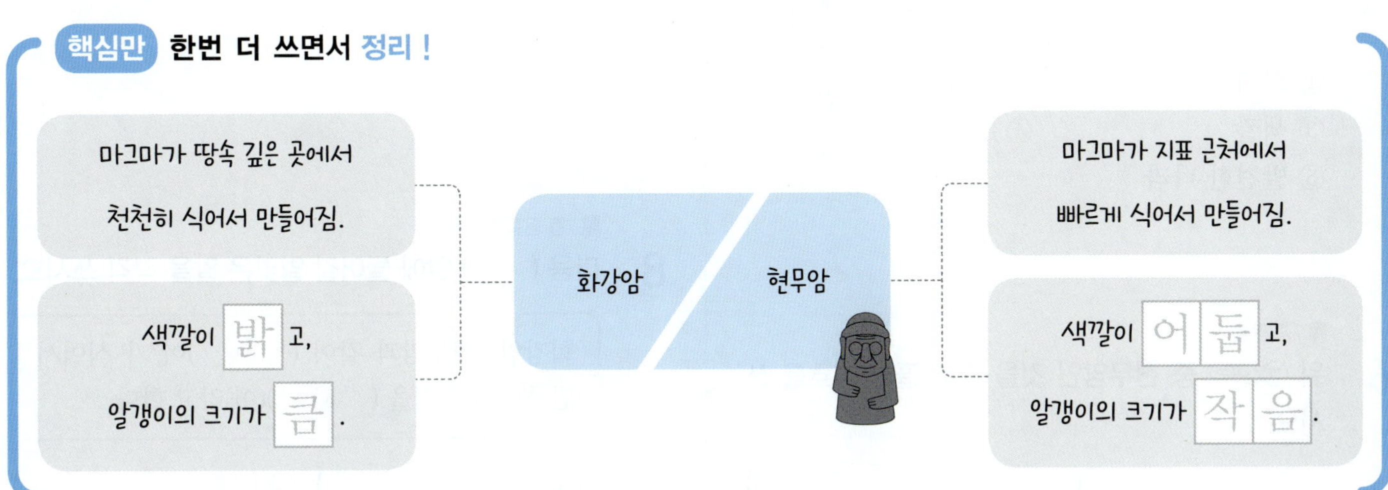

1 마그마가 식어서 만들어진 암석을 (　　　)이라고 합니다.

2 화강암과 현무암 중, (　　　)은 색깔이 밝고, 암석을 이루고 있는 알갱이의 크기가 큰 특징이 있습니다.

3 현무암 표면에는 화산 가스가 빠져나가면서 생긴 (　　　)이 있는 것도 있습니다.

4 화강암과 현무암 중, (　　　)은 마그마가 지표 근처에서 식어서 만들어진 암석입니다.

| 5~6 | 다음은 화산 활동으로 만들어진 암석 표본입니다. 물음에 답하시오.

ⓐ  ⓑ  ⓒ  ⓓ 

🔲 7종 공통

5 위 암석 표본을 다음과 같이 두 무리로 분류하였을 때의 분류 기준으로 알맞은 것은 어느 것입니까?

(　　　)

㉠, ㉢	㉡, ㉣

① 크기　　② 모양
③ 색깔　　④ 무게
⑤ 발견한 나라

🔲 7종 공통

6 위 ㉠~㉣ 중 현무암인 것을 모두 골라 기호를 쓰시오.

(　　　)

🔲 7종 공통

7 화강암의 특징으로 옳은 것을 (보기)에서 모두 골라 기호를 쓰시오.

(보기)

㉠ 색깔이 밝다.
㉡ 색깔이 어둡다.
㉢ 표면에 구멍이 있는 것도 있다.
㉣ 알갱이의 크기가 커서 눈으로 볼 수 있다.
㉤ 알갱이의 크기가 작아서 눈으로 구별하기 어렵다.

(　　　)

🔲 7종 공통

8 다음 (　　　) 안에 들어갈 알맞은 말을 각각 쓰시오.

화강암, 현무암과 같이 (　㉠　)이/가 식어서 만들어진 암석을 (　㉡　)(이)라고 한다.

㉠ (　　　　), ㉡ (　　　　)

3 단원 4회

| 9~10 | 다음은 화산 활동이 일어나는 모습입니다. 물음에 답하시오.

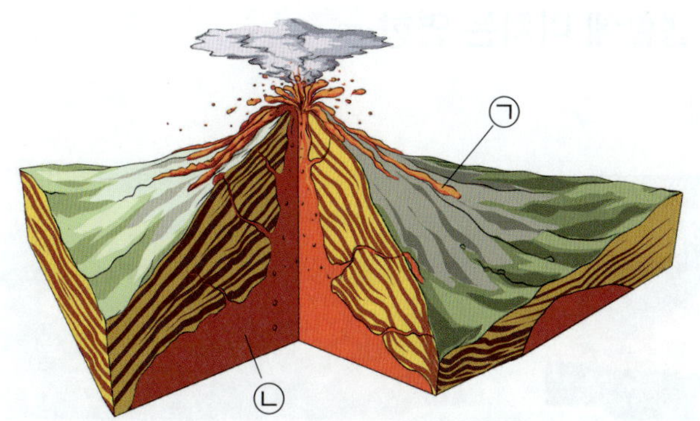

동아, 비상, 아이스크림, 지학사, 천재(이), 천재(정)

9 화강암과 현무암 중 ㉠과 ㉡의 위치에서 만들어지는 암석의 이름을 각각 쓰시오.

㉠ (　　　　　　　), ㉡ (　　　　　　　)

동아, 비상, 아이스크림, 지학사, 천재(이), 천재(정)

10 ㉠ 위치에서 만들어지는 암석에 대한 설명으로 옳은 것은 어느 것입니까? (　　　)

① 색깔이 대체로 밝다.
② 알갱이의 크기가 매우 크다.
③ 암석을 이루는 알갱이가 눈에 보인다.
④ 알갱이의 크기가 작아서 눈으로 구분하기 어렵다.
⑤ 밝은색 알갱이와 어두운색 알갱이가 섞여 있다.

서술형 ▌7종 공통

11 오른쪽과 같이 암석 표본을 관찰하였더니 표면에 구멍이 많이 나 있었습니다. 이 암석은 화강암과 현무암 중 어느 것인지 쓰고 이 구멍은 어떻게 생긴 것인지 쓰시오.

___

도움말 현무암의 특징과 현무암이 만들어지는 장소를 생각해 봐요.

디지털 문해력 동아, 비상, 아이스크림, 지학사, 천재(이), 천재(정)

12 다음은 설악산과 제주도의 돌에 관련된 인터넷 기사 내용 중 일부입니다. 내용과 관련지어 ㉠, ㉡에 들어갈 알맞은 암석에 각각 ○표 하시오.

백점 뉴스 백점뉴스

뉴스홈 ▶ 과학기사

왜 설악산의 돌은 밝은색이고, 제주도의 돌은 어두운색일까?

일자: 2000-00-00 14 : 20

 ○○○ 기자

설악산 울산바위는 암석을 이루는 알갱이가 커서 우윳빛 배경에 검은색 광물 입자가 점점이 박힌 모습을 볼 수 있다.
제주도에 가면 검은색 주상절리가 많이 보인다. 암석을 이루는 알갱이의 크기가 작아 눈에 보이지 않고, 돌에 작은 구멍이 뚫려 있다.
울산바위와 주상절리 모두 마그마가 식어서 만들어진 화성암이지만, 마그마의 성분과 암석이 만들어진 장소가 다르기 때문에 생김새가 달라졌다.

설악산 울산바위는 ㉠ (화강암 , 현무암)으로 이루어졌고, 제주도 주상절리는 ㉡ (화강암 , 현무암)으로 이루어졌다.

▌7종 공통

13 돌하르방과 석굴암을 이루고 있는 암석으로 알맞은 것끼리 선으로 이으시오.

(1) ·

· ㉠ 화강암

(2) ·

· ㉡ 현무암

학습 결과에 색칠하세요.

➕ 화산 활동이 농작물에 미치는 영향

- 화산이 폭발할 때 나오는 화산재에는 땅을 비옥하게 하는 칼륨, 나트륨, 인 같은 물질이 포함되어 있습니다.
- 화산 폭발로 나오는 화산재가 논밭을 뒤덮어 농작물에 피해를 주지만, 오랜 시간이 지나면 땅을 비옥하게 하여 농작물이 잘 자라게 하기도 합니다.

➕ 지열 발전

지열 발전은 땅속의 높은 열을 이용해 전기를 만드는 것으로, 고온의 증기를 이용하여 터빈(회전식 기계 장치)을 회전시키고, 이에 연결된 발전기로 전기를 만듭니다.

용어 사전

- ★ **운항** 배나 비행기가 정해진 항로나 목적지를 오고 감.
- ★ **호흡기** 코, 폐 등과 같이 숨을 들이마시고 내쉬는 데 관여하는 기관.
- ★ **비옥** 땅이 기름지고 양분이 많음.
- ★ **온천** 지하수가 지열에 의해 데워져 솟아 나오는 물.

---

1 화산 활동이 우리 생활에 미치는 영향

(1) 화산 활동이 주는 피해

① 용암이 산이나 마을로 흘러 산불이 나고, 건물에 화재가 발생합니다.

② 화산 암석 조각에 부딪혀 자동차가 파손됩니다.

③ 화산재가 건물과 자동차, 농작물을 뒤덮어 피해가 발생합니다.

④ 화산재가 날리면 엔진 고장을 일으켜 비행기*운항이 중단되기도 합니다.

⑤ 화산재와 화산 가스 때문에*호흡기 질병이 생깁니다. ── 화산재가 태양 빛을 가려 날씨 변화를 일으키기도 해요.

(2) 화산 활동이 주는 이로운 점

① 화산재가 쌓인 땅이*비옥해져 농작물이 잘 자랍니다. ➕

② 화산 활동으로 물의 온도가 높은 지역은*온천을 개발합니다.

③ 화산 주변의 지형을 관광지로 개발합니다.

④ 화산 분출물로 다양한 관광 상품을 만듭니다.

⑤ 화산 주변 땅속의 높은 열을 이용하여 전기를 생산합니다. ➕

2 화산이 분출할 때 대처 방법

① 평상시 화산 분출에 대비하여 마스크와 보안경, 비상식량과 물, 라디오, 손전등, 구급함 등을 준비해 둡니다.

② 화산재가 날리면 가급적 실내에 머뭅니다.

③ 실외에 있을 때는 마스크나 손수건, 옷으로 코와 입을 막습니다.

④ 실외에 있을 때는 자동차나 건물로 신속하게 대피합니다.

⑤ 텔레비전이나 라디오 안내 방송에 따라 침착하게 행동합니다.

⑥ 화산재*낙하가 끝나면 쌓인 화산재를 깨끗이 청소합니다.

⑦ 화산재가 닿은 식재료는 깨끗이 씻어 먹습니다.

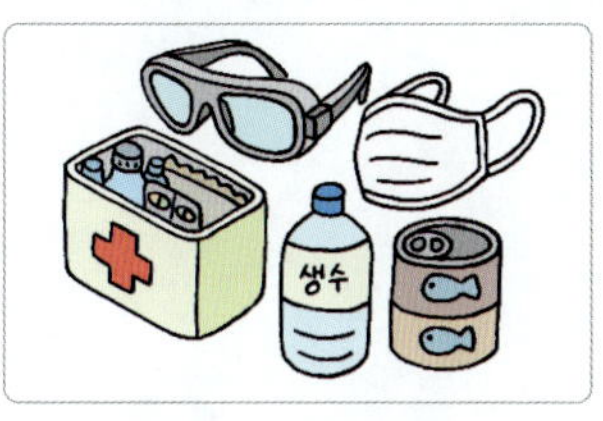

▲ 평소 준비해 두었던 비상용품과 식량을 챙김.

▲ 실내에 머물거나 자동차로 대피함.

▲ 안내 방송에 따라 침착하게 행동함.

[화산재 낙하 상황별 행동*요령] ➕

화산재 낙하 전

식수, 방진 마스크, 테이프, 구급약품 등 비상용품을 미리 준비해 두기

화산재 낙하 중

• 화산재 특보가 발표되면 실내에 머물도록 하며, 화산재 낙하 전 문틈을 테이프 등으로 막아 두기

• 실외에 있을 경우에는 마스크 등으로 코와 입을 막고, 건물 안으로 신속하게 대피하기

화산재 낙하 후

• 화산재 특보 종료 후에는 마스크를 착용하고, 주변을 신속하게 청소하기

• 창문을 닦아낼 때에는 물을 뿌리거나 젖은 걸레를 사용하기

• 수거한 화산재는 비닐봉지에 넣어 지정된 장소에 버리기

➕ **화산 폭발로 사라진 도시, 폼페이**

이탈리아의 고대 도시 폼페이는 베수비오 화산이 분출하여 18시간 만에 완전히 파괴되었습니다. 베수비오 화산이 내뿜은 화산 분출물은 도시 전체를 2~3 m 두께로 뒤덮었다는 기록이 있습니다.

용어 사전

★ **낙하** 아래로 떨어져 내림.

★ **요령** 일을 하는 데 꼭 필요한 도리.

핵심만 한번 더 쓰면서 정리 !

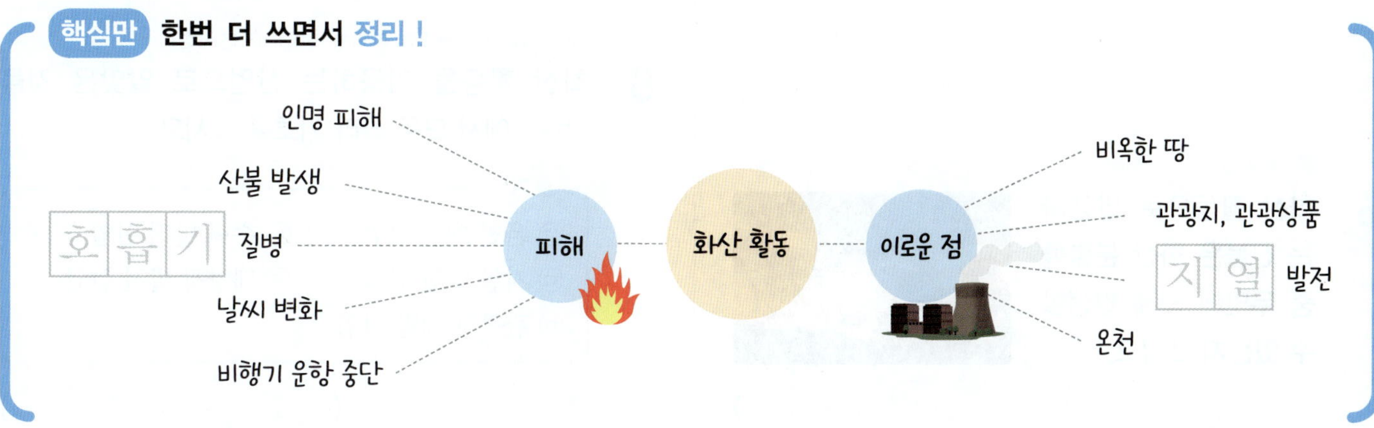

핵심 체크

1 화산 분출물 중 용암이 산으로 흐르면 (   )이 발생할 수 있습니다.

2 화산 활동으로 분출한 (   )가 태양 빛을 가리면 날씨에 영향을 줍니다.

3 (   )은 지하수가 땅속의 열에 의해 데워져 솟아 나오는 물로, 화산 활동이 주는 이로운 점입니다.

4 지열 발전은 화산 주변 땅속의 높은 열을 이용해 (   )를 얻는 것입니다.

7종 공통

5 다음은 화산 분출물 중 무엇으로 인한 피해입니까? (   )

- 비행기 운항을 어렵게 한다.
- 마을과 농경지를 뒤덮어 피해를 준다.
- 태양 빛을 가려 날씨 변화를 일으키기도 한다.

① 용암　　　　② 화산재
③ 화강암　　　④ 화산 가스
⑤ 화산 암석 조각

7종 공통

6 화산 활동으로 발생하는 산불은 화산 분출물 중 무엇에 의해 발생할 수 있는지 쓰시오.

(　　　　　　　　)

---

7 다음 (   ) 안에 들어갈 알맞은 말을 쓰시오.

> 화산 주변 땅속의 높은 열을 이용해 전기를 얻는 것을 (　　　　　)(이)라고 한다.

(　　　　　　　　)

8 화산 활동을 이용하는 산업으로 알맞은 것을 〈보기〉에서 모두 골라 기호를 쓰시오.

〈보기〉
㉠ 온천 개발 산업　　㉡ 수력 발전 산업
㉢ 지열 발전 산업　　㉣ 태양광 발전 산업
㉤ 관광지 개발 산업

(　　　　　　　　)

9 📙 7종 공통

다음 중 화산 활동의 이로운 점으로 알맞은 것을 두 가지 고르시오. (   )

① 
▲ 화산재가 쌓여 비옥해진 땅

② 
▲ 화산재로 덮인 마을

③ 
▲ 화산재로 덮인 비행기

④ 
▲ 온천

서술형 📙 7종 공통

10 다음 글을 읽고, 화산 활동이 우리 생활에 미치는 영향에 대해 알 수 있는 사실을 쓰시오.

- 화산 활동으로 분출한 화산재가 농작물을 뒤덮어 피해를 준다.
- 화산재는 땅을 기름지게 하는 성분을 포함하고 있어 화산재가 쌓인 땅은 충분한 시간이 지나면 비옥해져 농작물이 잘 자란다.

도움말 화산 활동으로 나오는 화산재가 농작물에 피해를 주기도 하지만 땅을 비옥하게 한다는 점을 생각해요.

동아, 비상, 아이스크림, 지학사, 천재(이), 천재(정)

11 화산 활동의 피해가 아닌 것을 (보기)에서 골라 기호를 쓰시오.

(보기)
㉠ 산불 발생
㉡ 지열 발전
㉢ 호흡기 질병
㉣ 비행기 운항 중단

(   )

12 디지털 문해력 📙 7종 공통

다음은 2010년 아이슬란드에서 발생한 화산 폭발과 관련된 SNS 내용입니다. 비행기 운항 중단을 일으킨 직접적인 원인은 무엇입니까? (   )

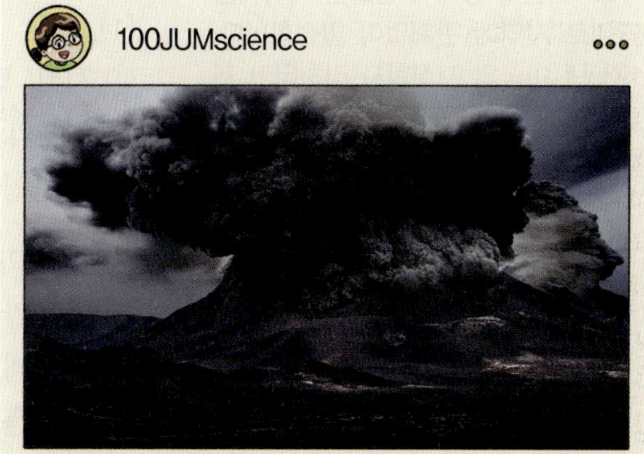

#유럽 항공편 마비 #아이슬란드 #화산 폭발

유럽 항공편이 마비됐다. 뉴스에 따르면 초속 300m로 8㎞ 높이까지 화산재가 분출됐다고 한다. 비행기의 제트 엔진 속에서 화산재가 녹으면 엔진이 제 기능을 하지 못해 항공기들은 발이 묶일 수밖에 없다고 한다.

① 용암
② 마그마
③ 화산재
④ 기온 변화
⑤ 강한 바람

13 📙 7종 공통

화산이 분출하여 화산재가 날릴 때의 대처 방법을 잘못 알고 있는 사람의 이름을 쓰시오.

- 지오: 텔레비전이나 라디오 등을 통해 재난 방송을 확인해야 해.
- 수연: 실외에 있을 때는 자동차나 건물로 신속하게 대피해야 해.
- 송아: 실내에 있을 때는 마스크로 코와 입을 막고 신속하게 밖으로 나가야 해.

(   )

학습 결과에 색칠하세요.   

➕ **지진의 세기**

- 규모: 지진의 절대적 강도를 나타내는 단위로 지역에 관계없이 일정합니다. 1935년 미국의 지질학자 리히터가 제안하여 '리히터 규모'라고도 합니다.
- 진도: 실제 지진의 에너지와 상관없이 지진으로 나타나는 영향을 수치로 나타낸 단위로, 관측자에 따라 분류되기도 합니다.

➕ **지진 해일**

바다 밑에서 지진이나 화산 폭발 등이 발생할 때 생기는 커다란 파도를 지진 해일 또는 쓰나미라고 합니다. 수심이 깊은 곳에서 얕은 곳으로 이동하면서 파도가 점점 높아지므로 해안가 마을에 큰 피해를 주기도 합니다.

용어 사전

★ **균열** 사이가 갈라져 터짐.

★ **파열** 깨지거나 갈라져 터짐.

★ **해일** 지각 변동, 날씨 변화 등에 의해 갑자기 바닷물이 크게 일어서 육지로 넘쳐 들어오는 것.

★ **내진 설계** 지진을 견딜 수 있도록 건축물을 설계하는 것.

---

① 지진 피해 사례

(1) 지진

① 지진: 땅이 흔들리는 현상을 지진이라고 합니다. — 지구 내부에서 작용하는 힘이 영향을 주어 지진이 일어나요.

② 지진의 세기: 지진의 세기는 규모로 나타내며, 규모의 숫자가 클수록 강한 지진입니다. ➕

(2) 지진이 발생할 때 일어나는 일 ➕

① 도로가 갈라지고, 건물이 무너집니다.

② 산사태나 산불이 일어나며, 바닷가에서는 지진 해일이 일어나기도 합니다.

③ 사람들이 다치거나 사망하는 등 인명 피해와 재산 피해가 발생합니다.

▲ 지진으로 갈라진 땅

▲ 지진으로 무너진 건물

▲ 지진으로 끊어진 도로

(3) 지진 피해 사례

▲ 포항 지진

▲ 대만 화롄 지진

▲ 튀르키예 지진

① 우리나라의 지진 피해 사례

- 2017년 11월 경상북도 포항에서 지진이 발생해 건물이 파손되고 부상자와 이재민이 발생했습니다.
- 2016년 9월 경상북도 경주시에서 지진이 발생해 건물에 *균열이 생기고 수도 배관이 *파열되었습니다.

② 세계 여러 나라의 지진 피해 사례

- 2024년 4월 대만 화롄에서 지진이 발생해 건물이 무너지고 인명 피해가 발생했습니다.
- 2023년 2월 튀르키예에서 지진이 발생해 건물이 무너지고 많은 사망자가 발생했습니다.
- 2011년 3월 일본에서 큰 지진이 발생해 지진 *해일로 인해 많은 인명 피해와 재산 피해가 발생했습니다.

(4) 지진의 피해를 줄이기 위한 방법

① 건물을 지을 때 강한 지진에도 견딜 수 있는 *내진 설계를 합니다.

② 평소 지진 대피 훈련을 하여 지진이 발생했을 때 침착하게 대피할 수 있도록 합니다. — 지진은 매우 짧은 시간 동안 발생하기 때문에 장소와 상황에 맞는 대처 방법에 따라 침착하게 행동하면 피해를 줄일 수 있어요.

2 지진 대처 방법

(1) 지진이 발생하기 전
① 흔들리는 물건을 고정하고, 비상식량과 구급 배낭을 준비합니다.
② 집 근처에 있는 지진 대피 장소를 미리 알아 둡니다.

(2) 지진으로 흔들릴 때 ➕
① 승강기 안에서는 모든 층의 버튼을 눌러 가장 먼저 열리는 층에서 내립니다.
② 야외에서는 머리를 보호하고 건물이나 벽 주변에서 떨어집니다.
③ 대형 할인점에서는 넘어지거나 떨어질 수 있는 물건으로부터 머리와 몸을 보호합니다.

▲ 책상 아래로 들어가 머리와 몸 보호하기　▲ 가방 등으로 머리를 보호하며 안내에 따라 움직이기　▲ 실외에서 머리를 보호하며 넓은 공터로 대피하기

(3) 흔들림이 잠시 멈추었을 때 ➕

▲ 전기와 가스를*차단하기　▲ 밖으로 나갈 수 있도록 문 열어 두기　▲ 승강기 대신 계단을 이용하여 신속하게 대피하기

(4) 지진이 발생한 후
① 다친 사람이 있으면*응급 처치를 하거나 구조를 요청합니다.
② 라디오나 공공 기관의 안내 방송 등 올바른 정보에 따라 행동합니다.

➕ **장소에 따른 지진 대처 방법**
• 버스나 지하철을 타고 있을 때: 손잡이나 기둥을 잡아 넘어지지 않도록 하고, 안내에 따라 대피합니다.
• 자동차를 타고 있을 때: 도로 오른쪽에 차를 세우고, 차 밖으로 대피합니다.
• 산이나 바다에 있을 때: 산에서는 산사태에, 바다 근처에서는 지진 해일에 주의하여 안전한 곳으로 대피합니다.

➕ **지진이 발생했을 때 승강기를 이용하면 안 되는 까닭**
건물이 무너져서 전기가 차단되면 승강기 작동이 멈춰서 안에 갇히거나 추락할 위험이 있기 때문입니다.

용어 사전
★ **차단**　액체나 기체 등의 흐름 또는 통로를 통하지 못하게 막거나 끊음.
★ **응급 처치**　위급한 환자에게 현장에서 즉시 의료상의 조치를 취하는 것.

핵심만 **한번 더 쓰면서** 정리 !

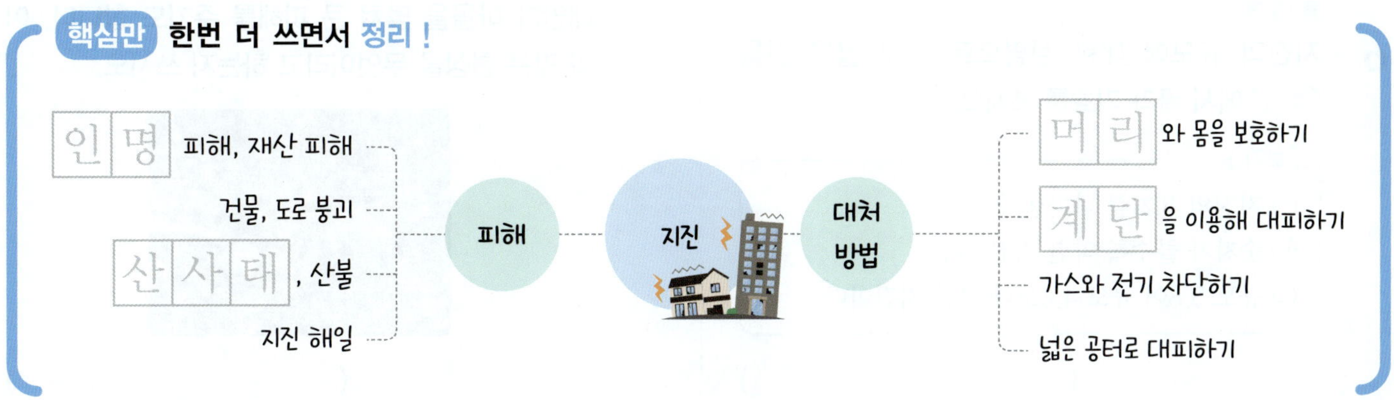

핵심 체크

1 땅이 흔들리는 현상을 ( )이라고 합니다.

2 지진의 세기는 ( )로 나타내며, 숫자가 클수록 강한 지진입니다.

3 실내에 있을 때 지진이 발생하면 책상 밑으로 들어가 ( )와 몸을 보호합니다.

4 지진이 발생하여 건물 밖으로 대피할 때에는 승강기 대신 ( )을 이용해야 합니다.

■ 7종 공통

5 다음에서 설명하는 현상으로 알맞은 것은 어느 것입니까? ( )

- 땅이 흔들리는 현상이다.
- 도로가 갈라지고, 건물이 무너지기도 한다.

① 홍수　　② 태풍　　③ 지진
④ 산불　　⑤ 화산 폭발

■ 7종 공통

6 지진의 규모에 대한 설명으로 옳지 않은 것을 〈보기〉에서 골라 기호를 쓰시오.

〈보기〉
㉠ 지진의 세기를 나타낸다.
㉡ 숫자가 클수록 약한 지진이다.
㉢ 규모 5.8이 규모 4.6보다 강한 지진이다.

( )

■ 7종 공통

7 지진의 피해 사례에 해당하지 않는 것은 어느 것입니까? ( )

① 건물이 무너진다.
② 도로가 끊어진다.
③ 인명 피해가 발생한다.
④ 산사태가 나고 다리가 부서진다.
⑤ 태양 빛을 가려 날씨 변화를 일으킨다.

동아, 아이스크림, 천재(이), 천재(정)

8 바다 밑에서 지진이 발생하면 높은 파도가 일어나 해안가 마을을 덮쳐 큰 피해를 주기도 합니다. 이와 같은 현상을 무엇이라고 하는지 쓰시오.

( )

3 단원 6회

📖 7종 공통

9 실내에 있을 때 지진이 발생하여 흔들리는 상황에서의 대처 방법으로 가장 옳은 것은 어느 것입니까?
( )

① 창문 밑에 웅크린다.
② 출입문 쪽으로 이동한다.
③ 책장 밑으로 몸을 숨긴다.
④ 벽에 기대어 흔들림이 멈추기를 기다린다.
⑤ 책상이나 식탁 아래로 들어가 머리와 몸을 보호한다.

📖 7종 공통

10 다음은 지진이 일어났을 때 건물 밖으로 나가기 위해 이동하는 모습입니다. 알맞은 모습을 골라 ○표 하시오.

(1) 

▲ 승강기를 타고 빠르게 이동함.

( )

(2)

▲ 계단을 이용하여 빠르게 이동함.

( )

서술형 **📖 7종 공통**

11 위 **10**번에서 고른 답과 같이 이동해야 하는 까닭은 무엇인지 쓰시오.

____

____

도움말 지진이 발생하면 화재 위험 때문에 전기를 차단해야 해요.

디지털 문해력 **📖 7종 공통**

12 다음은 여러 나라에서 발생한 지진 피해 사례와 이에 대한 댓글입니다. 댓글의 내용이 옳은 것을 골라 작성자의 별명을 쓰시오.

발생 지역	연도	규모	피해 사례
대만	2024	7.4	사망자 16명, 건물 26채 붕괴 등
튀르키예	2023	7.8	사망자 5만여 명, 건물 26만여 채 붕괴
대한민국	2017	5.4	이재민 발생, 건물 파손

초등2맘
지진이 발생하면 크고 작은 피해가 발생하네요.

1써니
규모는 지진에 파손된 건물의 수를 나타내는군요.

연지쌤
우리나라는 발생했던 지진의 규모가 작으므로 지진 안전지대라고 할 수 있겠네요.

( )

📖 7종 공통

13 지진이 발생했을 때 대처 방법으로 옳은 것에 ○표, 옳지 <u>않은</u> 것에 ×표 하시오.

(1) 건물이나 벽 주변에서 먼 곳으로 대피한다.
( )

(2) 집에 있을 때에는 전기와 가스를 차단하고 문을 열어 둔다.
( )

(3) 야외에서는 소지품으로 머리를 보호하며 건물 안으로 대피한다.
( )

학습 결과에 색칠하세요.   

마무리 평가 **7**회

7종 공통

1 다음은 흙 언덕 위쪽에서 물을 흘려보냈을 때의 모습입니다. ( ) 안에 들어갈 알맞은 말에 각각 ○표 하시오.

흙 언덕의 위쪽에서는 흙이 주로 ㉠ (깎이고 , 쌓이고), 흙 언덕의 아래쪽에서는 흙이 주로 ㉡ (깎인다 , 쌓인다).

7종 공통

2 다음은 흐르는 물의 여러 작용을 설명한 것입니다. 각각에 해당하는 작용으로 알맞은 것을 〈보기〉에서 골라 기호를 쓰시오.

〈보기〉
㉠ 침식 작용　　㉡ 운반 작용　　㉢ 퇴적 작용

(1) 운반된 돌이나 흙 등이 쌓인다. 　　(　　)
(2) 지표의 바위나 돌 등을 깎아 낸다. (　　)
(3) 돌이나 흙 등이 물과 함께 이동한다.(　　)

7종 공통

3 다음 강 주변의 모습과 강의 위치로 알맞은 것끼리 선으로 이으시오.

(1)  　　•　　•㉠ 강 상류

(2)  　　•　　•㉡ 강 하류

7종 공통

4 오른쪽과 같은 강 주변의 모습에 대한 설명으로 옳은 것을 두 가지 고르시오. (　　　　)

① 강 상류의 모습이다.
② 강폭이 좁고 경사가 급하다.
③ 큰 바위나 모난 돌을 많이 볼 수 있다.
④ 상류에서 이동한 흙이나 모래가 주로 쌓인다.
⑤ 흐르는 물의 침식 작용보다 퇴적 작용이 활발하게 일어난다.

디지털 문해력　**7종 공통**

5 은채는 주말에 가족들과 강 주변으로 놀러갔던 곳의 사진을 단체 대화방에 올렸습니다. 이에 대해 옳지 <u>않게</u> 말한 사람의 이름을 쓰시오.

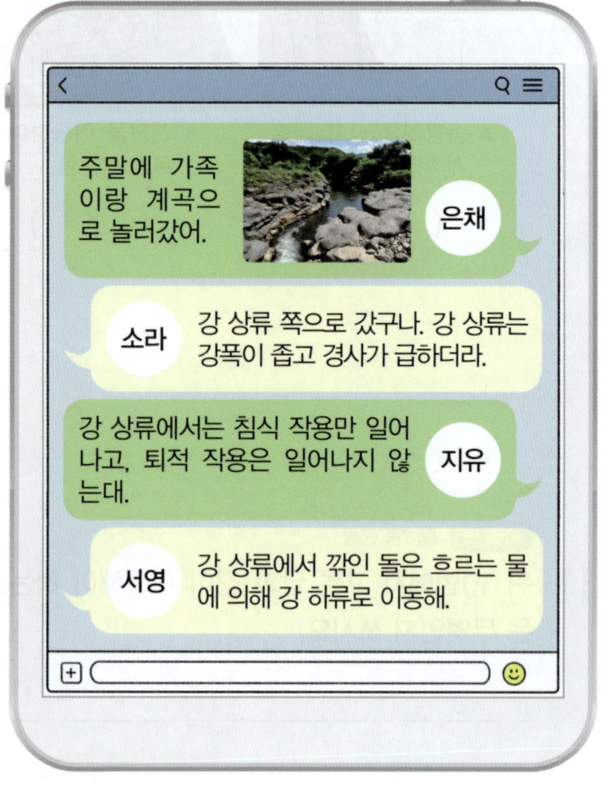

(　　　　　　)

6 다음 중 화산인 것을 두 가지 골라 기호를 쓰시오.

(　　　　　　　　　)

7 화산이란 무엇인지 쓰고, 화산이 아닌 산과 비교하여 화산의 특징을 한 가지 쓰시오.

____

____

____

 **8** 화산 분출물에 대한 설명으로 옳은 것은 어느 것입니까? (　　　　)

① 화산 분출물은 모두 고체 상태이다.
② 화산이 분출한 뒤에 만들어진 지형이다.
③ 용암은 액체와 고체 상태의 화산 분출물이다.
④ 화산 가스는 기체 상태의 화산 분출물로 대부분 수증기이다.
⑤ 화산재는 기체 상태, 화산 암석 조각은 고체 상태의 화산 분출물이다.

9 화산 활동 모형실험에서 나오는 물질은 실제 화산 분출물과 비교하여 무엇에 해당하는지 선으로 이으시오.

(1) 연기 　·

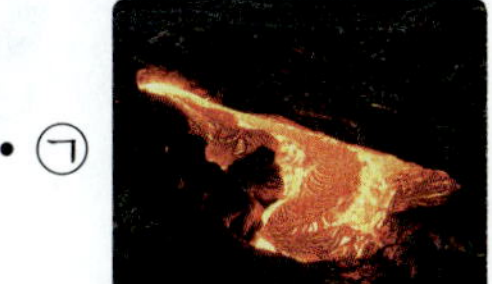
·㉠
▲ 용암

(2) 흐르는 마시멜로 　·

·㉡
▲ 화산 암석 조각

(3) 튀어나온 마시멜로 　·

·㉢
▲ 화산 가스

10 화강암과 현무암의 공통점으로 옳은 것은 어느 것입니까? (　　　　)

▲ 화강암

▲ 현무암

① 암석의 색깔이 비슷하다.
② 암석의 모양이 비슷하다.
③ 마그마가 식어서 만들어진 암석이다.
④ 표면에 크고 작은 구멍이 많이 있다.
⑤ 알갱이의 크기가 커서 눈으로 볼 수 있다.

동아, 비상, 아이스크림, 지학사, 천재(이), 천재(정)

11 화산 활동이 일어날 때 ㉠ 위치에서 만들어지는 암석에 대해 옳게 말한 사람의 이름을 쓰시오.

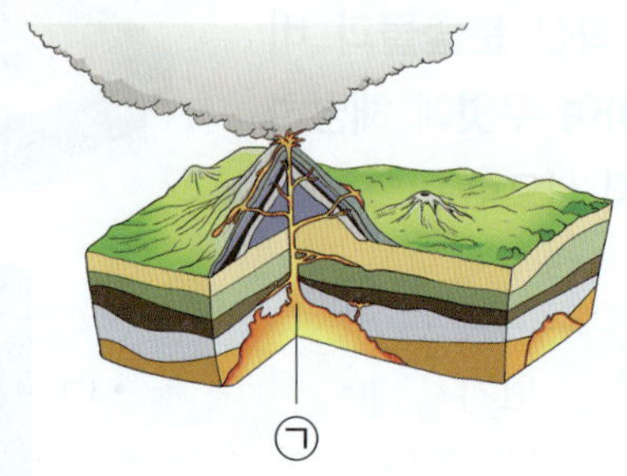

> • 은솔: 암석의 색깔이 대체로 어두워.
> • 지연: 암석을 이루는 알갱이의 크기가 커.
> • 나현: 암석 표면에 기체가 빠져나간 구멍이 있어.

( )

📖 7종 공통

12 다음 중 현무암으로 만들어진 것을 골라 기호를 쓰시오.

▲ 다보탑

▲ 석굴암

▲ 맷돌

( )

📖 7종 공통

13 화산 활동이 우리 생활에 미치는 영향 중 화산재에 의한 피해가 <u>아닌</u> 것은 어느 것입니까? ( )

① 비행기 운항이 중단된다.
② 태양 빛을 가려 날씨 변화를 일으킨다.
③ 땅을 비옥하게 하여 농작물이 잘 자란다.
④ 숨쉬기가 힘들고 호흡기 질병을 일으킨다.
⑤ 건물이나 자동차를 뒤덮어 피해를 입는다.

📖 7종 공통

14 화산 활동이 주는 피해와 이로운 점을 각각 (보기)에서 골라 기호를 모두 쓰시오.

> **(보기)**
> ㉠ 도로가 용암으로 뒤덮인다.
> ㉡ 화산재가 태양 빛을 가린다.
> ㉢ 화산 주변을 관광지로 개발한다.
> ㉣ 화산 주변에 있는 온천을 개발한다.
> ㉤ 화산재가 건물과 농작물을 뒤덮는다.

(1) 피해: ( )
(2) 이로운 점: ( )

동아, 비상, 아이스크림, 지학사, 천재(이), 천재(정)

15 다음은 지열 발전에 대한 설명입니다. ( ) 안에 들어갈 알맞은 말을 각각 쓰시오.

> 지열 발전은 화산 주변 땅속의 높은 (㉠)을/를 이용하여 (㉡)을/를 얻는 것으로 화산 활동이 주는 이로운 점이다.

▲ 지열 발전소

㉠ ( ), ㉡ ( )

3
단원
7회

📖 7종 공통

16 다음 지진 관련 기사 중 밑줄 친 규모가 나타내는 것은 어느 것입니까? (   )

> 2024년 6월 12일 전북특별자치도 부안군 남남서쪽 4 km 지역에서 규모 4.8의 지진이 발생하였다.

① 지진의 세기
② 지진 발생 위치
③ 지진 발생 횟수
④ 지진 피해 정도
⑤ 지진 발생 깊이

서술형 📖 7종 공통

17 승강기 안에 있을 때 지진이 발생하면 어떻게 대피해야 하는지 쓰시오.

____

____

동아, 아이스크림, 지학사, 천재(이)

18 지진이 발생했을 때의 대처 방법으로 옳지 <u>않은</u> 것은 어느 것입니까? (   )

① 극장에서는 직원의 안내에 따라 질서 있게 대피한다.
② 전철 안에 있을 때에는 곧바로 비상문을 열고 뛰어내린다.
③ 집에서는 전기와 가스를 차단하고 문을 열어 출구를 확보한다.
④ 교실에서는 책상 아래로 들어가 책상 다리를 꼭 잡고 머리와 몸을 보호한다.
⑤ 건물 밖에서는 가방이나 소지품으로 머리를 보호하고 건물과 거리를 두고 넓은 곳으로 대피한다.

| 19~20 | 다음은 강 상류와 강 하류의 강폭과 경사를 나타낸 것입니다. 물음에 답하시오.

(가)  (나) 

📖 7종 공통

19 다음 ㉠~㉣은 강 주변의 모습입니다. 위 (가), (나) 주변에서 볼 수 있는 모습으로 각각 구분하여 기호를 모두 쓰시오.

㉠  ㉡ 

㉢  ㉣ 

(가)에서 볼 수 있는 모습	(나)에서 볼 수 있는 모습
(1)	(2)

서술형 📖 7종 공통

20 강 상류와 강 하류의 모습이 다른 까닭을 그곳에서 활발하게 일어나는 흐르는 물의 작용과 관련지어 쓰시오.

____

____

학습 결과에 색칠하세요.   

4 다양한 생물과 우리 생활

균류

엽록소가 없어 광합성을 하지 못하는 곰팡이나 버섯 등의 생물을 통틀어 이르는 말

원생생물

식물과 동물로 구별되지 않으며, 해캄이나 짚신벌레와 같이 단순한 구조의 생물을 통틀어 이르는 말

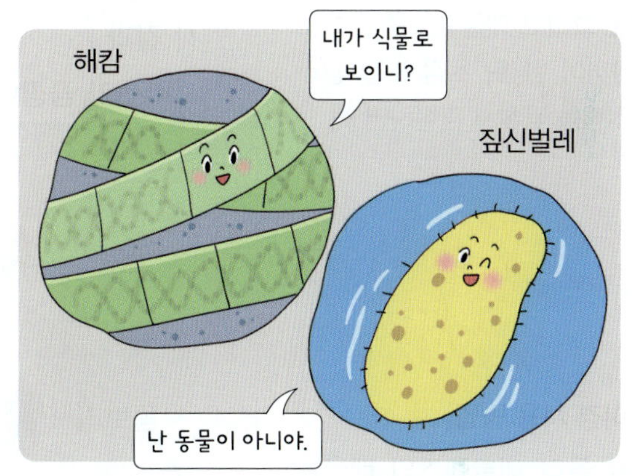

세균

크기가 매우 작으며 하나의 세포로 이루어진 생물로, 발효나 분해 작용을 하기도 하여 생태계가 돌아가는 데 중요한 역할을 함.

생명과학

생명에 관계되는 현상을 종합적으로 연구하는 과학

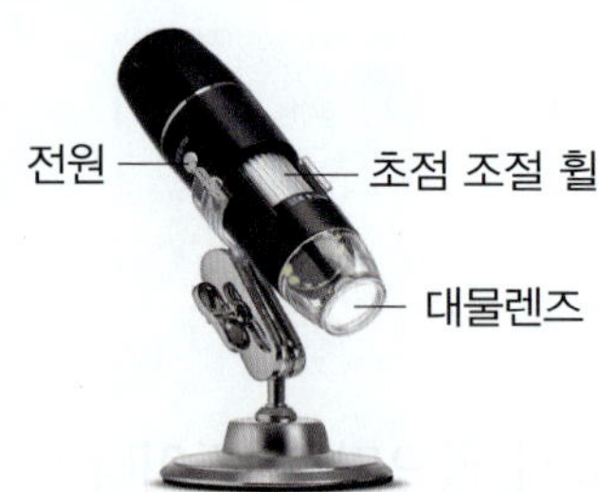

먼저 디지털 현미경의 보호 뚜껑을 열고 전원을 켠 다음, 스마트 기기에 연결해. 그리고 대물렌즈를 관찰 대상에 가까이 한 뒤 초점 조절 휠을 돌려 초점을 맞춰서 관찰하면 돼.

➕ 실체 현미경 사용 방법

❶ 회전판을 돌려 대물렌즈의 배율을 가장 낮게 맞춥니다.
❷ 관찰 대상이 담긴 페트리 접시를 재물대 위에 올려놓습니다.
❸ 전원을 켜고 조명 조절 나사로 조명의 밝기를 조절합니다.
❹ 현미경을 옆에서 보면서 초점 조절 나사를 돌려 대물렌즈와 관찰 대상의 거리를 가깝게 합니다.
❺ 접안렌즈로 관찰 대상을 보면서 대물렌즈를 천천히 올려 초점을 맞춥니다.

용어 사전

★ **접안렌즈** 눈을 대고 보는 렌즈로 상을 확대해 줌.
★ **대물렌즈** 현미경에서 관찰 대상 쪽에 있는 렌즈로 상을 확대해 줌.
★ **재물대** 현미경으로 관찰할 관찰 대상을 올려놓는 곳.

---

1 버섯과 곰팡이 관찰하기

실험동영상

교과서 대표 탐구

버섯과 곰팡이 관찰하기

| 과정 |

❶ 버섯과 곰팡이를 맨눈과 돋보기로 관찰합니다.
❷ 버섯과 곰팡이를 현미경으로 자세히 관찰합니다. ➕
❸ 버섯과 곰팡이의 특징과 주로 사는 곳을 조사해 봅니다.

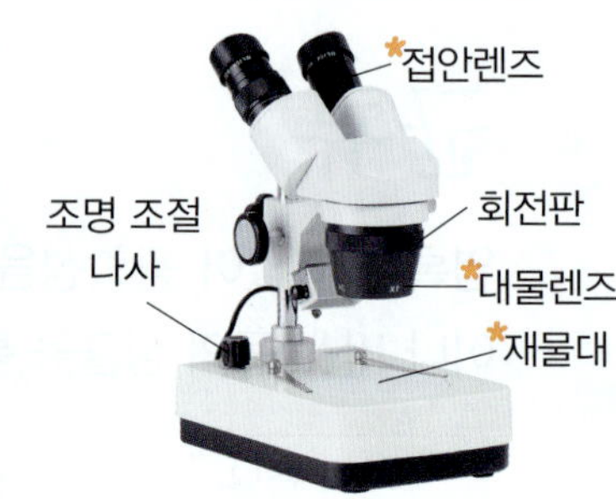

| 결과 |

[버섯과 곰팡이를 맨눈과 돋보기로 관찰한 모습]

구분	버섯	곰팡이
맨눈	표면은 갈색이고, 아랫부분은 기둥처럼 길쭉함.	검은색, 푸른색, 하얀색 등 색깔이 다양하고, 군데군데 뭉쳐 있음.
돋보기	우산처럼 생긴 부분의 안쪽에 주름이 많음.	솜털 같은 것의 끝부분에 둥근 알갱이가 붙어 있음.

[버섯과 곰팡이를 현미경으로 관찰한 모습]── 더 자세히 관찰할 수 있어요.

버섯(디지털 현미경으로 관찰)	곰팡이(실체 현미경으로 관찰)
실과 같이 가느다란 줄무늬를 볼 수 있음.	가는 실 모양의 끝부분에 둥근 알갱이가 붙어 있음.

[버섯과 곰팡이의 특징과 주로 사는 곳]

특징	• 몸 전체가 가늘고 긴 실 모양의 균사로 이루어져 있음. • 균사를 이용하여 죽은 생물이나 다른 생물에서 양분을 얻음.
사는 곳	• 주로 따뜻하고 축축한 곳에서 살아감. • 죽은 동식물의 몸, 동물의 배설물, 동물의 피부, 식물의 잎과 줄기의 표면 등에 붙어서 살아감.

정리

버섯과 곰팡이는 가는 실 모양의 균사로 이루어져 있고, 양분을 죽은 생물이나 다른 생물에서 얻으며, 주로 따뜻하고 축축한 곳에서 삽니다.

2 버섯과 곰팡이의 특징 ➕

① 버섯은 우산처럼 생겼고, 우산처럼 생긴 윗부분 안쪽에는 주름이 많습니다.
② 곰팡이는 가는 실 모양 끝에 작고 둥근 알갱이가 있습니다.
③ 버섯과 곰팡이는 스스로 양분을 만들지 못합니다.
④ 곰팡이와 버섯은 따뜻하고 축축한 곳에서 잘 자랍니다.
⑤ 버섯과 곰팡이가 여름철에 많이 보이는 까닭: 여름철은 따뜻하고 습기가 많기 때문입니다.

3 균류

(1) 균류의 특징
① 버섯과 곰팡이 같은 생물을 균류라고 합니다.
② 균류는 대부분 몸 전체가 가늘고 긴 실 모양의 *균사로 이루어져 있으며, *포자로 *번식합니다.
③ 균류는 필요한 양분을 스스로 만들지 못하기 때문에 죽은 생물이나 음식물 등 양분이 있는 곳에서 살아갑니다.
└ 균류가 양분을 얻는 곳이에요.
(2) 균류가 잘 자라는 환경: 균류는 주로 따뜻하고 축축한 환경에서 잘 자랍니다.

➕ **버섯의 생김새**

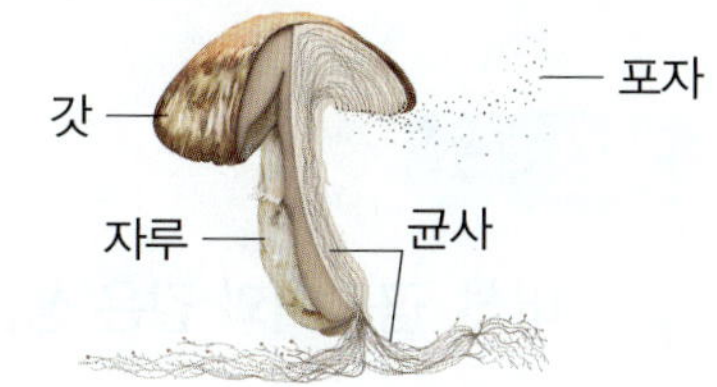

➕ **곰팡이의 생김새**

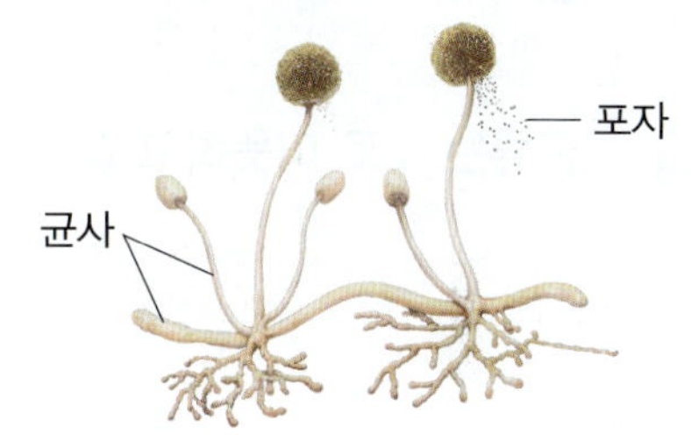

4 단원
1회

용어 사전

★ **균사** 균류의 몸을 이루는 가는 실 모양의 것.
★ **포자** 버섯과 곰팡이 같은 생물이 자손을 남기기 위해 만드는 것.
★ **번식** 생물의 수가 늘어나는 것.

핵심만 한번 더 쓰면서 정리!

버섯, 곰팡이와 같은 생물로, 몸이 가늘고 긴 균사로 이루어져 있음.

균류

죽은 생물이나 다른 생물의 양분 을 흡수하여 살아감.

따뜻하고 축축한 곳에서 잘 자람.

핵심 체크

1 버섯, 곰팡이와 같은 생물을 ( )라고 합니다.

2 버섯, 곰팡이와 같은 생물은 몸이 가늘고 긴 실 모양의 ( )로 이루어져 있습니다.

3 균류는 스스로 ( )을 만들지 못하고 죽은 생물이나 다른 생물로부터 얻어서 살아갑니다.

4 균류는 주로 따뜻하고 습기가 ( )은 환경에서 잘 자랍니다.

| 5~6 | 빵에 물을 뿌려 따뜻한 곳에 며칠 동안 놓아두었더니, 오른쪽과 같은 모습으로 변했습니다. 물음에 답하시오.

7종 공통

5 위와 같이 빵에 검은색, 푸른색, 하얀색 등으로 자란 생물은 무엇인지 쓰시오.

( )

7종 공통

6 위 **5**번에서 답한 생물의 특징으로 옳은 것은 어느 것입니까? ( )

① 씨로 번식한다.
② 우산 모양으로 생겼다.
③ 가늘고 긴 뿌리가 있다.
④ 가는 실 모양의 균사로 이루어져 있다.
⑤ 햇빛을 받아 스스로 양분을 만드는 식물이다.

7종 공통

7 버섯에 대한 설명으로 옳은 것을 (보기)에서 두 가지 골라 기호를 쓰시오.

(보기)
㉠ 뿌리, 줄기, 잎으로 구분된다.
㉡ 아랫부분은 길쭉한 모양이다.
㉢ 버섯은 모두 같은 색깔을 띤다.
㉣ 우산처럼 생긴 부분의 안쪽에 주름이 많다.

( )

7종 공통

8 버섯과 곰팡이의 생김새를 가장 자세하게 관찰할 수 있는 방법으로 알맞은 것은 어느 것입니까?

( )

① 맨눈으로 관찰한다.
② 돋보기로 관찰한다.
③ 현미경으로 관찰한다.
④ 사진을 찍어 관찰한다.
⑤ 손전등을 비춰 관찰한다.

📖 7종 공통

9 다음은 곰팡이를 현미경으로 관찰한 모습입니다. 가늘고 긴 실이 엉킨 것처럼 보이는 것은 무엇인지 쓰시오.

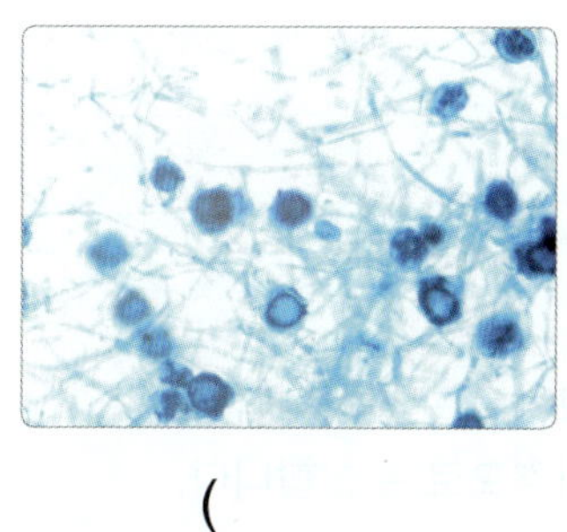

(   )

서술형 동아, 비상, 아이스크림, 지학사, 천재(이), 천재(정)

10 버섯과 곰팡이가 양분을 얻는 방법을 쓰시오.

▲ 버섯

▲ 곰팡이

____

도움말 버섯과 곰팡이를 주로 볼 수 있는 곳과 그곳에서 살아가는 까닭은 무엇인지 생각해요.

📖 7종 공통

11 버섯과 곰팡이를 여름철에 많이 볼 수 있는 까닭으로 옳은 것은 어느 것입니까? (   )

① 햇빛이 강하기 때문이다.
② 햇빛이 약하기 때문이다.
③ 따뜻하고 건조하기 때문이다.
④ 따뜻하고 습기가 많기 때문이다.
⑤ 따뜻하고 바람이 잘 통하기 때문이다.

디지털 문해력 📖 7종 공통

12 다음은 어떤 온라인 쇼핑몰의 광고 페이지입니다. 여기에서 알 수 있는 사실로, 버섯과 곰팡이의 몸은 무엇으로 이루어져 있는지 쓰시오.

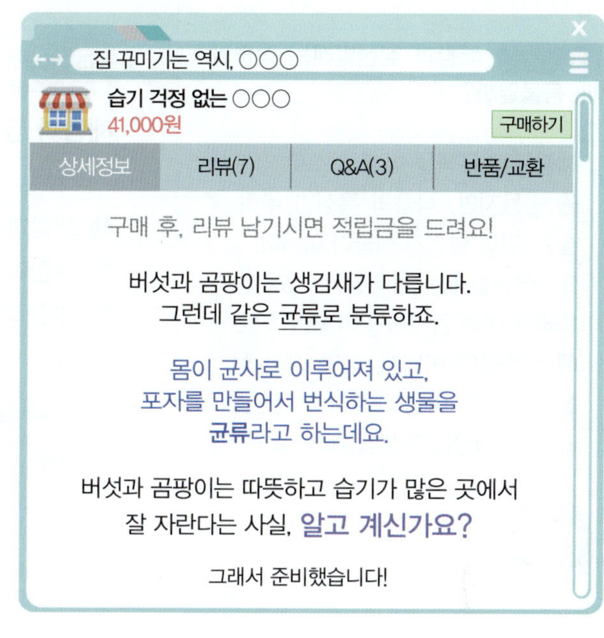

(   )

📖 7종 공통

13 균류에 대한 설명으로 옳은 것에 ○표, 옳지 않은 것에 ×표 하시오.

(1) 버섯, 곰팡이, 토끼풀은 균류에 속한다.
(   )

(2) 균류는 몸이 가늘고 긴 균사로 이루어져 있다.
(   )

(3) 균류는 따뜻하고 축축한 환경에서 잘 자란다.
(   )

(4) 균류는 필요한 양분을 스스로 만들 수 있다.
(   )

학습 결과에 색칠하세요.   

개념 학습

2회

해캄과 짚신벌레, 원생생물의 특징

탐구 팩트 해캄과 짚신벌레는 식물일까, 동물일까?

> 해캄은 초록색을 띠고 스스로 양분을 만들지만, 식물의 특징인 뿌리, 줄기, 잎이 없어서 식물이 아니야. 또, 짚신벌레는 움직일 수 있지만 동물에 비해 몸의 구조가 매우 단순해서 동물이 아니지. 이와 같이 식물도 동물도 아닌 해캄이나 짚신벌레 같은 생물을 원생생물이라고 해.

➕ 해캄과 짚신벌레가 양분을 얻는 방법
- 해캄은 햇빛을 받아 스스로 양분을 만들어 살아갑니다.
- 짚신벌레는 스스로 양분을 만들지 못하고 박테리아나 플랑크톤 같은 생물을 먹어 양분을 얻습니다.

용어 사전

★ **짚신** 짚으로 만든 신발. 짚신벌레는 생김새가 짚신 모양으로 생겨서 붙여진 이름임.

---

1 해캄과 *짚신벌레 관찰하기

실험동영상

교과서 **대표 탐구**

해캄과 짚신벌레 관찰하기

| 과정 |

❶ 해캄과 짚신벌레를 맨눈과 돋보기로 관찰합니다.
❷ 해캄과 짚신벌레를 디지털 현미경으로 관찰합니다.
❸ 해캄과 짚신벌레의 특징과 주로 사는 곳을 조사해 봅니다.

| 결과 |

[해캄과 짚신벌레를 맨눈과 돋보기로 관찰한 모습]

구분	해캄		짚신벌레	
맨눈		초록색이고, 여러 가닥이 뭉쳐 있음.		짚신벌레가 보이지 않음.
돋보기		가늘고 긴 머리카락처럼 생겼음.		짚신벌레가 보이지 않음.

[해캄과 짚신벌레를 현미경으로 관찰한 모습]

해캄		짚신벌레	
	초록색 알갱이가 띠 모양으로 연결되어 있고, 마디가 보임.		생김새가 짚신 모양이고, 매우 빠르게 움직임.

마디

[해캄과 짚신벌레의 특징과 주로 사는 곳] ➕

특징	• 해캄은 가늘고 긴 머리카락 모양이고, 만져 보면 미끈거림. • 해캄은 스스로 양분을 만들 수 있음. • 짚신벌레는 몸 전체에 나 있는 작은 털을 이용해 물속에서 빠르게 움직임. • 해캄과 짚신벌레는 생김새가 동물이나 식물보다 단순함.
사는 곳	해캄과 짚신벌레는 주로 물살이 느리거나 물이 고여 있는 연못, 논, 하천 등에서 살아감.

정리

해캄과 짚신벌레는 동물이나 식물보다 생김새가 단순하고, 연못과 같이 물이 고여 있거나 물살이 느린 하천에서 삽니다.

2 해캄과 짚신벌레의 특징

(1) 해캄의 특징

① 해캄은 초록색을 띠며, 가늘고 긴 머리카락 모양으로 뭉쳐서 삽니다.

② 여러 개의 마디로 이루어져 있고 마디 안에 작고 둥근 초록색 알갱이가 보입니다.

③ 스스로 양분을 만들 수 있지만 식물처럼 뿌리, 줄기, 잎이 없습니다. → 식물이 아니예요.

(2) 짚신벌레의 특징

① 짚신벌레는 둥글고 길쭉한 모양이고, 바깥쪽에 가는 털이 나 있습니다.

② 짚신벌레는 몸 전체에 나 있는 털을 이용해 물 속에서 빠르게 돌아다닙니다.

③ 짚신벌레는 동물과는 다른 모습을 하고 있습니다.

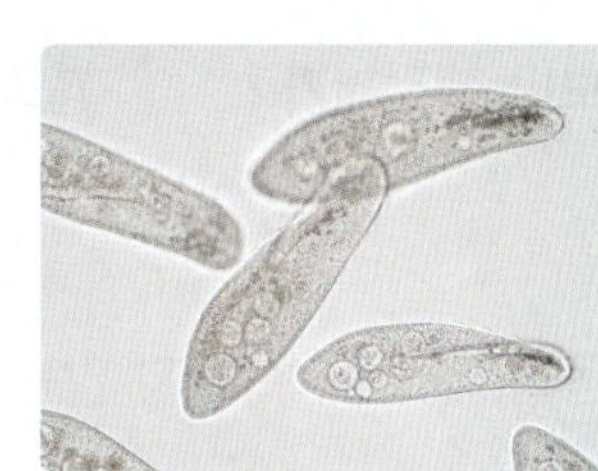

(3) 해캄과 짚신벌레가 사는 곳: 해캄과 짚신벌레는 물살이 느리거나 물이 고여 있는 연못, 논, 하천 등에서 삽니다.

3 원생생물

① 해캄이나 짚신벌레와 같은 생물을 원생생물이라고 합니다.

② 원생생물은 동물이나 식물보다 생김새가 단순합니다.

③ 원생생물은 동물과 식물, 균류 등으로 분류되지 않는 생물입니다.

④ 원생생물은 주로 물살이 느리거나 물이 고여 있는 연못, 논, 하천 등에서 삽니다.

⑤ 다양한 원생생물: 유글레나, 아메바, 나팔벌레, 반달말, 종벌레, 김, 우뭇가사리, 미역, 다시마 등이 있습니다. ➕

➕ **여러 가지 원생생물**

▲ 유글레나

▲ 아메바

▲ 나팔벌레

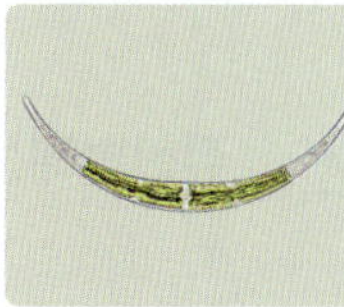

▲ 반달말

➕ **바다에 사는 원생생물** 예

▲ 다시마

▲ 우뭇가사리

용어 사전

★ **분류** 사물을 종류별로 묶는 것.

핵심만 한번 더 쓰면서 정리 !

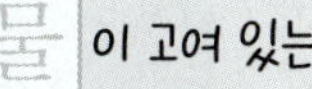

문제 학습

1 해캄은 (　　　)색을 띠며, 가늘고 긴 머리카락 모양으로 뭉쳐서 삽니다.

2 짚신벌레는 몸 전체에 나 있는 (　　　)을 이용해 물속에서 빠르게 움직입니다.

3 해캄과 짚신벌레는 동물이나 식물보다 생김새가 (　　　)합니다.

4 해캄이나 짚신벌레와 같이 식물, 동물, 균류에 속하지 않는 생물을 (　　　)이라고 합니다.

📖 7종 공통

5 해캄의 생김새로 옳은 것을 〈보기〉에서 골라 기호를 쓰시오.

〈보기〉
- ㉠ 가늘고 긴 실 모양의 균사가 서로 얽혀 있다.
- ㉡ 둥글고 길쭉한 모양이며 몸 전체에 털이 나 있다.
- ㉢ 작고 둥근 초록색 알갱이가 띠 모양으로 연결되어 있다.

(　　　　　　　)

📖 7종 공통

6 현미경으로 관찰한 짚신벌레의 모습으로 알맞은 것은 어느 것인지 골라 기호를 쓰시오.

㉠ 　㉡ 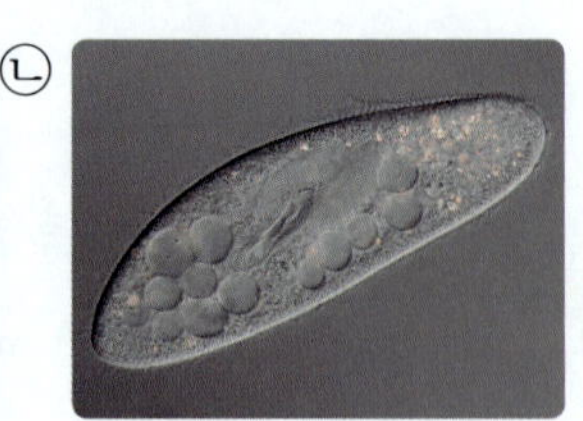

(　　　　　　　)

📖 7종 공통

7 다음은 현미경으로 관찰한 어떤 생물의 모습입니다. 이 생물의 이름은 무엇인지 쓰시오.

(　　　　　　　)

📖 7종 공통

8 다음 (　　) 안에 들어갈 알맞은 말에 각각 ○표 하시오.

㉠ (해캄 , 짚신벌레)은/는 스스로 양분을 만들고, ㉡ (해캄 , 짚신벌레)은/는 움직일 수 있다.

9 해캄과 짚신벌레가 주로 사는 곳의 특징을 쓰시오.

____

____

도움말 해캄과 짚신벌레가 사는 곳의 물의 흐름을 생각해요.

10 해캄과 짚신벌레의 특징으로 옳지 <u>않은</u> 것은 어느 것입니까? (　　　)

① 해캄은 뿌리, 줄기, 잎이 없다.

② 해캄과 짚신벌레는 물속에서 산다.

③ 해캄은 스스로 양분을 만들 수 있다.

④ 짚신벌레는 다리를 이용해서 움직인다.

⑤ 해캄과 짚신벌레는 원생생물에 속한다.

11 해캄과 짚신벌레와 같은 생물 무리에 속하지 <u>않는</u> 것은 어느 것입니까? (　　　)

① 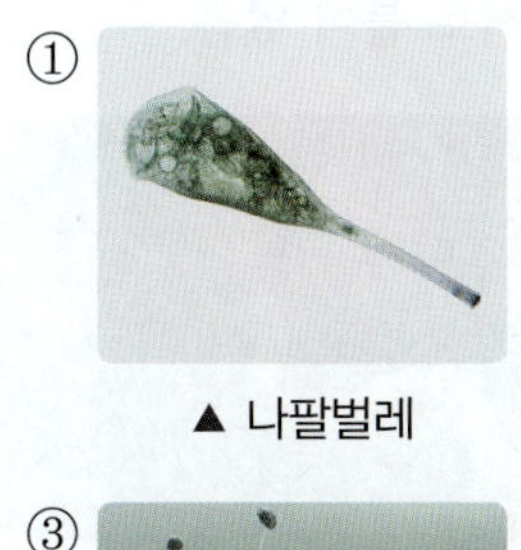
▲ 나팔벌레

② 
▲ 반달말

③ 
▲ 곰팡이

④ 
▲ 유글레나

12 다음은 SNS에서 종벌레를 검색했을 때 나온 게시물입니다. 종벌레가 속한 생물 무리와 관련된 핵심어로 알맞지 <u>않은</u> 것은 어느 것입니까? (　　　)

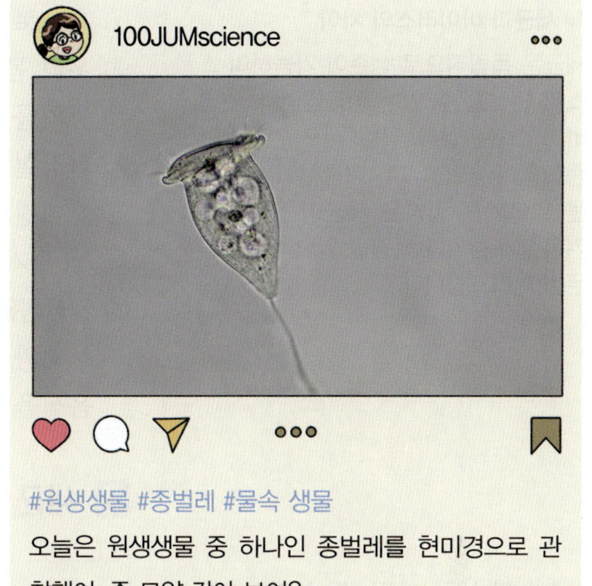

① # 크기가 작음.

② # 모양이 다양함.

③ # 생김새가 단순함.

④ # 스스로 양분을 만듦.

⑤ # 동물도 식물도 아님.

13 원생생물에 대한 설명으로 옳은 것을 (보기)에서 골라 기호를 쓰시오.

(보기)

㉠ 원생생물은 몸이 균사로 이루어져 있다.

㉡ 원생생물은 모두 스스로 양분을 만든다.

㉢ 원생생물은 몸을 움직여 이동할 수 있다.

㉣ 원생생물은 동물, 식물, 균류에 속하지 않는다.

(　　　　　　　)

학습 결과에 색칠하세요.　  

1 알고 있는 세균의 특징이나 세균과 관련된 경험

① 우유로 요구르트를 만들 때 유산균(젖산균)을 이용합니다.

② 우리 몸속에도 우리 몸을 지켜주는 많은 세균이 있습니다.

③ 충치를 일으키는 세균은 입안에 사는 세균입니다. → 뮤탄스 균은 충치를 일으키는 주요 세균이에요.

④ 화장실 등 여러 사람이 이용하는 곳에는 세균이 많습니다.

⑤ 휴대전화나 문손잡이와 같이 손으로 자주 만지는 곳이나 하수구나 칫솔 등 물기가 많은 곳에는 세균이 많이 있습니다.

⑥ 일상생활에서 손을 자주 씻어야 하는 까닭: 손은 우리 몸 중에서 여러 가지 물체와 가장 많이 접촉하므로, 세균이 많은 부분입니다. 손을 씻지 않고 음식을 먹으면 세균이 입으로 들어가 병에 걸릴 수도 있습니다. ➕

2 세균 관찰하기 ➕

과정

❶ 세균이 그려진 투명 필름을 검은색 색지 위에 올려놓고 셀로판테이프로 고정하기

❷ 투명 필름과 검은색 색지 사이에 세균 관찰 도구를 넣어 세균을 관찰한 뒤, 어떤 모양인지 알아보기

결과 ➕

- 공 모양임.
- 여러 개가 서로 연결되어 있는 것처럼 보임.

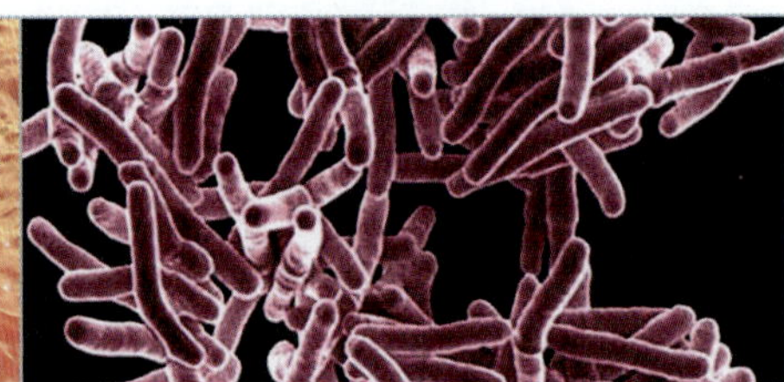

- 막대 모양임.
- 여러 개가 서로 붙어 있음.

- *나선 모양임.

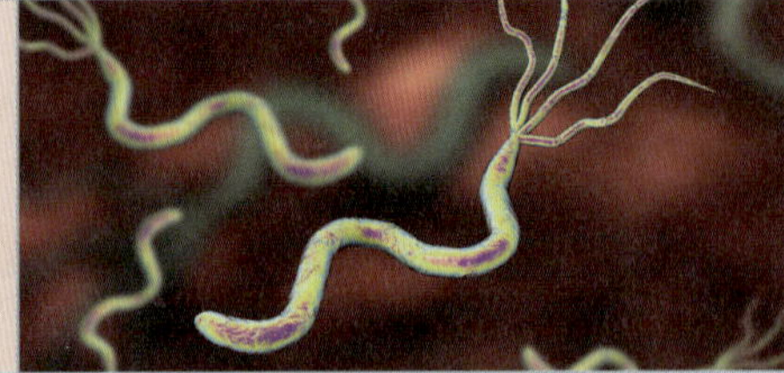

- 나선 모양임.
- 꼬리가 달려 있음.

➡ 세균은 공 모양, 막대 모양, 나선 모양 등 모양이 다양합니다.

➕ 세균과 바이러스의 차이

세균은 독립적으로 생존이 가능하며 스스로 번식할 수 있는 생물입니다. 반면 바이러스는 살아 있는 세포 안에서만 증식할 수 있습니다. 여름철에 식중독을 일으키는 질병은 세균이 원인이고 겨울철에 감기나 독감을 일으키는 원인은 바이러스입니다.

➕ 맨눈이나 돋보기로는 볼 수 없는 세균

세균은 균류나 원생생물보다 훨씬 작습니다. 그래서 맨눈이나 돋보기로는 볼 수 없고 현미경으로 관찰할 수 있는데, 높은 배율의 현미경을 사용해야 합니다.

➕ 세균의 색깔

세균 사진의 색은 현미경으로 관찰한 모습에 색을 입힌 것으로 실제 세균의 색과는 다르며, 실제 세균은 대부분 색을 띠지 않습니다.

용어 사전

★ **나선 모양** 소라 껍데기처럼 빙빙 비틀려 돌아간 모양.

3 우리 주변에 사는 다양한 세균 ✚

세균	특징	사는 곳
포도상구균	• 공 모양임. • 크기가 매우 작음. • 여러 개가 서로 연결되어 포도송이처럼 보임. └ '포도알균'이라고 부르기도 해요.	공기, 음식물, 동물의 피부
대장균	• 막대 모양임. • 크기가 매우 작음. • 여러 개가 붙어 있음.	물, 동물의 창자
헬리코박터 파일로리	• 나선 모양임. → '위나선균'이라고 부르기도 해요. • 크기가 매우 작음. • 꼬리가 달려 있음. └ 세균의 표면에 있는 꼬리 같은 채찍 모양의 털을 '편모'라고 해요.	동물의 위

4 세균의 특징

① 세균은 생김새가 단순하고 공 모양, 막대 모양, 나선 모양 등 모양이 다양합니다.

② 세균은 일반적으로 균류나 원생생물보다 크기가 매우 작아서 맨눈이나 돋보기로 볼 수 없습니다.

③ 우리 몸에 좋은 세균도 있고, 우리 몸에 해로운 세균도 있습니다.

④ 세균은 살기에 좋은 조건이 되면 짧은 시간 동안 많은 수로 늘어날 수 있습니다. ✚

⑤ 세균은 흙이나 물, 생물의 몸, 생활용품 등 우리 주변 어느 곳에나 살고 있습니다.

✚ **다양한 세균의 모양 예**
• 공 모양: 포도상구균
• 막대 모양: 유산균, 살모넬라균, 탄저균
• 나선 모양: 콜레라균
• 나선 모양이면서 꼬리가 달린 세균: 헬리코박터 파일로리, 스피릴룸

✚ **몸속에 사는 세균**
• 위에 사는 세균은 위염이나 위암 등을 일으킬 수 있습니다.
• 대장에 사는 세균은* 소화되고 남은 음식 찌꺼기를* 분해해 우리 몸에 필요한 성분을 만들기도 합니다.

✚ **냉장고 밖(실온)에 둔 우유가 쉽게 상하는 까닭**
우유를 냉장고 밖에 두면 온도가 높아져 세균이 살고 번식하기에 좋은 조건이 되므로 우유가 쉽게 상합니다.

용어 사전

★ **소화**　음식물 속의 영양분이 몸속으로 흡수될 수 있도록 큰 덩어리의 음식물을 잘게 부수는 작용.
★ **분해**　복잡한 물질을 간단한 두 가지 이상의 물질로 나누는 것.

4 단원 3회

핵심만 한번 더 쓰면서 정리 !

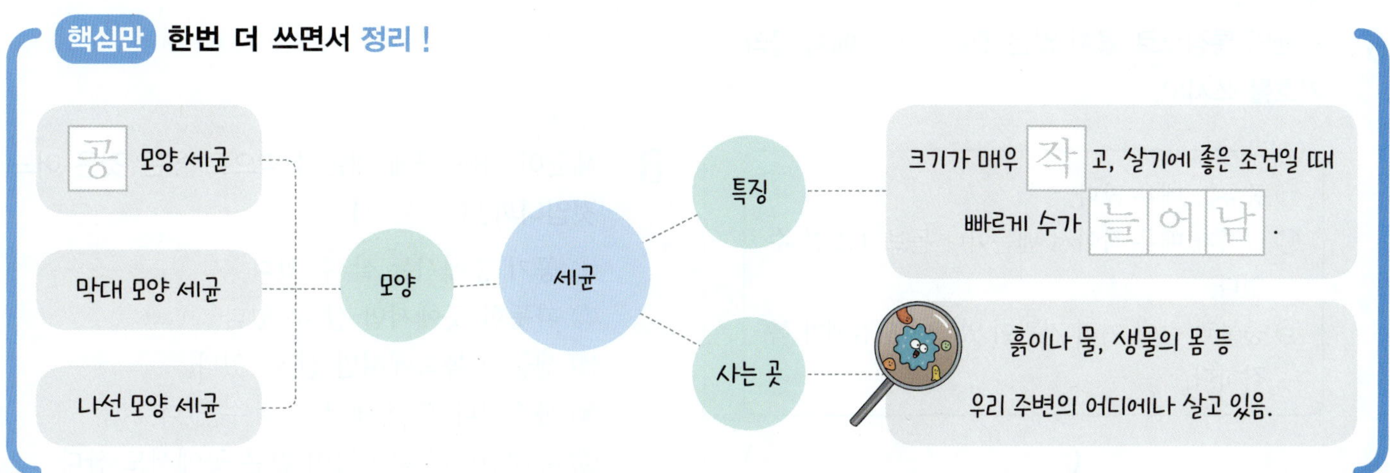

핵심 체크

1 유산균(젖산균), 대장균과 같은 생물을 (   )이라고 합니다.

2 세균은 일반적으로 균류나 원생생물보다 크기가 매우 (   )니다.

3 다양한 세균 중 포도상구균(포도알균)은 (   ) 모양을 띤 세균입니다.

4 세균이 살기에 좋은 조건이 되면 세균의 수가 빠르게 (   ).

▌ 7종 공통

5 다음에 해당하는 생물의 무리를 무엇이라고 하는지 쓰시오.

> • 입안에 사는 것은 충치를 일으키기도 한다.
> • 공 모양, 막대 모양, 나선 모양 등으로 구분할 수 있다.

(   )

▌ 7종 공통

6 세균의 특징으로 옳지 <u>않은</u> 것을 (보기)에서 골라 기호를 쓰시오.

(보기)
> ㉠ 종류가 매우 많다.
> ㉡ 크기가 매우 작아서 맨눈이나 돋보기로 볼 수 없다.
> ㉢ 동물과 같이 여러 기관이 있으며 생김새가 복잡하다.

(   )

동아, 미래엔, 비상, 지학사, 천재(이), 천재(정)

7 세균에 속하는 생물로 알맞은 것을 두 가지 고르시오. (   )

① 해캄　　　　　② 대장균
③ 곰팡이　　　　④ 유산균
⑤ 짚신벌레

▌ 7종 공통

8 세균이 사는 곳에 대한 설명으로 옳은 것은 어느 것입니까? (   )

① 공기 중에서는 살 수 없다.
② 따뜻한 곳에서만 살 수 있다.
③ 생물의 몸속에서만 살 수 있다.
④ 물속이나 흙 속에서는 살 수 없다.
⑤ 휴대전화나 문손잡이 같은 곳에서도 산다.

9 세균의 모양으로 알맞은 것끼리 선으로 이으시오.

(1)  •   • ㉠ 공 모양

(2) 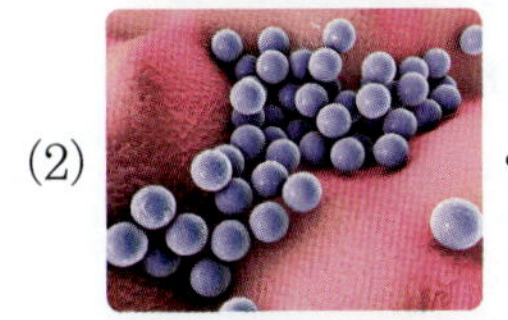 •   • ㉡ 막대 모양

(3) 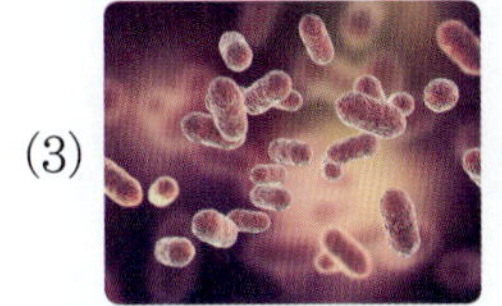 •   • ㉢ 나선 모양

10 다음 중 살기에 알맞은 조건이 되면 짧은 시간 안에 많은 수로 늘어날 수 있는 생물로 알맞은 것을 골라 기호를 쓰시오.

㉠ 
▲ 버섯

㉡
▲ 포도상구균

(   )

11 세균의 특징을 한 가지 쓰시오.

____

____

도움말 세균의 모양, 크기, 사는 곳 등을 생각해요.

12 다음은 세균에 대한 기사 내용 중 일부입니다. 기사 내용을 통해 알 수 있는 사실로 옳은 것을 (보기)에서 골라 기호를 쓰시오.

백점뉴스

뉴스홈 ▶ 건강/라이프

우리와 함께 사는 세균

일자: 2000-00-00 12 : 28   ⬆ 💬 🖨

 ○○○ 기자

몸속 대장에 세균이 하나도 없다면 우리가 먹은 음식들은 장에서 소화되거나 흡수되기 어렵고, 아주 적은 양의 세균이 몸에 침입하더라도 치명적인 질병에 걸릴 수 있다.
세균이 너무 많아도 안 된다. 대장 내 세균 중 일부가 갑자기 증가하면 질병에 걸릴 수 있고, 세균이 많이 있는 식품을 먹으면 생명의 위협을 받게 된다. 따라서 위생 관리를 철저히 하고, 몸에 유익한 유산균을 섭취하면서 세균과 함께 살아가야 한다.

(보기)

㉠ 세균은 우리 몸에 해롭기만 하다.
㉡ 우리 몸에 세균이 없을수록 건강하다.
㉢ 세균은 질병을 일으키기도 하지만 우리 몸을 보호하기도 한다.

(   )

13 세균에 대해 옳게 말한 사람의 이름을 쓰시오.

• 로아: 세균은 생물의 몸속에서만 살 수 있어.
• 지소: 세균은 생김새가 단순해서 생물이 아니야.
• 형진: 세균은 크기가 매우 작아서 맨눈으로는 볼 수 없어.

(   )

학습 결과에 색칠하세요.     

1 다양한 생물이 우리 생활에 미치는 영향

(1) 균류, 원생생물, 세균과 관련된 경험 예
① 음식에 곰팡이가 피어서 먹지 못했습니다.
② 화장실 구석이나 벽에서 곰팡이가 핀 것을 본 적이 있습니다.
③ 연못에서 해캄을 보았습니다.
④ 김, 미역, 다시마를 이용한 음식을 먹었습니다.
⑤ 세균에*감염되어 눈병에 걸렸습니다.

(2) 균류, 원생생물, 세균이 우리 생활에 미치는 영향

균류

- 버섯은*약재나 음식의 재료로 이용됩니다.
- 독버섯을 먹으면 구토, 설사 등을 일으킵니다.
- 누룩곰팡이를 이용하여 된장이나 간장 등 발효 식품을 만들 수 있습니다. ➕
- 곰팡이가 핀 음식을 먹으면 배탈이 납니다.
- 균류는 죽은 생물과 낙엽을 분해합니다.
- 피부에 곰팡이가 피면 습진과 같은 피부병이 생길 수 있습니다.

음식 재료

피부병

원생생물

- 원생생물은 다른 생물의 먹이가 됩니다.
- 일부 원생생물은 산소를 만들어 다른 생물이 살아가는 데 도움을 줍니다.
- 일부 원생생물은 바다에 적조 현상을 일으켜 다른 생물이 살기 힘든 환경으로 만듭니다. ➕
- 일부 원생생물은 다른 생물에게 질병을 일으키기도 합니다.
- 바다에서 자라는 김, 미역, 우뭇가사리 등은 음식 재료로 이용됩니다.

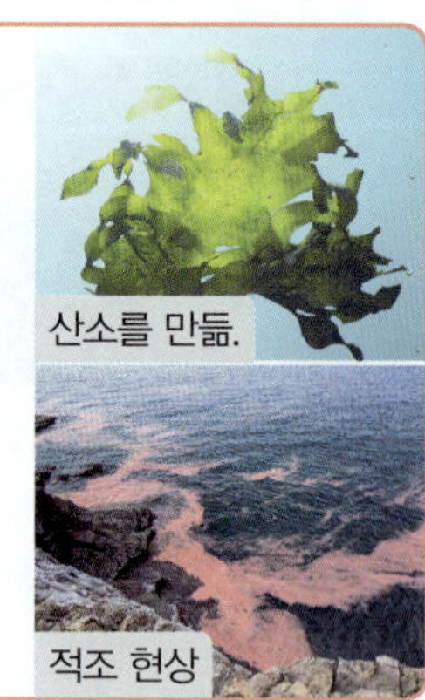
산소를 만듦.

적조 현상

세균

- 일부 세균은 죽은 생물이나 배설물을 분해합니다.
- 세균은 다른 생물에게 충치나 장염 등과 같은 질병을 일으키기도 합니다.
- 세균은 음식이나 주변의 물건을 상하게 할 수 있습니다.
- 유산균(젖산균)은 김치나 요구르트 같은 발효 식품을 만드는 데 이용합니다.
- 일부 세균은 우리 몸속에 살면서 우리 건강을 지켜 주기도 합니다.

분해 작용

발효 식품

➕ 발효 식품

- 발효는 세균이나 곰팡이 등을 이용하여 우리 생활에 유익한 물질이나 식품을 만드는 과정을 말합니다.
- 된장, 간장, 김치, 요구르트, 치즈 등의 음식은 모두 발효 과정을 거쳐 만들어진 식품입니다.
- 발효로 만들어진 물질은 맛과 향이 좋고 사람이 먹을 수 있지만, 부패된 물질은 썩은 것으로 악취가 나고 사람이 먹으면 병에 걸릴 수 있습니다.

➕ 적조 현상

- 적조 현상은 바다에 사는 특정한 원생생물이 급격하게 늘어나 바닷물이 붉은색을 띠는 현상입니다.
- 적조 현상이 발생하면 물속에 산소가 부족해지고, 늘어난 원생생물이 물고기나 조개의 아가미에 달라붙어 호흡을 방해하여 살기 어렵게 합니다.

용어 사전

★ **감염** 질병을 일으키는 병균이 사람이나 동물의 몸 안에 침입하여 수를 늘리거나 퍼짐.

★ **약재** 약을 짓는 데 쓰는 재료.

2 생명과학

(1) 생명과학: 생명과학은 다양한 생명 현상을 연구하고, 생물의 여러 기능과 특징을 연구하여 우리 생활에 도움을 주는 학문입니다.

(2) 우리 생활에 생명과학이 이용되는 사례

친환경 가죽	생물 연료	*항생제 ➕
		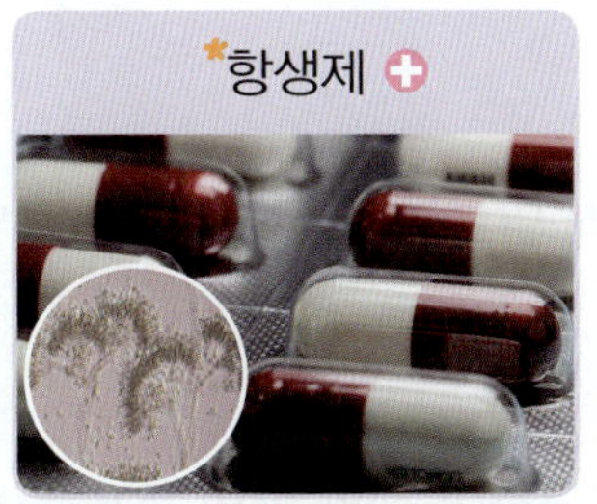

균류 ➕	• 버섯의 균사로 자연에서 분해되는 친환경 가죽을 개발하여 가방이나 지갑을 만듦. • 푸른곰팡이가 만들어 내는 세균을 자라지 못하게 하는 물질로 질병을 치료하는 항생제를 만듦.
원생생물	• 몸에서 기름 성분을 만들어 내는 원생생물을 이용하여 만든 생물 연료를 석유 대신 사용할 수 있음. —환경 오염을 줄일 수 있어요. • 클로렐라가 양분을 만들고 빠르게 수가 늘어나는 성질을 이용하여 건강식품이나 우주인의 식량을 개발함.
세균	• 특정 생물에게 질병을 일으키는 세균을 이용하여 해충과 병균을 막아 주는*생물 농약을 만들 수 있음. • 슈도모나스는 얼음을 얼게 하는 성질이 있어 스키장에서 인공눈을 만드는 데 도움을 줌.

(3) 생명과학을 이용하면 좋은 점
① 우리의 생활이 더 편리해집니다.
② 친환경 제품을 만들어 환경 오염을 줄일 수 있습니다.
③ 질병을 치료하는 약을 개발하여 병을 치료할 수 있습니다.
④ 우리 생활의 여러 가지 문제를 해결하는 데 도움을 줍니다.

➕ **항생제의 발견**
영국의 세균학자인 플레밍은 포도상구균에 대한 연구를 하던 중 실수로 포도상구균이 푸른곰팡이에 오염된 것을 확인하였습니다. 이후 포도상구균이 푸른곰팡이 주변에서는 잘 자라지 못한다는 것을 발견하고, 이런 푸른곰팡이의 특성을 이용하여 최초의 항생제인 페니실린을 개발하였습니다.

➕ **하수 처리에 이용하는 균류의 특징**
일부 균류는 죽은 생물이나 오염 물질을 분해하여 다른 생물이 이용할 수 있게 해 주는 특징이 있습니다. 이를 이용하여 하수 처리장에서 오염된 물을 깨끗이 만듭니다.

4 단원 4회

용어 사전
★ **항생제** 미생물이나 세균 등의 번식을 억제하는 물질로 만든 약.
★ **생물 농약** 화학 농약 대신 해충의 천적이나 위험이 되는 생물 등을 이용하여 병충해를 막는 것.

핵심만 한번 더 쓰면서 정리!

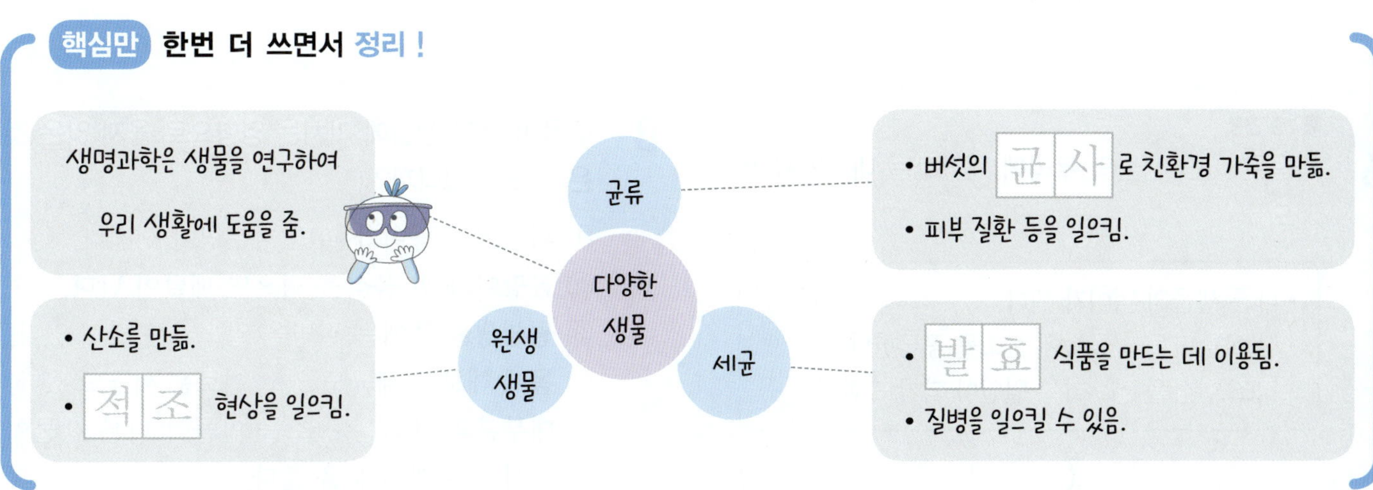

핵심 체크

1 일부 균류와 (   )은 죽은 생물을 분해하지만, 음식을 상하게 하거나 질병을 일으키기도 합니다.

2 원생생물 중 일부는 바닷물을 붉게 만드는 (   ) 현상을 일으키는 원인이 됩니다.

3 (   )은 다양한 생명 현상을 연구하여 생활 속의 문제를 해결하는 학문입니다.

4 일부 (   )을 원료로 하여 만든 생물 연료는 석유 대신 사용할 수 있습니다.

동아, 비상, 아이스크림, 천재(이)

5 된장과 간장을 만드는 데 도움을 주는 생물로 알맞은 것은 어느 것입니까? (   )

① 버섯　　　　　② 해캄
③ 곰팡이　　　　④ 대장균
⑤ 짚신벌레

7종 공통

6 다음은 어떤 생물의 무리에 해당하는 내용인지 쓰시오.

> • 다른 생물의 먹이가 된다.
> • 산소를 만들어 물속에 산소를 공급한다.
> • 적조 현상을 일으키는 원인이 되기도 한다.

(   )

7종 공통

7 세균이 우리 생활에 미치는 영향으로 옳은 것을 〈보기〉에서 골라 기호를 쓰시오.

〈보기〉
㉠ 세균은 우리에게 해로운 영향만 준다.
㉡ 일부 세균은 동물의 배설물을 분해한다.
㉢ 누룩곰팡이와 같은 세균으로 발효 식품을 만들 수 있다.

(   )

7종 공통

8 생물이 우리 생활에 미치는 영향으로 옳지 <u>않은</u> 것은 어느 것입니까? (   )

① 피부에 곰팡이가 피면 피부병이 생긴다.
② 곰팡이가 핀 음식을 먹으면 배탈이 난다.
③ 원생생물 중에는 질병을 일으키는 것도 있다.
④ 몸에 해로운 세균도 있고 이로운 세균도 있다.
⑤ 대부분의 생물은 산소를 만들어 다른 생물이 살아가는 데 도움을 준다.

동아, 비상, 천재(이)

9 다음 ( ) 안에 들어갈 알맞은 생물은 어느 것입니까? ( )

> ( )의 균사를 이용하여 자연에서 분해되는 친환경 가죽을 개발할 수 있다.

① 해캄
② 버섯
③ 세균
④ 곰팡이
⑤ 원생생물

📖 7종 공통

10 생물의 종류와 생물의 특성을 이용한 생명과학의 사례로 알맞은 것끼리 선으로 이으시오.

(1) 균류 •
• ㉠ 기름 성분을 만들어 내는 특징을 이용해 연료를 만듦.

(2) 원생생물 •
• ㉡ 세균이 자라지 못하게 하는 곰팡이의 특징을 이용해 항생제를 만듦.

(3) 세균 •
• ㉢ 특정 생물에게 질병을 일으키는 특징을 이용해 생물 농약을 만듦.

서술형　동아, 아이스크림, 지학사, 천재(이), 천재(정)

11 원생생물을 원료로 하여 만든 생물 연료는 어떤 좋은 점이 있는지 한 가지 쓰시오.

____

____

도움말　현재 우리가 연료로 주로 사용하는 석유에는 어떤 문제가 있는지 생각해요.

디지털 문해력　📖 7종 공통

12 다음은 시원이가 SNS에 올린 해조류 빨대에 대한 페이지입니다. 이를 통해 알 수 있는 해조류로 만든 빨대의 좋은 점을 (보기)에서 모두 골라 기호를 쓰시오.

> (보기)
> ㉠ 바다를 오염시키지 않는다.
> ㉡ 인체에 유해하지 않아 먹을 수 있다.
> ㉢ 종이 빨대보다 오래 사용할 수 있다.

( )

📖 7종 공통

13 생명과학에 대한 설명으로 옳은 것에 ◯표, 옳지 않은 것에 ✕표 하시오.

(1) 생명과학은 동물과 관련된 연구만 한다.

( )

(2) 생명과학은 다양한 생명 현상을 연구한다.

( )

(3) 생명과학은 여러 가지 문제를 해결하기 위해 다양한 생물의 특성을 활용한다. ( )

학습 결과에 색칠하세요.   

1 📖 7종 공통

곰팡이에 대한 설명으로 옳은 것을 (보기)에서 골라 기호를 쓰시오.

(보기)
㉠ 스스로 양분을 만든다.
㉡ 뿌리, 줄기, 잎으로 구분된다.
㉢ 몸 전체가 실 모양의 균사로 되어 있다.

( )

2 동아, 미래엔, 비상, 지학사, 천재(이), 천재(정)

버섯의 생김새를 더 자세히 관찰할 수 있는 방법으로 알맞은 것에 ○표 하시오.

(1) 
▲ 돋보기로 관찰할 때
( )

(2)
▲ 현미경으로 관찰할 때
( )

3 📖 7종 공통

버섯에 대한 설명으로 옳은 것은 어느 것입니까?

( )

① 씨로 번식한다.
② 균사로 되어 있다.
③ 스스로 양분을 만든다.
④ 몸이 잎과 줄기로 구분된다.
⑤ 따뜻하고 건조한 곳에서 잘 자란다.

4 📖 7종 공통

다음 ( ) 안에 들어갈 알맞은 생물끼리 옳게 짝지어진 것은 어느 것입니까? ( )

( )와/과 같이 균사로 이루어져 있고, 포자를 만들어 번식하는 생물의 무리를 균류라고 한다.

① 버섯, 해캄
② 버섯, 이끼
③ 버섯, 곰팡이
④ 해캄, 짚신벌레
⑤ 곰팡이, 짚신벌레

5 📖 7종 공통

다음 두 생물에 대한 공통된 설명으로 옳은 것은 어느 것입니까? ( )

▲ 해캄   ▲ 짚신벌레

① 균류에 속한다.
② 스스로 양분을 만든다.
③ 몸 전체에 가는 털이 나 있다.
④ 몸이 가늘고 긴 균사로 되어 있다.
⑤ 주로 물살이 느리거나 고여 있는 물에 산다.

4
단원
5회

동아, 비상, 아이스크림, 천재(이), 천재(정)

6 원생생물에 속하지 <u>않는</u> 생물은 어느 것입니까?
(   )

① 
▲ 유글레나

② 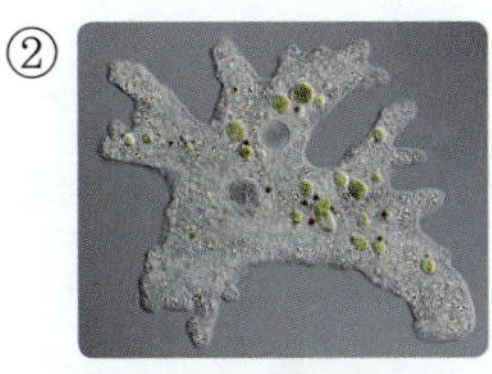
▲ 아메바

③ 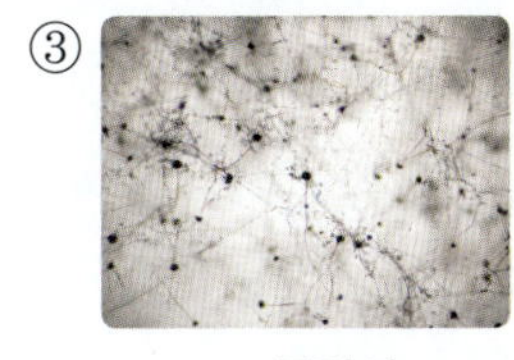
▲ 곰팡이

④ 
▲ 미역

서술형 7종 공통

7 곰팡이와 해캄이 양분을 얻는 방법의 차이점을 쓰시오.

▲ 곰팡이

▲ 해캄

____

____

____

7종 공통

8 해캄과 짚신벌레가 주로 사는 곳으로 가장 알맞은 것은 어느 것입니까? (   )

① 바닷물   ② 연못 물
③ 지하수   ④ 모래 속
⑤ 흐르는 계곡물

7종 공통

9 디지털 현미경으로 해캄을 관찰했을 때 볼 수 있는 모습으로 옳은 것은 어느 것입니까? (   )

① 둥글고 길쭉한 모양이다.
② 매우 빠르게 돌아다닌다.
③ 가늘고 긴 균사를 볼 수 있다.
④ 표면에 작은 털이 많이 나 있다.
⑤ 초록색 알갱이가 띠 모양으로 연결되어 있다.

7종 공통

10 원생생물에 대한 설명으로 옳은 것을 (보기)에서 두 가지 골라 기호를 쓰시오.

(보기)
㉠ 생김새가 단순하다.
㉡ 크기가 매우 큰 동물이다.
㉢ 해캄, 짚신벌레와 같은 생물이다.
㉣ 주로 물살이 빠르게 흐르는 곳에서 산다.

(   )

7종 공통

11 다음 ( ) 안에 들어갈 알맞은 말에 각각 ○표 하시오.

> 세균은 균류나 원생생물보다 크기가 ㉠ (크고 , 작고), 생김새가 ㉡ (복잡 , 단순)하다.

서술형　7종 공통

12 다음 여러 가지 세균을 보고, 세균의 모양에 대해 쓰시오.

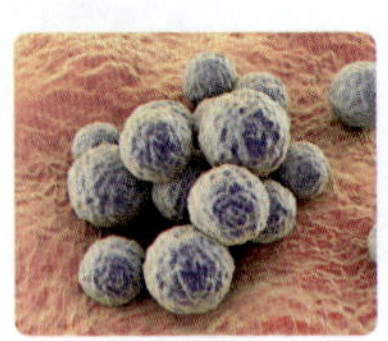 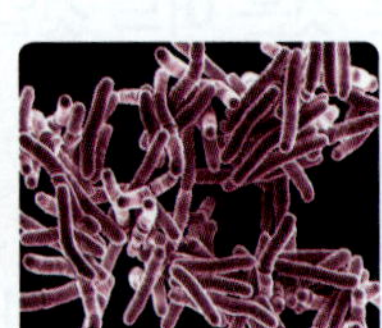 

____

____

7종 공통

13 세균에 대한 설명으로 옳은 것은 어느 것입니까?

( )

① 균류에 속하는 생물이다.

② 원생생물보다 크기가 크다.

③ 동물의 피부에서만 살 수 있다.

④ 대장균, 짚신벌레와 같은 생물이다.

⑤ 살기에 알맞은 조건이 되면 빠르게 수가 늘어난다.

동아, 비상, 천재(이)

14 자연에서 분해되는 친환경 가죽을 만드는 데 이용되는 생물로 알맞은 것을 골라 기호를 쓰시오.

▲ 해캄　　　　▲ 버섯

( )

7종 공통

15 김치나 치즈와 같은 음식을 만드는 데 도움을 주는 생물로 알맞은 것은 어느 것입니까? ( )

① 해캄　　　　② 세균

③ 버섯　　　　④ 반달말

⑤ 원생생물

7종 공통

16 다음과 같이 환경에 영향을 미치는 생물의 무리는 무엇인지 쓰시오.

▲ 산소를 만들어 물속에 공급함.　　　▲ 적조 현상을 일으킴.

( )

4
단원
5회

■ 7종 공통

17 생명과학이 우리 생활에 이용되는 예와 이용한 생물을 <u>잘못</u> 짝 지은 것은 어느 것입니까? (   )

① 하수 처리 – 죽은 생물을 분해하는 균류

② 생물 농약 – 해충에게 병을 일으키는 세균

③ 항생제 – <u>스스로 양분을 만들어 내는 원생생물</u>

④ 생물 연료 – 몸에서 기름 성분을 만들어 내는 원생생물

⑤ 친환경 가죽 – 자연에서 분해되며, 가죽과 비슷한 성분을 만드는 버섯

디지털 문해력   ■ 7종 공통

18 다음은 항생제를 검색하여 나온 글의 일부입니다. 세균을 없애는 항생제를 만드는 데 이용된 생물의 이름을 쓰시오.

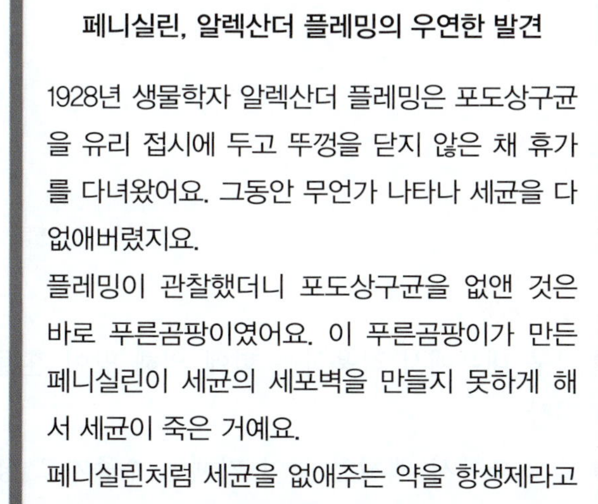

(   )

| 19~20 | 다음은 연못 물을 떠서 현미경으로 관찰했을 때 볼 수 있는 생물들입니다. 물음에 답하시오.

㉠ 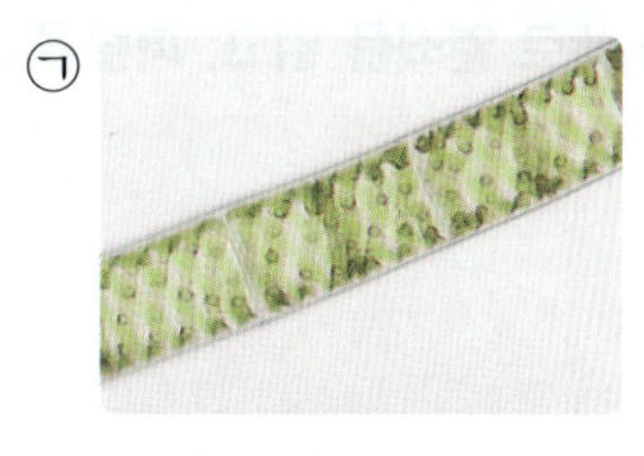   ㉡ 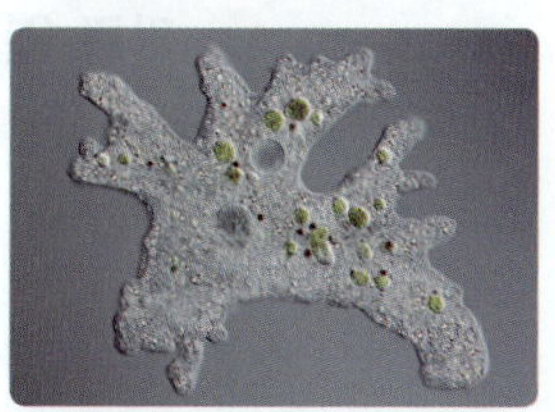

㉢    ㉢ 

■ 7종 공통

19 다음과 같은 특징을 가지는 생물을 위 ㉠~㉢에서 찾아 기호와 이름을 순서대로 쓰시오.

⑴ 초록색 알갱이가 띠 모양으로 연결되어 있으며, 스스로 양분을 만든다.

(   )

⑵ 몸 전체에 나 있는 작은 털을 이용해 물속에서 빠르게 돌아다닌다.

(   )

서술형   ■ 7종 공통

20 위 ㉠~㉢의 공통된 특징을 두 가지 쓰시오.

____

____

학습 결과에 색칠하세요.     

가로 열쇠와 세로 열쇠를 읽고, 퍼즐을 풀어 보세요.

● 정답 18쪽

가로 열쇠

❶ 화산 주변 땅속의 높은 열을 이용하여 전기를 생산하는 것. ○○ ○○.

❷ 화산 활동으로 나오는 여러 가지 물질을 통틀어서 이르는 말. ○○ ○○○.

❸ 공 모양이고 서로 연결되어 포도송이처럼 보이는 세균.

❻ 생물의 여러 기능을 연구하여 우리 생활에 도움을 주는 학문.

❾ 자석으로 된 바늘이 남쪽과 북쪽을 가리켜 방향을 알려주는 도구.

세로 열쇠

❶ 지구 내부에서 작용하는 힘에 의해 땅이 흔들리는 현상.

❹ 물 표면에서 액체인 물이 기체인 수증기로 상태가 변하는 현상.

❺ 해캄이나 짚신벌레와 같이 식물이나 동물로 구분되지 않는 단순한 구조의 생물 무리.

❼ 마그마가 분출하면서 생긴 움푹 파인 지형.

❽ 버섯과 곰팡이 등의 균류를 이루는 가는 실 모양의 것.

❿ 흐르는 물이 흙이나 바위 등을 깎는 것. ○○ 작용.

동아출판 초등 무료 스마트러닝

2022 개정 교육과정
동아출판

백점

과학 4·1

평가북

- 빠르게 정리하는 **단원 핵심 개념**
- 학교 시험 대비 수준별 **단원 평가**

동아출판

백점

과학 4·1

● **차례**

1. 자석의 이용

● 정답 19쪽

1 자석에 붙는 물체와 붙지 않는 물체

▷ **자석에 붙는 물체:** 로 된 물체입니다.

▲ 철 클립   ▲ 철 집게   ▲ 철 숟가락

▷ **자석에 붙지 않는 물체:** 고무, 종이, 플라스틱, 유리, 알루미늄 등 철이 아닌 물질로 된 물체입니다.

▲ 고무지우개   ▲ 색종이   ▲ 플라스틱 자

▲ 유리구슬   ▲ 알루미늄 포일

2 자석과 자석에 붙는 물체 사이의 힘

▷ **자석과 자석에 붙는 물체 사이의 힘:** 자석과 물체 사이가 조금 떨어져 있어도 서로  힘이 작용합니다.

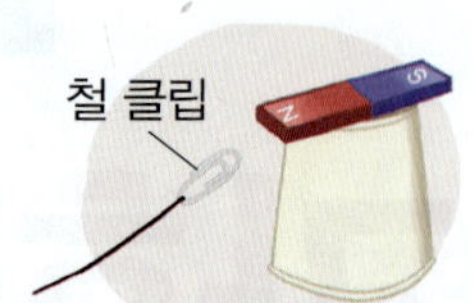

▷ **자석과 자석에 붙는 물체 사이의 힘의 특징:** 자석과 자석에 붙는 물체 사이에 종이, 얇은 플라스틱판, 얇은 유리판 등이 있어도 서로 끌어당기는 힘이 작용합니다.

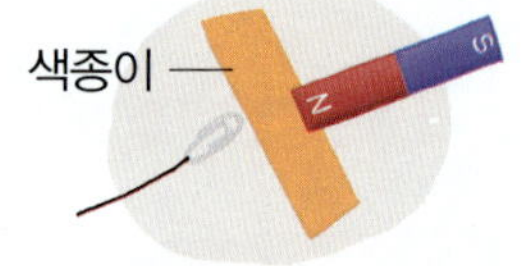

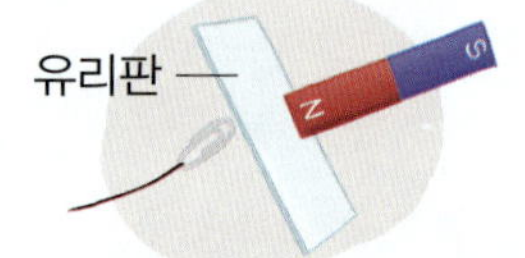

3 자석의 극, 자석과 자석 사이의 힘

▷ **자석의 극:** 자석에서 철로 된 물체가 많이 붙는 부분으로 자석의 극은 항상  개입니다.

▷ **자석의**  **극끼리 가까이 할 때:** 서로 밀어내는 힘이 작용합니다.

▷ **자석의 다른 극끼리 가까이 할 때:** 서로 끌어당기는 힘이 작용합니다.

▷ **나침반 바늘:** 나침반 바늘은 자석이므로 자석의 극을 가까이 하면 서로 밀어 내거나 끌어당깁니다.

4 자석의 이용

▷ **자석의 성질을 이용한 장치:** 우리 생활을 편리하게 합니다.

▲ 자석 단추가 달린 가방

▲ 자석 클립 통

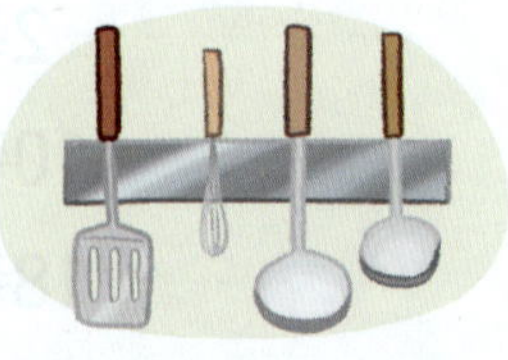
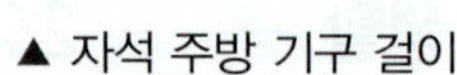
▲ 자석 주방 기구 걸이

▲ 냉장고 자석

단원 평가 Ⓐ단계

1. 자석의 이용

맞은 개수 ／15

자석에 붙는 물체

1 다음 물체 중 자석에 붙는 물체와 자석에 붙지 않는 물체를 각각 분류하여 기호를 모두 쓰시오.

(1) 자석에 붙는 물체: (   )

(2) 자석에 붙지 않는 물체: (   )

2 자석에 붙는 물체의 공통점으로 옳은 것은 어느 것입니까? (   )

① 물에 뜬다.

② 철로 만들어졌다.

③ 만지면 까끌까끌하다.

④ 나무나 고무로 만들어졌다.

⑤ 자석과 서로 밀어 내는 힘이 작용한다.

자석과 자석에 붙는 물체 사이의 힘

3 막대자석과 철 클립 사이에 얇은 플라스틱판을 넣어도 철 클립이 공중에 떠 있는 까닭으로 옳은 것에 ◯표 하시오.

(1) 자석의 힘이 플라스틱판을 통과하여 작용하기 때문이다. (   )

(2) 철 클립과 막대자석이 붙어 있을 때에만 서로 끌어당기기 때문이다. (   )

자석의 극, 자석의 극의 특징

4 여러 가지 자석에 철 클립이 붙은 모습에 대한 설명으로 옳은 것을 (보기)에서 골라 기호를 쓰시오.

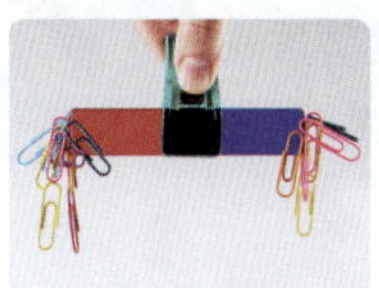
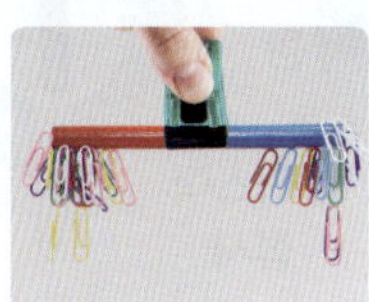

▲ 막대자석　　▲ 둥근기둥 모양 자석　　▲ 동전 모양 자석

(보기)

ⓐ 자석 전체에 철 클립이 골고루 붙어 있다.

ⓛ 자석의 가운데 부분에 철 클립이 많이 붙어 있다.

ⓒ 자석의 양쪽 끝부분이나 양쪽 면에 철 클립이 많이 붙어 있다.

(   )

5 오른쪽 동전 모양 자석에서 철 클립을 끌어당기는 힘에 대한 설명으로 옳은 것을 (보기)에서 두 가지 골라 기호를 쓰시오.

(보기)

ⓐ 동전 모양 자석의 극에서 철 클립을 세게 끌어당긴다.

ⓛ 동전 모양 자석의 양쪽 면에서 철 클립을 세게 끌어당긴다.

ⓒ 동전 모양 자석의 모든 면에서 철 클립을 같은 힘으로 끌어당긴다.

(   )

6 다음 플라스틱 접시가 움직이지 않을 때 막대자석이 가리키는 방향으로 옳은 것의 기호를 쓰시오.

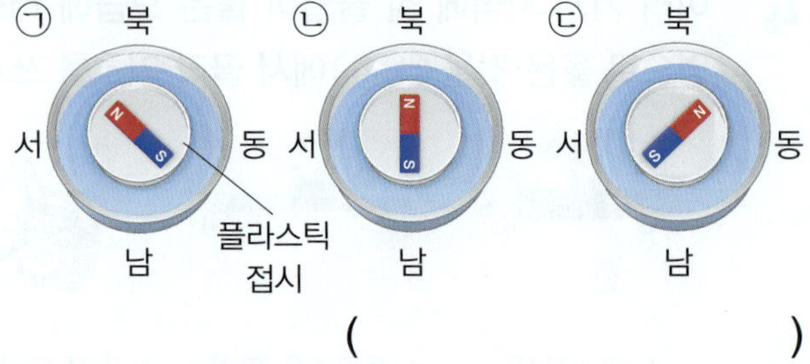

( )

자석과 자석 사이의 힘

7 막대자석 두 개를 마주 보게 하여 가까이 가져갔을 때의 결과로 옳지 <u>않은</u> 것의 기호를 쓰시오.

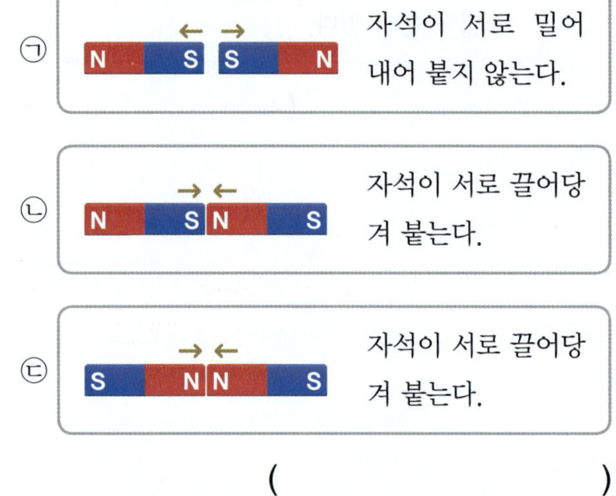

( )

8 나란히 놓은 빨대 위에 올려놓은 막대자석의 S극 쪽에 종이로 감싸 극을 알 수 없는 다른 막대자석의 한쪽 극을 가까이 가져갔습니다. 빨대 위에 올려놓은 막대자석이 밀려났다면 가까이 가져간 다른 막대자석의 ㉠ 부분은 무슨 극인지 쓰시오.

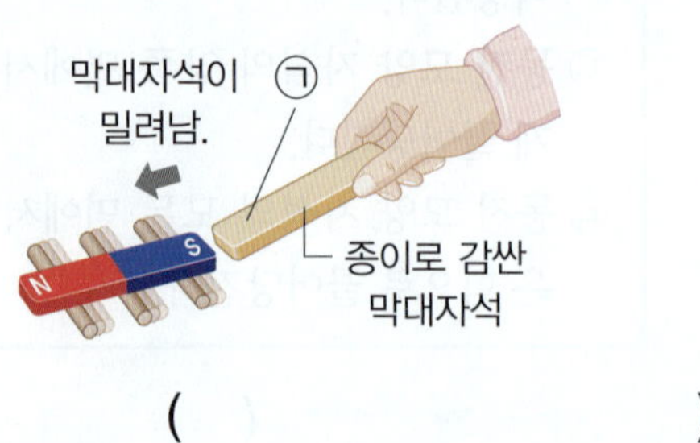

( )극

9 바닥에 놓은 고리 자석의 윗면에 막대자석의 N극을 가까이 가져갔더니 고리 자석이 옆쪽으로 밀려났습니다. 이 고리 자석 아랫면의 극은 무엇인지 쓰시오.

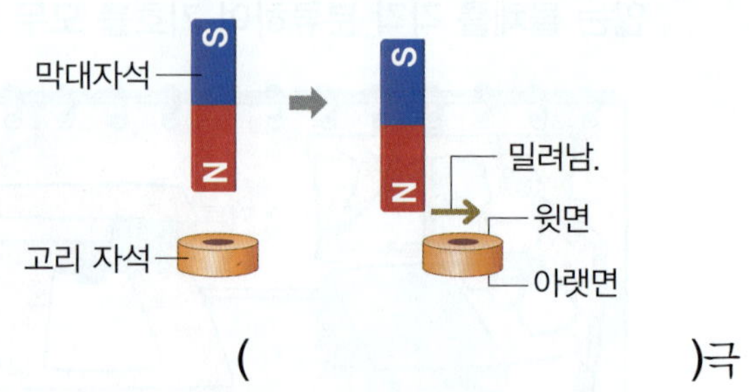

( )극

나침반과 자석, 자석을 이용한 장치

10 다음과 같이 나침반에 막대자석의 S극을 가까이 했습니다.

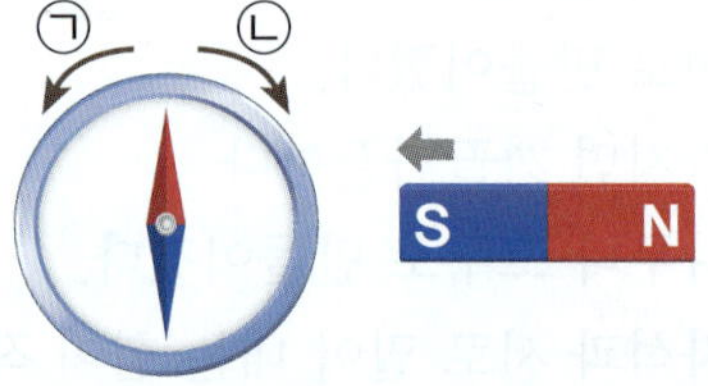

(1) 위 ㉠과 ㉡ 중 나침반 바늘의 빨간색 부분이 움직이는 방향으로 알맞은 것의 기호를 쓰시오.

( )

(2) 위 (1)번 답과 같은 방향으로 움직이는 까닭을 옳게 말한 사람의 이름을 쓰시오.

- 진아: 나침반 바늘의 빨간색 부분 반대편이 막대자석의 S극 쪽으로 끌려가기 때문이야.
- 하리: 나침반 바늘은 철로 만들어져서 막대자석이 끌어당기기 때문이야.
- 민철: 나침반 바늘의 빨간색 부분과 막대자석의 S극이 서로 끌어당기기 때문이야.

( )

11 다음은 종이로 감싸 극을 알 수 없는 막대자석 주위에 나침반을 놓은 모습입니다. 막대자석의 ㉠ 부분과 ㉡ 부분의 극은 무엇일지 쓰시오.

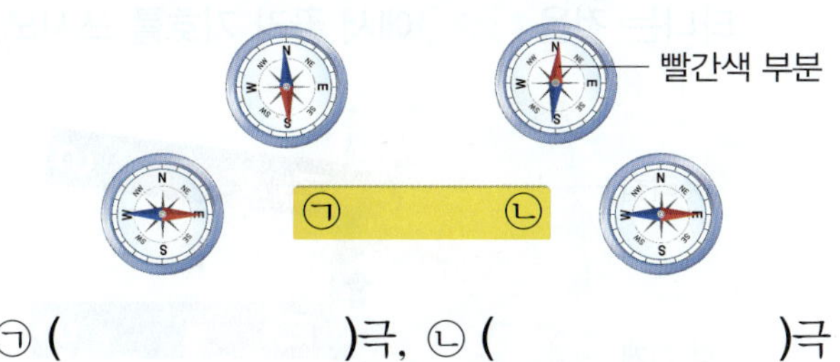

㉠ (   )극, ㉡ (   )극

12 자석 주위에 놓은 나침반 바늘의 방향이 달라지는 까닭으로 옳은 것을 (보기)에서 골라 기호를 쓰시오.

(보기)
㉠ 나침반이 가볍기 때문이다.
㉡ 나침반 바늘과 자석 사이에는 끌어당기는 힘만 작용하기 때문이다.
㉢ 나침반 바늘과 자석이 서로 밀어 내기도 하고 끌어당기기도 하기 때문이다.

(   )

13 자석이 항상 북쪽과 남쪽을 가리키는 성질을 이용한 것을 골라 기호를 쓰시오.

㉠ ▲ 나침반
㉡ ▲ 자석 필통
㉢ ▲ 자석 칠판
㉣ ▲ 자석 스마트 기기 덮개

(   )

14 오른쪽과 같이 드라이버의 끝부분을 자석으로 만들면 편리한 점을 골라 ○표 하시오.

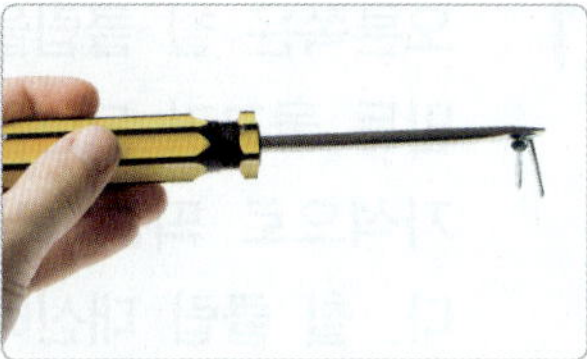

(1) 종이를 쉽게 집을 수 있다. (   )
(2) 나무로 된 물체를 붙일 수 있다. (   )
(3) 드라이버 끝부분에 철로 된 나사를 고정시킬 수 있다. (   )

15 다음은 자석 낚시 장난감으로 낚시를 하는 모습입니다. 자석 낚시 장난감에서 이용한 자석의 성질로 알맞은 것을 (보기)에서 골라 기호를 쓰시오.

(보기)
㉠ 자석의 같은 극끼리 밀어 내는 성질
㉡ 자석이 철로 된 물체를 끌어당기는 성질
㉢ 자석을 물에 띄우면 일정한 방향을 가리키는 성질

(   )

1 오른쪽은 철 클립을 붙여 만든 물고기 모형을 막대자석으로 띄운 모습입니다. 철 클립 대신에 붙였을 때 같은 결과를 볼 수 있는 것을 (보기)에서 모두 골라 ○표 하시오.

(보기)
연필, 철사, 플라스틱 빨대, 철이 든 빵 끈

서술형

2 오른쪽 소화기의 ㉠과 ㉡ 중 자석에 붙는 곳의 기호를 쓰고, 그렇게 생각한 까닭을 쓰시오.

(1) 자석에 붙는 부분: (   )

(2) 그렇게 생각한 까닭: _______________

____

3 막대자석에 얇은 플라스틱판을 댄 채로 바닥에 놓은 철 클립에 가까이 가져간 뒤, 들어 올렸을 때의 모습으로 알맞은 것은 어느 것입니까? (   )

① 철 클립이 막대자석에 붙는다.
② 철 클립이 막대자석에 붙지 않는다.
③ 철 클립이 막대자석에 붙은 채 빙글빙글 돈다.
④ 철 클립이 막대자석에서 멀리 떨어진 곳으로 밀려난다.
⑤ 철 클립이 얇은 플라스틱판을 통과하여 막대자석에 붙는다.

4 다음과 같이 얇은 유리컵 안에 철 집게를 넣고 막대자석을 위로 움직였더니 철 집게도 위로 움직였습니다. 철 집게 대신 사용했을 때 같은 결과가 나타나는 것을 (보기)에서 골라 기호를 쓰시오.

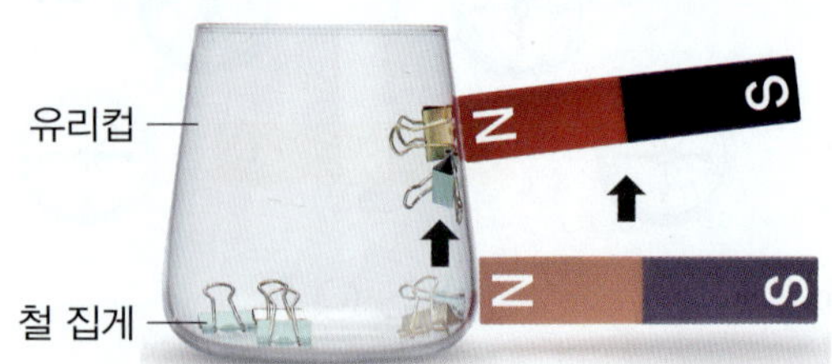

(보기)
㉠ 철 고리   ㉡ 종이 조각
㉢ 지우개 가루   ㉣ 알루미늄 포일 조각

(   )

5 자석과 철 클립 사이에 얇은 우드록이 있을 때 작용하는 힘의 크기를 비교하는 실험을 했습니다. 빈칸에 들어갈 철 클립의 개수로 알맞은 것은 어느 것입니까? (   )

우드록의 수	철 클립의 개수
한 개	10 개
두 개	( ) 개
세 개	4 개

① 0 개   ② 1 개   ③ 2 개
④ 6 개   ⑤ 14 개

6 다음과 같이 둥근기둥 모양 자석을 철 클립이 든 종이 상자에 넣었다가 천천히 들어 올렸을 때의 결과와 관련 있는 내용을 두 가지 고르시오.

(   )

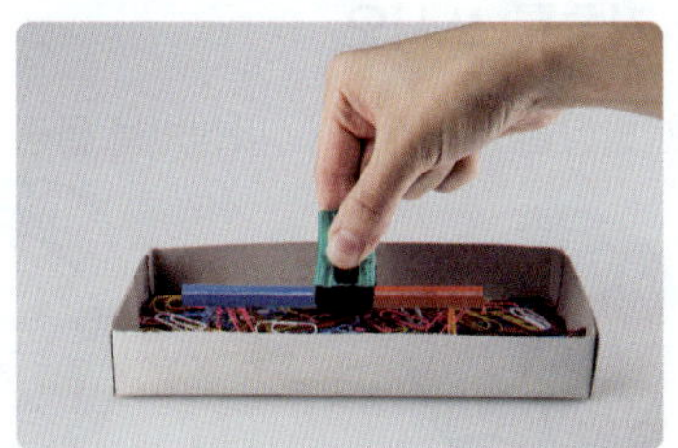

① 자석은 철 클립을 밀어 낸다.
② 종이 상자는 자석에 붙는 물체이다.
③ 자석의 양쪽 끝부분에 철 클립이 많이 붙는다.
④ 자석의 양쪽 끝부분에서 철 클립을 세게 끌어
  당긴다.
⑤ 철 클립이 많이 붙은 부분에서는 철 클립 외
  의 다른 철로 된 물체는 붙지 않는다.

7 말굽자석에 대한 설명으로 다음 (   ) 안에 들어갈 알맞은 말을 각각 쓰시오.

말굽자석의 극은 (㉠   ) 개이
며, (㉡   )극은 주로 빨간색으
로 나타내고, (㉢   )극은 주로
파란색으로 나타낸다.

㉠ (   ), ㉡ (   )
㉢ (   )

8 플라스틱 접시에 올려놓고 물에 띄운 막대자석이 오른쪽과 같이 멈춰있을 때, 이 막대자석에 대하여 옳게 말한 사람의 이름을 쓰시오.

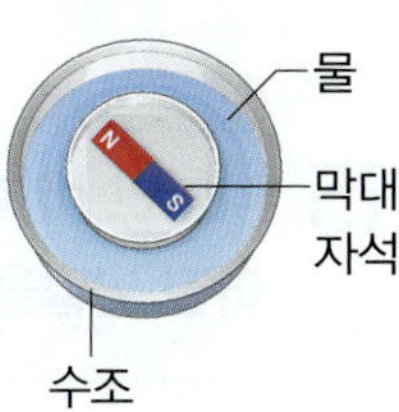

• 영호: 막대자석의 극이 한 개 더 생겨.
• 수연: 막대자석의 극의 성질이 사라져.
• 나정: 막대자석이 북쪽과 남쪽을 가리켜.

(   )

9 다음은 종이로 감싸 극을 알 수 없는 막대자석을 스타이로폼 접시에 올려놓고 물에 띄운 모습입니다. (   ) 안에 들어갈 알맞은 방향을 각각 쓰시오.

자석이 움직임을 멈췄
을 때 (㉠   )쪽을
가리키는 부분에는 N
극 붙임딱지를 붙이
고, (㉡   )쪽을 가
리키는 부분에는 S극 붙임딱지를 붙인다.

㉠ (   ), ㉡ (   )

10 막대자석 두 개를 마주 보게 나란히 놓고 밀 때 막대자석이 서로 끌어당겨 붙는 경우의 기호를 쓰시오.

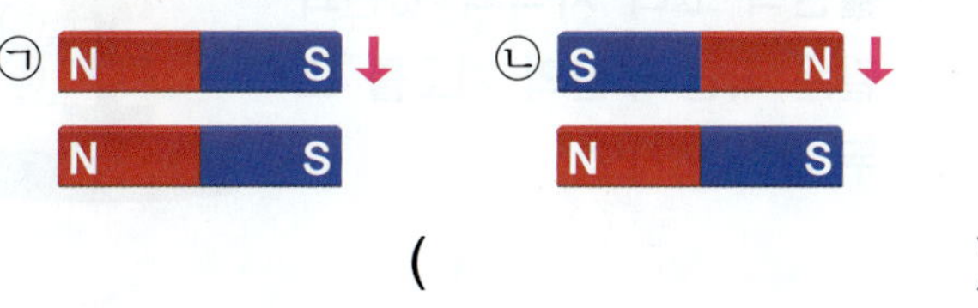

(   )

11 막대자석 두 개를 다른 극끼리 마주 보게 하여 가까이 가져갈 때의 결과로 ㉠에 들어갈 알맞은 내용은 어느 것입니까? ( )

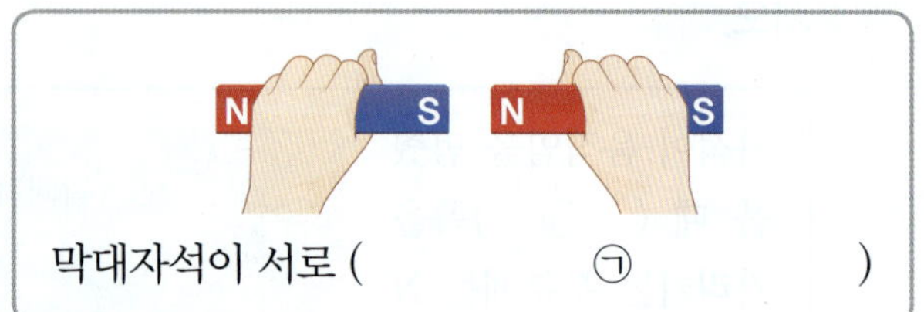

① 밀어 낸다.
② 끌어당겨 붙는다.
③ 같은 방향을 가리킨다.
④ 밀어 냈다가 다시 끌어당긴다.
⑤ 아무런 영향을 미치지 않는다.

12 나란히 놓은 빨대 위에 올려놓은 막대자석의 N극 쪽에 종이로 감싸 극을 알 수 없는 다른 막대자석의 한쪽 극을 가까이 가져갔습니다. 결과가 다음과 같을 때 ㉠과 ㉡ 중 S극인 부분의 기호를 쓰시오.

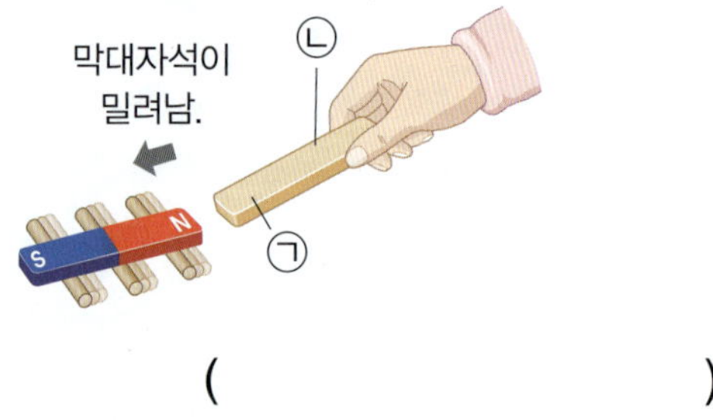

( )

13 고리 자석으로 탑을 높게 쌓을 때 빨간색 고리 자석의 윗면이 S극이라면, ㉠~㉣ 중 빨간색 고리 자석의 윗면과 같은 극인 부분의 기호를 모두 찾아 쓰시오.

( )

14 나침반 바늘이 일정한 방향을 가리키며 움직임을 멈췄습니다. 이 나침반을 다음과 같이 화살표 (↗) 방향으로 돌렸을 때, 움직임을 멈춘 나침반 바늘이 가리키는 방향으로 옳은 것을 〈보기〉에서 골라 기호를 쓰시오.

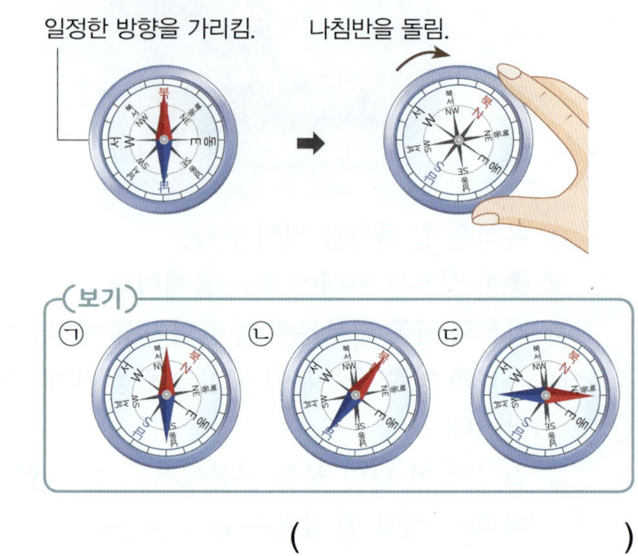

( )

15 나침반 바늘이 위 **14**번 답과 같은 까닭을 아래 주어진 낱말을 모두 사용하여 쓰시오.

> 지구, 자석, 북쪽, N극

____

____

____

16 나침반에 막대자석의 N극과 S극을 각각 가까이 가져갔을 때 나침반 바늘이 가리키는 방향이 다른 까닭을 자석의 극과 관련지어 쓰시오.

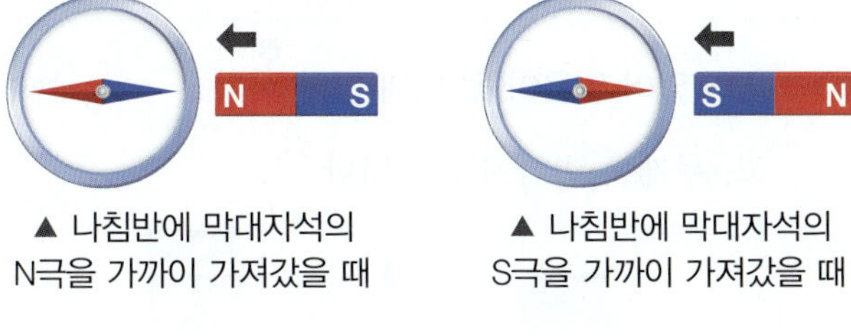

▲ 나침반에 막대자석의 N극을 가까이 가져갔을 때   ▲ 나침반에 막대자석의 S극을 가까이 가져갔을 때

____

____

____

17 위 16번의 막대자석을 각 나침반에서 멀어지게 했을 때 나침반 바늘이 가리키던 방향의 변화로 옳은 것을 (보기)에서 골라 기호를 쓰시오.

(보기)
ⓕ 나침반 바늘이 계속 빙글빙글 돌아간다.
ⓛ 가리키던 방향을 그대로 유지하며 움직이지 않는다.
ⓒ 막대자석을 가까이 하기 전에 원래 가리키던 방향을 가리킨다.

(   )

18 막대자석 주위에 놓은 나침반 바늘이 가리키는 방향으로 <u>잘못된</u> 것은 어느 것입니까? (   )

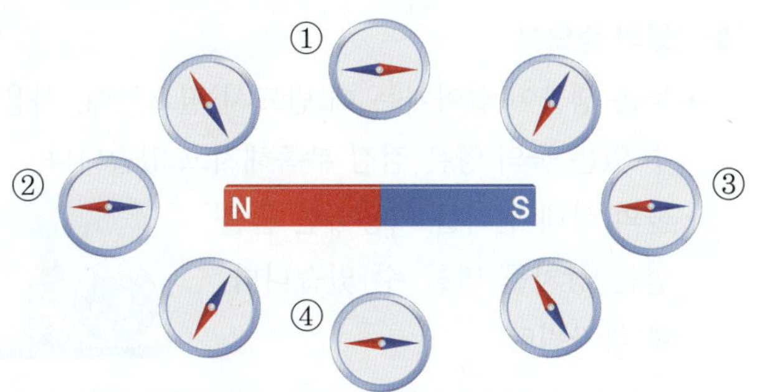

19 다음과 같은 자동 캔 분리기로 철 캔과 알루미늄 캔을 분리할 수 있는 까닭으로 옳은 것에 ○표 하시오.

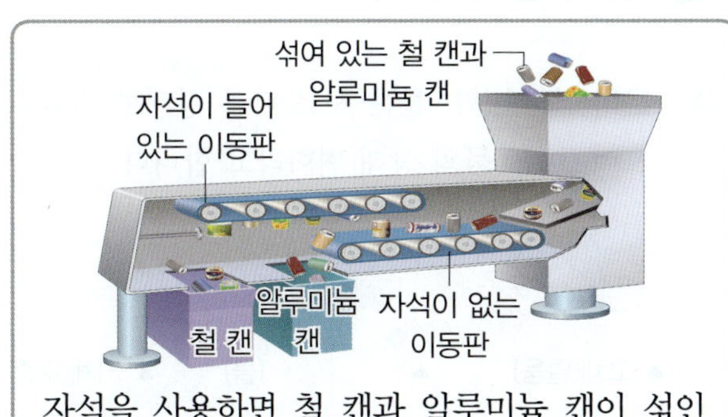

자석을 사용하면 철 캔과 알루미늄 캔이 섞인 혼합물 속에서 철 캔을 분리할 수 있다.

⑴ 철과 알루미늄은 부피가 다르기 때문이다.
(   )

⑵ 철은 단단하고, 알루미늄은 단단하지 않기 때문이다. (   )

⑶ 철은 자석에 붙고, 알루미늄은 자석에 붙지 않기 때문이다. (   )

20 생활 속에서 자석을 이용하여 편리한 경우를 (보기)에서 모두 골라 옳게 짝 지은 것은 어느 것입니까? (   )

(보기)
ⓕ 가위로 종이를 자를 때
ⓛ 나침반으로 방향을 찾을 때
ⓒ 철로 된 칠판에 쪽지나 사진을 붙일 때
ⓔ 클립 통 뚜껑에 철 클립을 붙여 보관할 때

① ⓕ, ⓛ   ② ⓕ, ⓒ
③ ⓒ, ⓔ   ④ ⓕ, ⓛ, ⓒ
⑤ ⓛ, ⓒ, ⓔ

1 물의 상태 변화

> **물의 상태 변화**: 물은 서로 다른 상태로 변할 수 있으며, 이를 물의 상태 변화라고 합니다.

▲ 고체(얼음)　▲ ❶[　　] (물)　▲ 기체(수증기)

> **물의 상태 변화 예**

▲ 고체(고드름) → 액체(물)　▲ 액체(물) → 고체(얼음)

▲ 액체(땅의 물) →　　▲ 기체(수증기) →
　기체(수증기)　　　　액체(이슬)

2 물이 얼 때와 얼음이 녹을 때의 변화

> **물이 얼어 얼음이 될 때의 변화**: ❷[　　]는 늘어나고, 무게는 변하지 않습니다.

▲ 물이 언 후 얼음의 높이가 높아짐.

무게: 31.8 g ➡ 31.8 g

> **얼음이 녹아 물이 될 때의 변화**: 부피는 줄어들고, 무게는 변하지 않습니다.

▲ 얼음이 녹은 후 물의 높이가 낮아짐.

무게: 31.8 g ➡ 31.8 g

3 증발과 끓음

> ❸[　　]: 액체인 물이 표면에서 기체인 수증기로 상태가 변하는 현상입니다.

▲ 처음 물의 높이　　▲ 4일 뒤 물의 높이

> **끓음**: 물의 표면뿐만 아니라 물속에서도 물이 수증기로 변하는 현상입니다.

증발보다 더 빠르게 물의 양이 줄어듦.

▲ 처음 물의 높이　　▲ 나중 물의 높이

4 응결, 물의 중요성

> ❹[　　]: 기체인 수증기가 액체인 물로 상태가 변하는 현상입니다.

얼음
물방울이 생김.

▲ 차갑지 않은 비커의 바깥면에는 변화가 없음.　▲ 차가운 비커의 바깥면에는 수증기가 응결함.

> **물의 중요성**

- 물은 생물이 살아가는 데 반드시 필요한데, 사용할 수 있는 물의 양은 점점 부족해지고 있습니다.
- 물의 상태 변화를 이용하면 물을 얻는 장치를 만들 수 있습니다. 예 와카워터

단원 평가 (A) 단계 2. 물의 상태 변화 맞은 개수 /15

|1~2| 다음은 물의 세 가지 상태에 따른 특징을 나타낸 것입니다. 물음에 답하시오.

구분	㉠	㉡	㉢
모양	일정함.	일정하지 않음.	일정하지 않음.
특징	단단함.	흘러내림.	우리 눈에 보이지 않음.

1 위 ㉠~㉢에 해당하는 물의 상태를 옳게 짝 지은 것은 어느 것입니까? (   )

	㉠	㉡	㉢
①	물	얼음	수증기
②	물	수증기	얼음
③	얼음	물	수증기
④	얼음	수증기	물
⑤	수증기	물	얼음

2 위 ㉠~㉢에 대해 옳게 말한 사람의 이름을 쓰시오.

- 예나: 겨울에 내리는 눈은 ㉢ 상태야.
- 재성: 목이 마를 때 마시는 물은 ㉠ 상태야.
- 은희: 주전자에 물을 끓일 때 주전자 입구에서 하얗게 보이는 것은 ㉡ 상태야.
- 미란: ㉠에서 ㉡으로 상태가 변할 수 있지만, ㉡에서 ㉠으로 상태가 변할 수는 없어.

(   )

3 다음 ㈎~㈏에서 볼 수 있는 물의 상태 변화 과정이 같은 것끼리 모두 분류하여 기호를 쓰시오.

㈎ 음식 찌기	㈏ 이글루 만들기
㈐ 인공 눈 만들기	㈑ 스팀다리미 이용하기

물 → 얼음	물 → 수증기
(1)	(2)

|4~5| 다음 실험 과정을 보고, 물음에 답하시오.

1 시험관에 물을 넣고 마개로 막은 다음, 파란색 유성 펜으로 물의 높이를 표시한다.
2 전자저울로 **1** 시험관의 무게를 측정한다.
3 소금을 섞은 얼음이 든 비커에 **2** 시험관을 꽂고, 물이 완전히 얼면 꺼내어 빨간색 유성 펜으로 얼음의 높이를 표시한 뒤 무게를 측정한다.

4 위 실험에서 알아보려는 것은 무엇인지 (보기)에서 골라 기호를 쓰시오.

(보기)
㉠ 물이 얼 때의 온도 변화
㉡ 물이 얼 때의 부피와 무게 변화
㉢ 얼음이 녹을 때의 부피와 무게 변화

(   )

5 물이 얼 때의 변화에 대한 설명으로 옳은 것에 ○표 하시오.

(1) 부피가 줄어든다. (   )

(2) 무게는 변하지 않는다. (   )

(3) 부피와 무게가 모두 줄어든다. (   )

6 얼린 생수병을 따뜻한 곳에 놓아두었더니 볼록하던 생수병이 원래 모습으로 줄어들었습니다. 그 까닭으로 알맞은 것은 어느 것입니까? (   )

① 물이 얼어 무게가 늘어났기 때문이다.
② 물이 얼어 부피가 줄어들었기 때문이다.
③ 얼음이 녹아 부피가 늘어났기 때문이다.
④ 얼음이 녹아 부피가 줄어들었기 때문이다.
⑤ 얼음이 녹아 무게가 줄어들었기 때문이다.

물의 증발과 끓음

---

7 다음 (   ) 안에 들어갈 알맞은 말을 각각 쓰시오.

> 비커에 물을 넣어 두고 며칠 뒤 관찰하면 물의 양이 줄어든 것을 확인할 수 있다. 이처럼 액체인 물이 표면에서 기체인 (㉠   )(으)로 상태가 변하는 현상을 (㉡   )(이)라고 한다.

㉠ (   ), ㉡ (   )

8 증발 현상과 관련 있는 경우로 알맞은 것을 (보기)에서 골라 기호를 쓰시오.

> (보기)
> ㉠ 고드름이 녹는다.
> ㉡ 겨울이 되면 강물이 언다.
> ㉢ 운동을 한 후 흘린 땀이 마른다.

(   )

9 다음과 같이 젖은 빨래나 오징어를 널어 놓으면 마르는 까닭은 무엇입니까? (   )

▲ 젖은 빨래를 햇볕에 널어 말림.　　▲ 오징어를 햇볕에 널어 말림.

① 얼음이 녹아 부피가 줄어들었기 때문이다.
② 얼음이 녹아 물로 상태가 변했기 때문이다.
③ 물이 얼어 얼음으로 상태가 변했기 때문이다.
④ 수증기가 물로 상태가 변해 물방울로 맺혔기 때문이다.
⑤ 물이 수증기로 상태가 변해 공기 중으로 날아갔기 때문이다.

10 물이 끓을 때 발생하는 ㉠과 같은 기포와 관계있는 물의 상태 변화로 알맞은 것은 어느 것입니까?

(   )

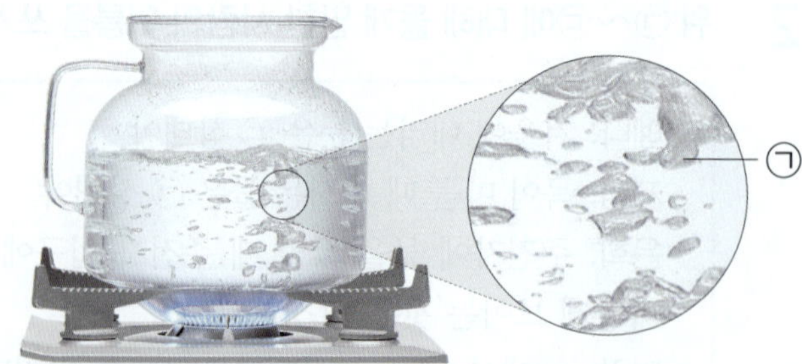

① 얼음 → 물　　　　② 물 → 얼음
③ 수증기 → 물　　　④ 물 → 수증기
⑤ 얼음 → 수증기

11 다음 세 사람이 각자 비커에 물을 넣고 물의 높이를 측정한 후 5분 동안 가열하여 끓이는 실험을 했습니다. 5분 뒤 물의 높이를 <u>잘못</u> 기록한 사람의 이름을 쓰시오.

구분	가열하기 전 물의 높이(cm)	가열한 후 물의 높이(cm)
찬규	8	7.5
나리	6	5
미나	7	7.5

(   )

응결, 응결의 예

|**12~14**| 플라스틱 컵에 주스와 얼음을 넣고 뚜껑을 덮은 뒤 페트리 접시에 올려 전자저울로 무게를 측정하였습니다. 물음에 답하시오.

12 시간이 지난 뒤 위 실험 결과로 옳지 <u>않은</u> 것은 어느 것입니까? (   )

① 컵 표면에 액체 방울이 생긴다.
② 컵 표면에 생긴 액체는 색깔이 없다.
③ 컵 표면에 생긴 액체는 주스 맛이 난다.
④ 컵 표면에 생긴 액체가 흘러내려 페트리 접시에 고인다.
⑤ 시간이 지난 뒤 무게를 다시 측정하면 처음보다 무게가 늘어난다.

13 위 플라스틱 컵의 표면에서 일어나는 물의 상태 변화 현상을 무엇이라고 하는지 쓰시오.

(   )

14 앞 실험과 같은 원리로 일어나는 현상을 두 가지 고르시오. (   )

① 가뭄에 논 바닥이 갈라진다.
② 겨울철 지붕 밑에 고드름이 생긴다.
③ 맑은 날 아침 풀잎에 이슬이 맺힌다.
④ 추운 날 유리창 안쪽에 물방울이 맺힌다.
⑤ 물이 담긴 페트병을 냉동실에 넣어 두면 페트병이 볼록해진다.

물의 중요성, 물을 얻을 수 있는 장치

15 물이 부족할 때 일어날 수 있는 일로 옳은 것에 ○표, 옳지 않은 것에 ×표 하시오.

(1) 빨래나 설거지를 할 수 없다. (   )
(2) 농작물에 물을 주지 못해 농작물이 말라 죽을 수 있다. (   )
(3) 불이 나도 불을 끌 수 없으므로 큰 피해를 입을 수 있다. (   )
(4) 농장에서 기르는 닭이 낳는 달걀의 수가 크게 늘어날 수 있다. (   )

1 물의 세 가지 상태에 대해 <u>잘못</u> 말한 사람의 이름을 쓰시오.

> • 시원: 얼음은 고체 상태, 물은 액체 상태, 수증기는 기체 상태야.
> • 재준: 물은 모양이 일정하지만, 수증기는 모양이 일정하지 않아.
> • 수정: 얼음은 단단해서 손으로 잡을 수 있지만, 물은 흘러서 손으로 잡을 수 없어.

(　　　　　　　　)

서술형

2 얼음을 손바닥에 올려 놓으면 시간이 지남에 따라 얼음이 녹아 물이 됩니다. 이렇게 손에 묻은 물은 시간이 지나면 어떻게 되는지 쓰시오.

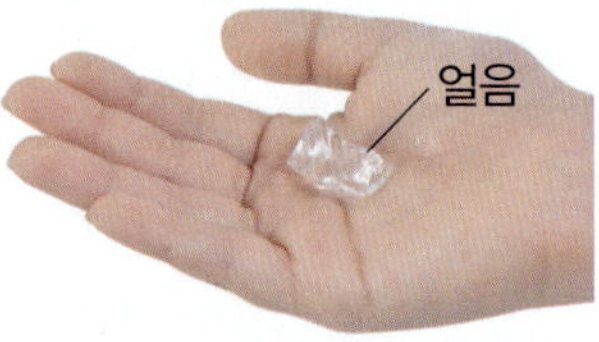

____

____

3 다음 중 나머지와 다른 물의 상태 변화를 이용한 경우로 알맞은 것은 어느 것입니까? (　　　　)

① 
▲ 가습기 이용하기

② 
▲ 얼음 작품 만들기

③ 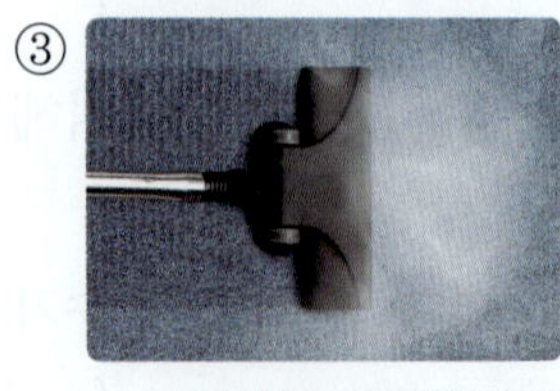
▲ 스팀 청소기 이용하기

④ 
▲ 음식 찌기

4 다음 과학 정리 노트를 읽고, <u>잘못된</u> 문장을 찾아 기호를 쓰시오.

> [제목: 놀라운 물의 변신]
> ㉠ 과학 시간에 물은 세 가지 상태로 있고, 서로 다른 상태로 변할 수 있다고 배웠다.
> ㉡ 집에 와서 보니 다양한 물의 상태 변화를 생활에 이용하고 있었다.
> ㉢ 엄마는 물을 얼려 만든 얼음을 갈아 팥빙수를 만들어 주셨다.
> ㉣ 그리고 스팀다리미에 수증기를 넣어 물로 변화시켜 구겨진 옷을 다리셨다.
> ㉤ 물의 상태가 변하지 않는다면 우리 생활이 많이 불편해질 것 같다고 생각했다.

(　　　　　　　　)

5 물이 들어 있는 페트병 ㉠과 ㉠을 냉동실에 넣어 얼린 ㉡에 대한 설명으로 옳은 것은 어느 것입니까? (　　　　)

① ㉠과 ㉡의 무게는 같다.
② ㉠과 ㉡의 부피는 같다.
③ ㉠보다 ㉡이 더 무겁다.
④ ㉡보다 ㉠이 더 무겁다.
⑤ ㉡보다 ㉠의 부피가 더 크다.

6 물이 가득 담긴 유리병을 냉동실에 넣으면 위험한 까닭으로 (   ) 안에 들어갈 알맞은 말을 쓰시오.

> 물이 얼면 (   )이/가 늘어나 유리병이 깨질 수 있기 때문이다.

(   )

7 다음과 같이 크기가 같은 시험관에 물과 얼음이 각각 같은 높이로 들어 있을 때 두 시험관을 옳게 비교한 것을 두 가지 고르시오. (   )

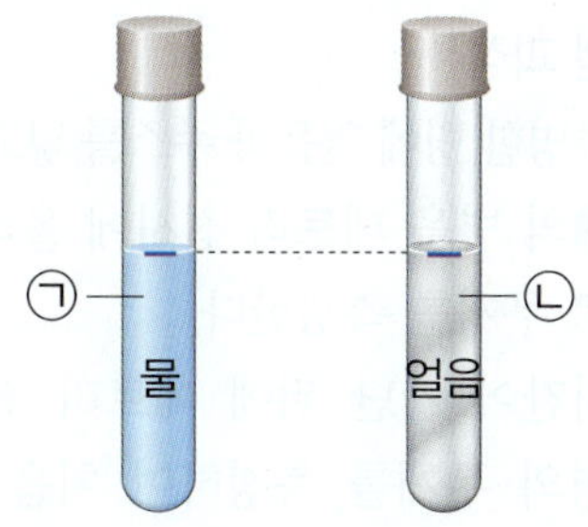

① ㉠과 ㉡의 무게는 같다.
② ㉠이 ㉡보다 더 무겁다.
③ ㉡이 ㉠보다 더 무겁다.
④ ㉡의 얼음이 완전히 녹으면 ㉠의 물보다 높이가 낮아진다.
⑤ ㉡의 얼음이 완전히 녹으면 ㉠의 물보다 높이가 높아진다.

8 (   ) 안에 들어갈 알맞은 말을 각각 골라 쓰시오.

> 얼음이 녹아 물이 되면 부피는 ㉠(늘어나고, 줄어들고) 무게는 ㉡(변한다, 변하지 않는다).

㉠ (   )
㉡ (   )

9 다음 세 사람이 페트병에 각각 다른 양의 물을 넣고 얼려 무게를 측정한 뒤, 다시 완전히 녹인 후의 무게를 측정하여 기록했습니다. 옳게 측정한 사람의 이름을 쓰시오.

구분	얼렸을 때의 무게(g)	녹은 후의 무게(g)
미래	375	369
기준	409	409
하은	250	257

(   )

10 증발에 대한 설명으로 옳은 것에 ○표, 옳지 <u>않은</u> 것에 ×표 하시오.

⑴ 기체인 수증기가 액체인 물로 상태가 변한다.
(   )
⑵ 겨울에 수도 계량기가 터지는 것은 증발 현상 때문이다.
(   )
⑶ 공기 중에 있는 수증기의 양이 적을수록 증발이 잘 일어난다.
(   )

| 11~12 | 오른쪽과 같이 비커에 물을 넣어 물의 높이를 표시하고, 가열하여 5분 동안 끓인 뒤 물의 높이를 표시하였습니다. 물음에 답하시오.

11 위 실험에서 나중에 측정한 물의 높이로 알맞은 것을 (보기)에서 골라 기호를 쓰시오.

(보기)
㉠ 처음과 같다.
㉡ 처음보다 낮아진다.
㉢ 처음보다 높아진다.

( )

12 위 실험에서 볼 수 있는 물이 끓을 때의 변화를 옳게 설명한 것은 어느 것입니까? ( )

① 물의 양이 늘어난다.
② 물 표면이 울퉁불퉁해진다.
③ 물속에서는 아무 변화도 일어나지 않는다.
④ 공기 중의 수증기가 물속으로 들어가 기포가 생긴다.
⑤ 물이 끓기 전에는 기포가 많이 생기지만, 물이 끓을 때는 기포가 생기지 않는다.

13 일상생활에서 볼 수 있는 끓음과 관련된 예를 세 가지 쓰시오.

____

____

14 다음은 증발과 끓음의 차이점을 비교하여 정리한 표입니다. 빈칸에 들어갈 알맞은 말끼리 옳게 짝지은 것은 어느 것입니까? ( )

구분	증발	끓음
상태 변화가 일어나는 곳	(㉠)	물 표면과 물속
물이 줄어드는 빠르기	끓음보다 (㉡).	증발보다 (㉢).

	㉠	㉡	㉢
①	물 표면	느림	빠름
②	물 표면	빠름	느림
③	물속	느림	빠름
④	물속	빠름	느림
⑤	물 표면과 물속	느림	빠름

15 다음 실험 과정에서 알아보려는 현상으로 알맞은 것을 (보기)에서 골라 기호를 쓰시오.

[실험 과정]
❶ 투명한 병에 얼음과 주스를 넣고 뚜껑을 닫는다.
❷ ❶의 병을 페트리 접시에 올려놓고 전자저울로 무게를 측정한다.
❸ 시간이 지난 뒤에 페트리 접시에 올려놓은 병의 무게를 측정하여 처음 측정한 무게와 비교해 본다.

(보기)
㉠ 수증기가 응결하는 현상
㉡ 물이 얼어서 얼음이 되는 현상
㉢ 물이 끓어서 수증기가 되는 현상

( )

16 앞 **15**번 실험 과정의 ❷에서 측정한 무게가 236.0 g이었을 때, ❸에서 측정한 무게로 가장 알맞은 것은 어느 것입니까? (   )

① 128.0 g

② 226.0 g

③ 236.0 g

④ 238.0 g

⑤ 365.0 g

서술형

17 냄비에 국을 끓이면 오른쪽과 같이 냄비 뚜껑 안쪽에 물방울이 맺힙니다. 이 과정에서 일어나는 물의 상태 변화 두 가지를 설명하시오.

____

____

18 다음 ⑴~⑶에 해당하는 기상 현상으로 알맞은 것을 (보기)에서 골라 각각 쓰시오.

(보기)

이슬   안개   구름

⑴ 수증기가 높은 하늘에서 응결해 작은 물방울 상태로 떠 있는 현상 (   )

⑵ 새벽에 차가워진 나뭇가지나 풀잎 등에 수증기가 응결해 작은 물방울로 맺히는 현상 (   )

⑶ 수증기가 지표면 근처에서 응결해 공기 중에 작은 물방울 상태로 떠 있는 현상 (   )

19 다음 (   ) 안에 공통으로 들어갈 알맞은 말을 쓰시오.

• (   )은/는 동식물이 생명을 유지하는 데 꼭 필요하다.

• 농사를 짓거나 가축을 기를 때 (   )이/가 이용된다.

• 인구가 증가하고 산업이 발달하면서 (   )의 이용량이 늘어나고 있다.

• 지구 온난화가 심해져 (   )이/가 부족해지면서 가뭄이 자주 발생하게 되었다.

(   )

20 다음은 물을 얻을 수 있는 장치를 만드는 과정과 장치를 이용한 결과입니다. 이 장치에서 이용한 물의 상태 변화 과정으로 알맞은 것을 (보기)에서 모두 골라 기호를 쓰시오.

[만드는 과정]

❶ 큰 그릇 가운데에 작은 그릇을 붙이고, 큰 그릇에 오염된 물을 넣는다.

❷ 큰 그릇의 입구를 비닐로 덮은 뒤, 작은 그릇의 위쪽인 비닐 가운데가 움푹 들어가도록 눌러 고정한다.

❸ 완성된 장치를 햇빛이 강하게 비치는 곳에 두고 변화를 관찰한다.

[장치를 이용한 결과]

비닐 안쪽에 맺힌 물방울이 흘러내려 작은 그릇에 모인다.

(보기)

㉠ 액체 → 고체

㉡ 고체 → 액체

㉢ 기체 → 액체

㉣ 액체 → 기체

(   )

1 흐르는 물의 작용

➤ 흐르는 물의 작용

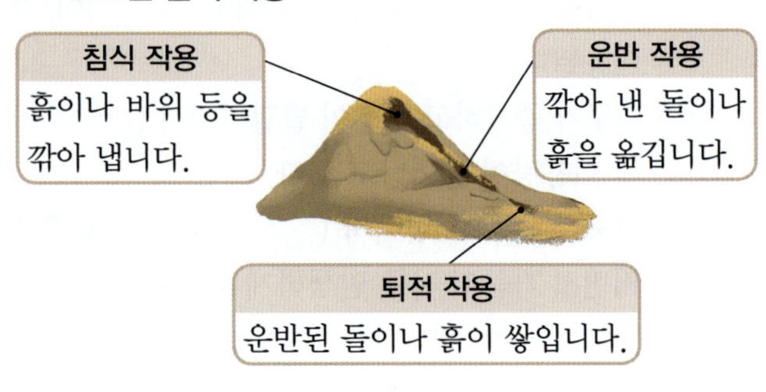

➤ **강 상류**: 강폭이 좁고 경사가 급하여 ❶□□ 작용이 활발하며, 커다란 바위와 모난 돌이 많이 보입니다.

➤ **강 하류**: 강폭이 넓고 경사가 완만하여 퇴적 작용이 활발하며, 모래나 흙이 쌓입니다.

2 화산, 화산 분출물

➤ **화산**: 땅속에 있던 마그마가 밖으로 분출하여 만들어진 산이며, 꼭대기에는 움푹 파인 ❷□□□가 있습니다. 분화구에는 물이 고여 호수나 웅덩이가 만들어지기도 합니다.

➤ **화산 분출물**: 화산 활동으로 나오는 여러 가지 물질을 말합니다.

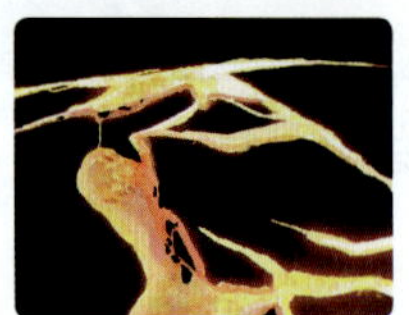

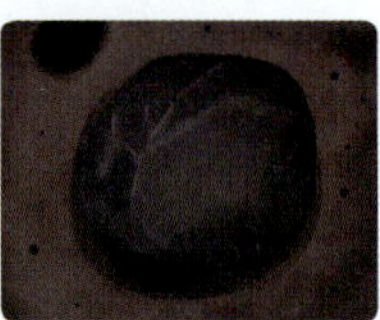

▲ 용암　　▲ 화산재와 화산 가스　　▲ 화산 암석 조각

3 화강암과 현무암

➤ **화성암**: ❸□□□가 식어서 만들어지는 암석입니다.

➤ **화강암과 현무암**: 화강암과 현무암은 암석이 만들어지는 장소에 따라 암석의 색깔, 알갱이의 크기가 다른 특징이 있습니다.

화강암

색깔이 밝고, 암석을 이루는 알갱이의 크기가 큽니다.

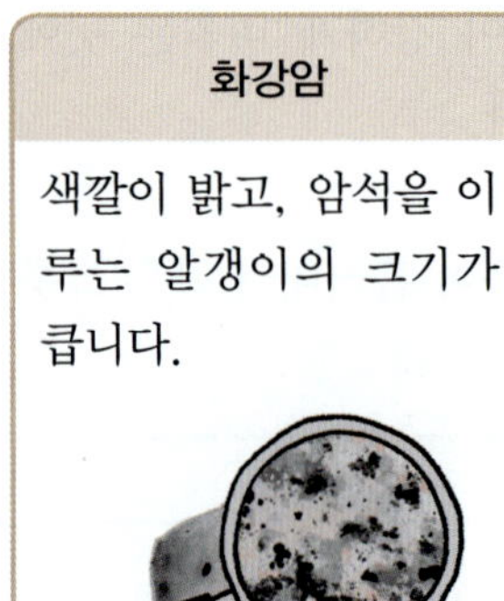

❹□□□

색깔이 어둡고, 암석을 이루는 알갱이의 크기가 작습니다.

4 화산과 지진이 미치는 영향

➤ **화산 활동이 주는 피해와 이로운 점**

피해	이로운 점	
▲ 산불	▲ 온천	▲ 지열 발전

➤ **지진이 주는 피해와 대처 방법**

피해	대처 방법	
▲ 도로가 갈라지고 건물이 무너짐.	▲ 책상 아래로 들어가 머리와 몸을 보호함.	▲ 승강기 대신 계단을 이용하여 대피함.

단원 평가 Ⓐ단계

3. 땅의 변화

맞은 개수 / 15

흐르는 물의 작용

1 흐르는 물에 의해 나타나는 현상으로 옳지 <u>않은</u> 것은 어느 것입니까? (   )

① 지표의 모습이 조금씩 변한다.
② 낮은 곳으로 운반된 흙이 쌓인다.
③ 높은 곳의 바위가 침식되어 깎인다.
④ 높은 곳과 낮은 곳의 모습이 비슷해진다.
⑤ 가벼운 돌멩이는 흐르는 물에 떠내려간다.

|2~3| 다음과 같이 흙 언덕을 만들고, 흙 언덕 위쪽에 색 모래를 뿌렸습니다. 물음에 답하시오.

2 위 흙 언덕의 위쪽에서 천천히 물을 흘려보냈을 때, ㉠과 ㉡ 중 흙이 주로 깎이는 곳과 쌓이는 곳을 구분하여 기호를 쓰시오.

⑴ 흙이 주로 깎이는 곳: (   )
⑵ 흙이 주로 쌓이는 곳: (   )

---

3 앞 **2**번 ⑵의 위치에 흙을 더 많이 쌓이게 할 수 있는 방법으로 옳은 것의 기호를 쓰시오.

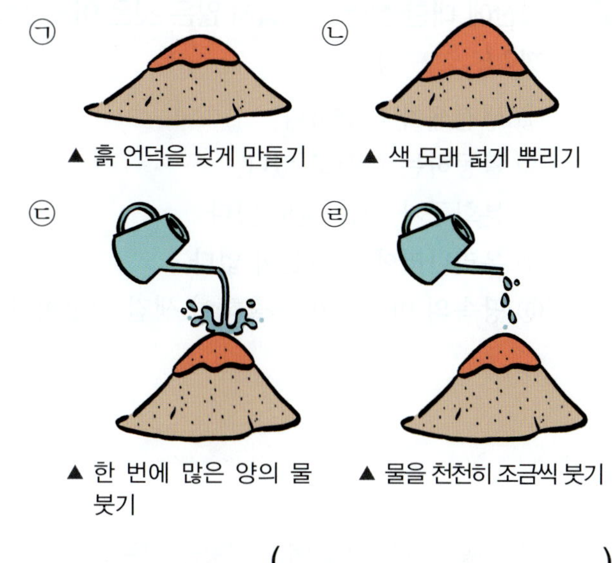

(   )

강 상류와 하류의 모습이 다른 까닭

4 다음 설명이 강 상류의 특징이면 '상'을 쓰고, 강 하류의 특징이면 '하'를 쓰시오.

⑴ 커다란 바위나 모난 돌이 많다.   (   )
⑵ 운반된 흙과 모래가 주로 쌓인다.   (   )
⑶ 물길의 폭이 좁고 경사가 급하다.   (   )
⑷ 강폭이 넓고, 흐르는 물의 양이 매우 많다.

(   )

5 강의 상류와 하류에서 활발하게 일어나는 흐르는 물의 작용이 다른 까닭은 무엇입니까? (   )

① 돌의 모양이 다르기 때문이다.
② 모래의 양이 다르기 때문이다.
③ 흐르는 물의 온도가 다르기 때문이다.
④ 흐르는 물의 종류가 다르기 때문이다.
⑤ 땅의 경사진 정도가 다르기 때문이다.

화산의 특징, 화산 분출물

6 화산에 대한 설명으로 옳지 <u>않은</u> 것은 어느 것입니까? (   )

① 생김새가 다양하다.
② 활동하는 화산도 있다.
③ 분화구가 있는 것도 있다.
④ 우리나라에는 화산이 없다.
⑤ 땅속의 마그마가 분출하여 생긴 지형이다.

7 다음 (   ) 안에 들어갈 알맞은 말을 각각 쓰시오.

> 화산에는 액체 상태의 (㉠   )이/가 분출한
> (㉡   )이/가 있는 것이 있다. 이 (㉡   )
> 에는 물이 고여 호수가 만들어지기도 한다.

㉠ (   ), ㉡ (   )

|8~9| 다음은 화산이 활동하는 모습을 그림으로 나타낸 것입니다. 물음에 답하시오.

8 위 ㉠~㉢ 중 액체 상태의 화산 분출물을 골라 기호와 이름을 쓰시오

(   )

9 오른쪽은 앞 ㉠ 화산 분출물의 실제 모습입니다. ㉠에 대한 설명으로 옳은 것은 어느 것입니까? (   )

① 액체 상태이다.
② 크기가 매우 크다.
③ 지표면을 따라 흐른다.
④ 흘러내린 뒤 식으면서 굳는다.
⑤ 크기가 매우 작은 고체 상태의 화산 분출물인 화산재이다.

10 다음은 화산 활동 모형실험에서 관찰할 수 있는 모습입니다. 실제 화산 활동에서 용암이 흐르는 모습과 비교할 수 있는 것을 골라 기호를 쓰시오.

㉠

▲ 녹은 마시멜로가 흘러나옴.

㉡

▲ 마시멜로가 식어서 굳음.

㉢

▲ 연기가 피어오름.

㉣

▲ 알루미늄 포일이 들썩거림.

(   )

11 앞 **10**번의 화산 활동 모형실험과 실제 화산 활동을 비교하여 관계있는 것끼리 선으로 이으시오.

(1) 피어오르는 연기 •   • ㉠ 용암

(2) 굳은 마시멜로 •   • ㉡ 화산 가스

(3) 흘러나오는 마시멜로 •   • ㉢ 화산 암석 조각

화강암과 현무암

12 화강암과 현무암에 대한 설명으로 옳은 것은 어느 것입니까? (   )

① 화강암은 현무암보다 색깔이 밝다.
② 화강암은 화산재가 굳어져 만들어진 암석이다.
③ 화강암은 색깔이 어둡고, 표면에 구멍이 있는 것도 있다.
④ 현무암은 화강암보다 암석을 이루는 알갱이의 크기가 크다.
⑤ 현무암은 마그마가 땅속에서 천천히 식어서 만들어진 암석이다.

화산 활동의 피해와 이로운 점

13 화산 활동이 주는 이로움이 <u>아닌</u> 것은 어느 것입니까? (   )

① 
▲ 온천

② 
▲ 지열 발전

③ 
▲ 관광 자원

④ 
▲ 꽃놀이

지진, 지진 대피 방법

14 지진의 피해 사례에 대해 조사하려고 합니다. 조사할 내용으로 옳지 <u>않은</u> 것을 (보기)에서 골라 기호를 쓰시오.

(보기)
㉠ 지진의 규모   ㉡ 지진 발생 위치
㉢ 지진 발생 날짜   ㉣ 지진으로 인한 피해 정도
㉤ 지진에 관련된 영화를 본 관객의 수

(   )

15 지진이 발생했을 때의 대처 방법으로 옳은 것은 어느 것입니까? (   )

① 화장실 근처로 간다.
② 책장 옆에 엎드려 있는다.
③ 책상 아래로 들어가 몸을 보호한다.
④ 승강기를 이용해 옥상으로 대피한다.
⑤ 지진으로 흔들리는 동안에만 움직여서 이동한다.

|1~2| 다음과 같이 흙 언덕을 만들고 윗부분에 색 모래를 뿌린 다음 물을 흘려보냈습니다. 물음에 답하시오.

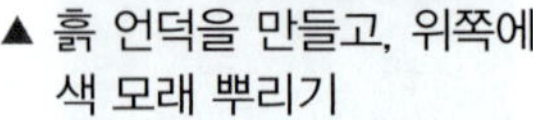

▲ 흙 언덕을 만들고, 위쪽에 색 모래 뿌리기

▲ 흙 언덕 위쪽에서 물 흘려보내기

1 위와 같이 흙 언덕 윗부분에 물을 흘려보냈을 때의 결과로 옳지 <u>않은</u> 것은 어느 것입니까? (   )

① 흙 언덕 위쪽의 흙이 깎인다.
② 흙 언덕 위쪽은 침식 작용이 활발하다.
③ 흙 언덕 아래쪽에 흙이 흘러내려 쌓인다.
④ 흙 언덕 아래쪽은 퇴적 작용이 활발하다.
⑤ 흐르는 물은 흙 언덕 아래쪽의 흙을 깎아 위쪽에 쌓는다.

서술형

2 위 **1**번의 결과와 관련지어 흐르는 물이 자연에서 지표의 모습을 변화시킬 수 있는 까닭을 쓰시오.

____

____

|3~4| 다음 강 주변의 모습을 보고, 물음에 답하시오.

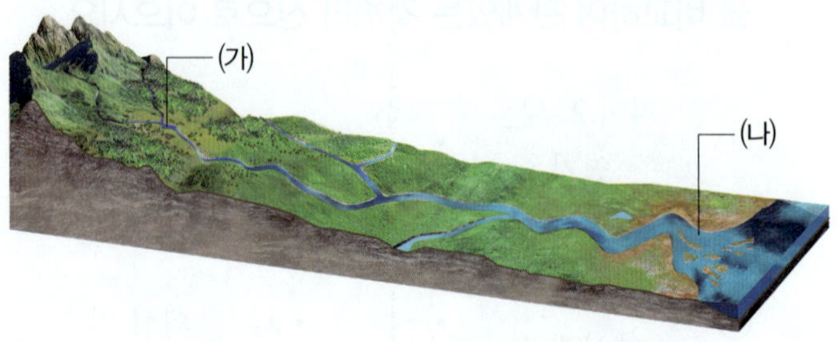

3 다음은 강 주변의 모습을 조사하면서 기록한 내용입니다. 위 (가)와 (나) 중 어느 곳을 조사한 것인지 기호를 쓰시오.

> • 강폭이 다른 곳보다 (☑ 좁다, ☐ 넓다).
> • 다른 곳보다 (☑ 바위, ☐ 모래)를 많이 볼 수 있다.
> • (☐ 넓은 땅, ☑ 폭포)을/를 주로 볼 수 있다.

(   )

4 위 (가)와 (나)에서 활발하게 일어나는 작용으로 (   ) 안에 들어갈 알맞은 말을 각각 쓰시오.

> (가)에서는 흐르는 물의 (㉠) 작용이 활발하고, (나)에서는 (㉡) 작용이 활발하다.

㉠ (   ), ㉡ (   )

5 다음은 화산에 대한 설명입니다. (   ) 안에 들어갈 알맞은 말을 쓰시오.

> 땅속에서 암석이 녹은 (   )이/가 밖으로 분출하여 만들어진 지형을 화산이라고 한다.

(   )

6 마그마가 분출한 흔적이 있는 ㉠, ㉡에 대한 설명으로 옳지 <u>않은</u> 것은 어느 것입니까? (   )

① 분화구 크기가 다르다.
② 두 산의 경사가 다르다.
③ 두 산의 생김새가 다르다.
④ 마그마가 다시 분출할 수도 있다.
⑤ ㉠은 화산이고, ㉡은 화산이 아니다.

7 다음은 화산 활동 모형실험에서 관찰할 수 있는 모습입니다. ㉠~㉢과 실제 화산 분출물을 옳게 짝지은 것은 어느 것입니까? (   )

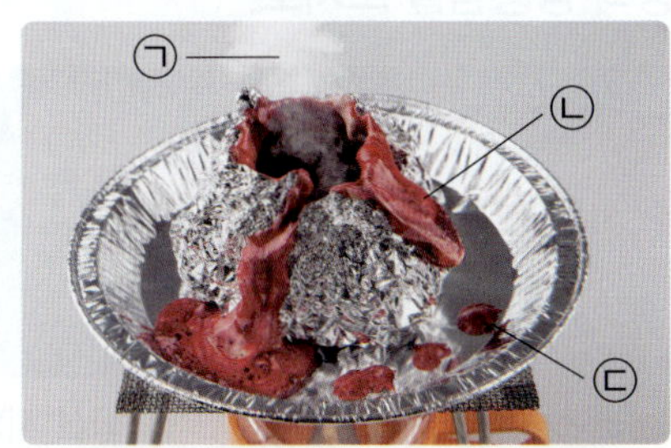

① ㉠ – 화산 암석 조각 ② ㉡ – 용암
③ ㉡ – 화산 가스   ④ ㉢ – 수증기
⑤ ㉢ – 화산 분화구

|8~9| 다음은 여러 가지 화산 분출물의 모습입니다. 물음에 답하시오.

▲ 용암

▲ 화산재

▲ 화산 가스

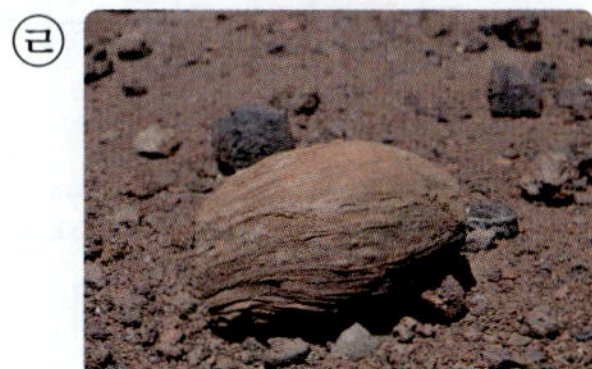
▲ 화산 암석 조각

8 위 ㉠~㉣ 중 액체 상태의 화산 분출물을 골라 기호를 쓰시오.

(   )

9 위 ㉠~㉣ 중 다음과 같은 특징이 있는 것을 골라 기호를 쓰고, 화산 분출물의 상태로 알맞은 것에 ○표 하시오.

> 대부분 수증기이며, 여러 가지 기체가 포함되어 있다.

⑴ 기호: (   )
⑵ 상태: (기체 , 액체 , 고체)

10 다음에서 설명하는 암석의 이름을 쓰시오.

> • 마그마가 식어서 굳어져 만들어진다.
> • 표면에 구멍이 있는 것도 있고 구멍이 없는 것도 있다.
> • 암석을 이루는 알갱이의 크기가 맨눈으로 잘 보이지 않을 정도로 작고, 색깔이 어둡다.

(   )

11 앞 **10**번 답의 암석을 이루는 알갱이의 크기가 작은 까닭으로 옳은 것은 어느 것입니까? (   )

① 바닷가 근처에서만 만들어지기 때문이다.
② 마그마에서 화산 가스가 빠져나가지 못했기 때문이다.
③ 화산재가 오랜 시간 동안 굳어져 만들어졌기 때문이다.
④ 마그마가 지표 근처에서 빠르게 식어 만들어졌기 때문이다.
⑤ 마그마가 땅속 깊은 곳에서 서서히 식어 만들어졌기 때문이다.

12 다음 (   ) 안에 들어갈 알맞은 말에 각각 ◯표 하시오.

> 화강암은 마그마가 땅속 깊은 곳에서 ㉠ (천천히, 빠르게) 식어서 만들어져 암석을 이루는 알갱이의 크기가 ㉡ (작다, 크다).

13 화강암을 우리 생활에 이용하는 모습으로 알맞은 것을 골라 기호를 쓰시오.

㉠ ▲ 맷돌
㉡ ▲ 컬링 스톤
㉢ ▲ 도로
㉣ ▲ 돌하르방

(   )

14 다음은 화산 활동이 우리 생활에 미치는 영향입니다. 화산 활동이 주는 피해와 이로움으로 구분하여 각각 기호를 쓰시오.

> ㉠ 화산재가 태양 빛을 가린다.
> ㉡ 용암이 흘러 산불이 발생한다.
> ㉢ 화산재가 쌓인 주변의 땅이 비옥해진다.
> ㉣ 온천을 개발해 관광 자원으로 활용한다.

(1) 피해: (   )
(2) 이로움: (   )

서술형

15 다음은 우리 생활에서 볼 수 있는 지형입니다. 두 지형의 공통점을 쓰시오.

▲ 온천   ▲ 화산 지형(용암 동굴)

____

____

16 다음은 우리나라에서 발생한 지진 피해 사례입니다. 이 내용을 보고 알 수 있는 사실로 옳지 <u>않은</u> 것은 어느 것입니까? (   )

발생 지역	연도	규모	피해 사례
경상북도 포항시	2018년	4.6	부상자 발생함.
경상북도 포항시	2017년	5.4	부상자 및 이재민 발생, 건물 훼손됨.
경상북도 경주시	2016년	5.8	부상자 발생, 건물 균열 생김.

① 지진으로 인해 부상자가 발생했다.

② 규모 5.0 이상의 지진도 두 차례 발생했다.

③ 피해를 줄이기 위해 지진에 대비하는 자세가 필요하다.

④ 위 사례 중 가장 강한 지진이 발생한 지역은 경상북도 경주시이다.

⑤ 우리나라에서는 강한 지진이 발생하지 않으므로 지진에 안전한 지역이라고 할 수 있다.

17 지진에 대한 설명으로 옳은 것을 두 가지 고르시오. (   )

① 지진의 세기는 규모로 나타낸다.

② 규모의 숫자가 작을수록 강한 지진이다.

③ 지진의 규모가 같으면 피해 정도도 같다.

④ 지진이 발생하면 건물이 무너지기도 한다.

⑤ 지표의 약한 부분에서는 지진이 발생하지 않는다.

18 지진이 발생하기 전에 해야 할 일로 알맞은 것을 (보기)에서 골라 기호를 쓰시오.

(보기)
㉠ 구조 요청을 한다.
㉡ 다친 사람을 살핀다.
㉢ 비상용품과 구급약품을 준비한다.
㉣ 건물 옥상 등의 높은 곳으로 대피한다.

(   )

서술형

19 다음과 같이 학교 교실 안에 있을 때 지진이 발생할 경우의 대처 방법을 한 가지 쓰시오.

____

____

20 마트에 있을 때 지진이 발생할 경우의 대처 방법으로 가장 옳은 것을 (보기)에서 골라 기호를 쓰시오.

(보기)
㉠ 크게 소리를 지른다.
㉡ 코를 막고 입으로 숨을 쉰다.
㉢ 넘어질 수 있는 선반은 몸으로 지탱한다.
㉣ 떨어질 물건으로부터 머리와 몸을 보호한다.

(   )

4. 다양한 생물과 우리 생활

● 정답 **29쪽**

1 균류의 특징

▶ **균류**: 버섯과 곰팡이 같은 생물로, 몸이 가늘고 긴 실 모양의  로 이루어져 있습니다.

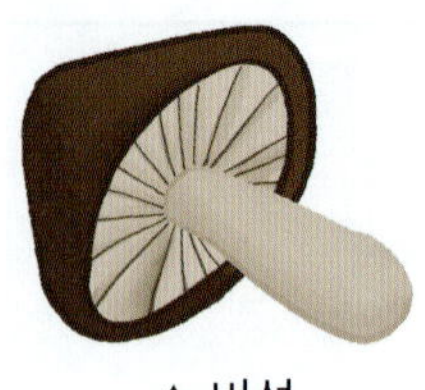

▲ 버섯   ▲ 곰팡이

▶ **균류의 특징**
- 죽은 생물이나 다른 생물에서 양분을 얻어 살아갑니다.
- 균류는 포자로 번식합니다.
- 주로 따뜻하고 습기가 많은 축축한 환경에서 잘 자랍니다.

2 원생생물의 특징

▶ **해캄**: 초록색을 띠며 가늘고 긴 머리카락 모양으로 여러 개의 마디로 이루어져 있습니다.

▲ 해캄

▶ **짚신벌레**: 둥글고 길쭉한 모양으로 바깥쪽에 난 가는 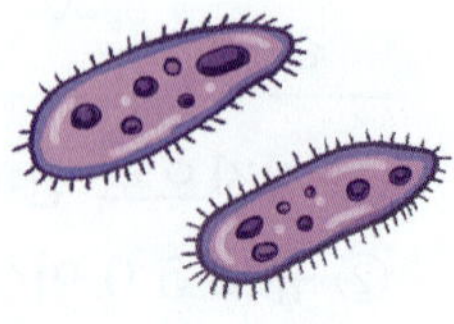 로 물속에서 빠르게 돌아다닙니다.

▲ 짚신벌레

▶ **원생생물의 특징**
- 해캄과 짚신벌레 같은 생물로, 동물이나 식물보다 생김새가 단순합니다.
- 주로 물살이 느리거나 물이 고여 있는 연못, 논, 하천 등에서 삽니다.

3 세균의 특징

▶ **세균의 모양**: 세균은 크기가 아주 작아서 맨눈이나 돋보기로 볼 수 없으며, 모양이 다양합니다.

 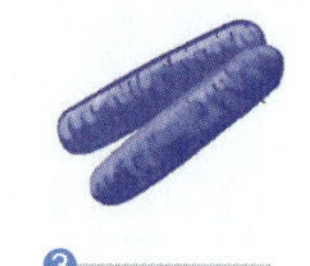 

▲ 공 모양   ▲  모양   ▲ 나선 모양

▶ **우리에게 미치는 영향**: 우리 몸에 좋은 세균도 있고, 우리 몸에 해로운 세균도 있습니다.

▶ **세균이 사는 곳**
- 세균은 흙이나 물, 생물의 몸, 생활용품 등 우리 주변의 어느 곳에나 살 수 있습니다.
- 세균은 살기에 좋은 조건이 되면 짧은 시간 동안 많은 수로 늘어날 수 있습니다.

4 생물이 미치는 영향

이로운 영향		
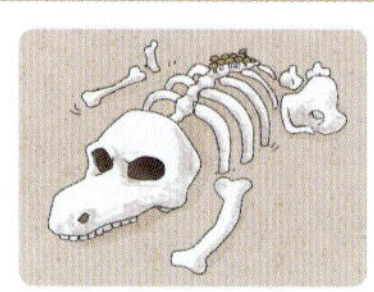 ▲ 일부 균류는 죽은 생물을 분해함.	 ▲ 일부 원생생물은 산소를 만듦.	 ▲ 일부 세균은 식품에 이용됨.

해로운 영향		
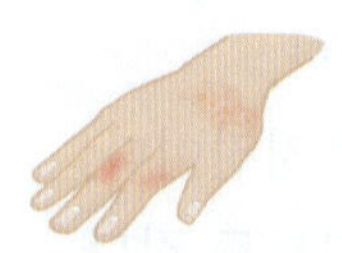 ▲ 일부 균류는 피부병을 일으킴.	 ▲ 일부 원생생물은 적조 현상을 일으킴.	 ▲ 일부 세균은 질병을 일으킴.

단원 평가 Ⓐ 단계

4. 다양한 생물과 우리 생활

맞은
개수 / 15

버섯과 곰팡이, 균류의 특징

1 버섯과 곰팡이를 현미경으로 관찰한 결과를 통해 알 수 있는 사실로 옳은 것은 어느 것입니까?

( )

▲ 버섯

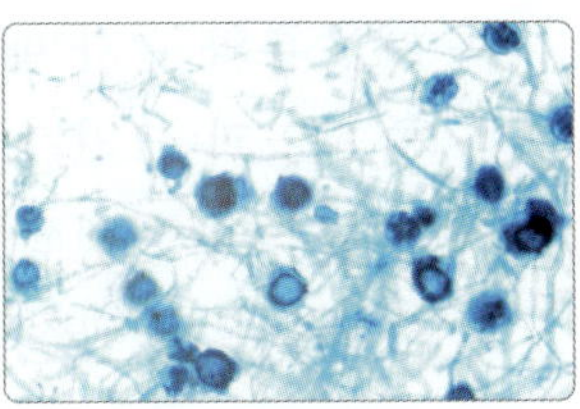

▲ 곰팡이

① 버섯의 포자는 맨눈으로도 잘 보인다.
② 곰팡이는 식물과 같이 씨로 번식한다.
③ 곰팡이는 뿌리, 줄기, 잎으로 구분된다.
④ 버섯은 식물처럼 꽃이 피거나 열매를 맺는다.
⑤ 곰팡이의 균사는 거미줄처럼 서로 엉켜 있다.

2 버섯과 곰팡이가 사는 환경에 대한 설명으로 옳은 것을 두 가지 고르시오. ( )

① 버섯은 죽은 나무나 죽은 곤충에서도 자란다.
② 곰팡이는 여름철에만 볼 수 있고 생물에서만 자란다.
③ 곰팡이와 버섯은 따뜻하고 축축한 환경에서 잘 자란다.
④ 곰팡이와 버섯은 햇빛이 많이 드는 곳에서만 잘 자란다.
⑤ 곰팡이와 버섯은 주로 그늘지고 습기가 적은 곳에서 잘 자란다.

---

3 버섯과 곰팡이의 공통점으로 옳은 것은 어느 것입니까? ( )

① 식물이다.
② 포자로 번식한다.
③ 스스로 양분을 만든다.
④ 꽃이 피고 열매를 맺는다.
⑤ 뿌리, 줄기, 잎으로 구분된다.

4 균류와 식물의 차이점을 비교한 것으로 옳지 <u>않은</u> 것을 골라 기호를 쓰시오.

	균류	식물
㉠	생물이 아니며, 자라지 않음.	생물이며, 자람.
㉡	균사로 이루어져 있고 포자로 번식함.	주로 꽃이 피고 씨로 번식함.
㉢	줄기, 잎과 같은 모양이 없음.	대체로 뿌리, 줄기, 잎 등이 있음.
㉣	다른 생물이나 죽은 생물에서 양분을 얻음.	햇빛으로 광합성을 하여 스스로 양분을 만듦.

( )

해캄과 짚신벌레, 원생생물의 특징

5 다음에서 관찰한 생물로 알맞은 것은 어느 것입니까? ( )

• 맨눈으로 관찰했을 때: 색깔이 초록색이며 가늘고 길다.
• 돋보기로 관찰했을 때: 여러 가닥이 서로 뭉쳐져 있고, 머리카락 모양이다.

① 버섯　　　　② 해캄
③ 곰팡이　　　　④ 아메바
⑤ 짚신벌레

6 오른쪽 생물에 대한 설명으로 옳지 <u>않은</u> 것은 어느 것입니까? (   )

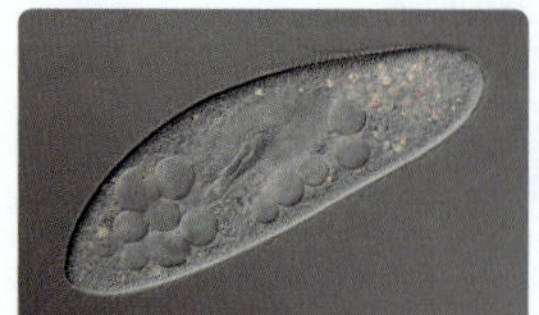

① 짚신벌레이다.
② 동물로 분류할 수 있다.
③ 길쭉한 모양이고 바깥쪽에 가는 털이 있다.
④ 눈이나 코, 귀 등의 기관을 가지고 있지 않다.
⑤ 주로 물살이 느리거나 물이 고여 있는 곳에서 산다.

7 해캄과 짚신벌레의 특징으로 옳은 것은 어느 것입니까? (   )

① 해캄은 뿌리, 줄기, 잎으로 구분된다.
② 해캄은 식물에 비해 복잡한 모양이다.
③ 짚신벌레는 물속에서 살고 움직일 수 있다.
④ 짚신벌레는 동물로 분류할 수 있고, 해캄은 식물로 분류할 수 있다.
⑤ 짚신벌레는 동물이 가지고 있는 눈, 코, 귀와 같은 기관을 가지고 있다.

8 원생생물이 <u>아닌</u> 것은 어느 것입니까? (   )

① 
▲ 해캄

② 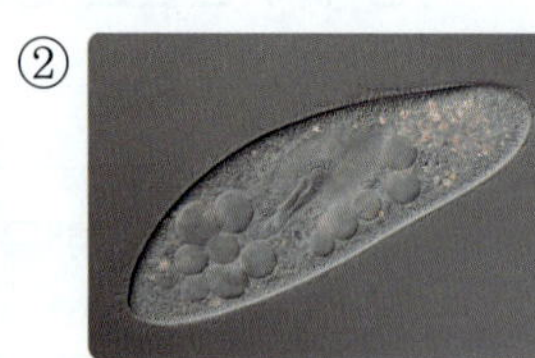
▲ 짚신벌레

③ 
▲ 반달말

④ 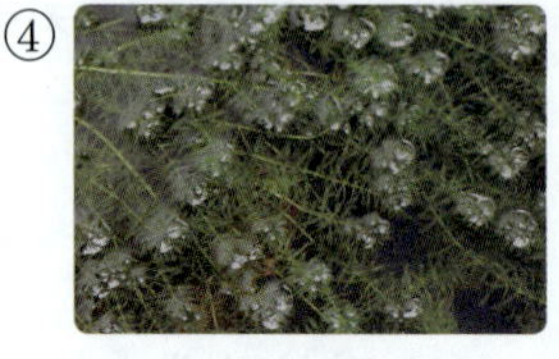
▲ 나사말

세균의 특징

9 세균의 특징으로 옳지 <u>않은</u> 것은 어느 것입니까? (   )

① 다양한 곳에서 산다.
② 종류와 수가 매우 많다.
③ 모양과 크기가 다양하다.
④ 균류나 원생생물보다 크기가 더 작다.
⑤ 맨눈으로 관찰할 수 있을 정도의 크기이다.

10 다음 중 세균이 사는 곳에 대하여 옳게 말한 사람의 이름을 쓰시오.

- 지선: 생물의 몸에서만 살아.
- 종원: 짠 바닷물에서는 살 수 없어.
- 성재: 리모컨이나 연필 같은 물체에서도 살 수 있어.
- 미령: 온도가 적당하고 사람이 살 수 있는 곳에서만 살아.
- 현석: 대부분 땅이나 물속에서 살고 공기 중에서는 살 수 없어.

(   )

│ 11~12 │ 다음은 세균이 사는 곳과 특징을 조사한 것입니다. 물음에 답하시오.

세균	사는 곳	특징
대장균	물, 큰창자	막대 모양이고 여러 개가 뭉쳐서 있음.
포도상구균	공기, 피부, 음식물	공 모양이고 여러 개가 연결되어 있음.
헬리코박터 파일로리	위	(가)

11 위 조사 내용으로 보아, 포도상구균의 모습으로 알맞은 것을 골라 기호를 쓰시오.

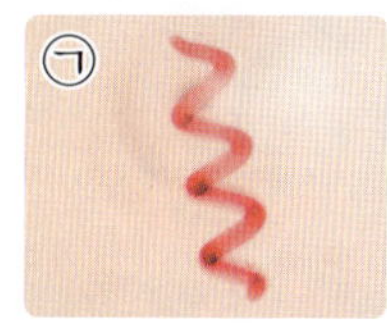
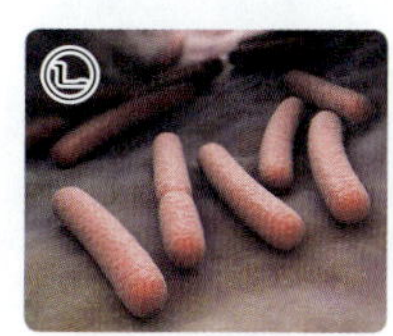
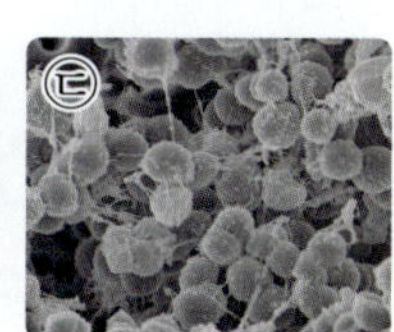

( )

12 위 조사 내용으로 알 수 있는 사실로 옳은 것은 어느 것입니까? ( )

① 세균은 모두 꼬리가 있다.
② 세균의 모양은 모두 같고 크기만 다르다.
③ 세균은 다른 생물에 비해 복잡한 모양이다.
④ 세균은 우리 생활에 해로운 영향만 미친다.
⑤ 세균은 다른 생물의 몸뿐만 아니라 공기, 물 등 다양한 곳에서 산다.

13 곰팡이나 세균이 사라졌을 때 달라지는 모습을 옳게 설명한 것을 (보기)에서 모두 골라 기호를 쓰시오.

(보기)

㉠ 음식이나 물건 등이 상하지 않는다.
㉡ 김치, 요구르트, 된장 등의 음식을 만들 수 없다.
㉢ 우리 주변이 죽은 생물이나 배설물로 가득 차게 된다.
㉣ 사람이나 동물은 먹은 음식을 잘 소화하게 되고 면역력이 강해진다.
㉤ 곰팡이나 세균은 해로운 영향만 주기 때문에 사라져도 우리 생활이 크게 달라지지 않는다.

( )

생물이 미치는 영향, 생명과학

14 다양한 생물이 우리 생활에 미치는 이로운 영향으로 알맞은 것은 어느 것입니까? ( )

① 원생생물이 적조를 일으킨다.
② 곰팡이가 음식을 상하게 한다.
③ 세균이 다른 생물에게 질병을 일으킨다.
④ 독버섯을 먹으면 생명이 위험할 수 있다.
⑤ 우리 몸에 사는 이로운 세균이 해로운 세균으로부터 우리의 건강을 지켜 준다.

15 생명과학이 활용되는 예로 옳지 <u>않은</u> 것은 어느 것입니까? ( )

① 원생생물을 이용하여 연료를 만든다.
② 된장으로 여러 가지 음식을 만들어 먹는다.
③ 스키장에서 인공 눈을 만드는 데 세균을 활용한다.
④ 영양소가 풍부한 원생생물을 건강식품으로 활용한다.
⑤ 특정 생물에게만 질병을 일으키는 세균의 특성을 이용하여 농약을 만든다.

1 다음은 버섯과 곰팡이 중 어느 것을 관찰하고 기록한 결과인지 쓰시오.

> • 우산처럼 생긴 부분의 안쪽에 주름이 많이 있다.
> • 디지털 현미경으로 관찰하면 가는 실 모양이 서로 엉켜 있다.

(   )

서술형

2 버섯과 곰팡이의 공통점을 두 가지 쓰시오.

____

____

3 다음 ( ) 안에 들어갈 알맞은 말을 각각 쓰시오.

> 몸이 가늘고 긴 실 모양의 (㉠)(으)로 이루어져 있고, (㉡)을/를 만들어 번식하는 생물의 무리를 균류라고 한다.

㉠ (   ), ㉡ (   )

4 식빵에 곰팡이를 키워서 관찰하려고 합니다. 곰팡이가 가장 빨리 생기는 경우로 알맞은 것은 어느 것입니까? (   )

① 식빵을 냉장고에 넣어 둔다.
② 식빵을 냉동실에 넣어 둔다.
③ 식빵을 햇빛이 비치는 창가에 둔다.
④ 식빵에 물을 뿌려서 따뜻한 곳에 둔다.
⑤ 식빵에 물을 뿌려서 냉동실에 넣어 둔다.

5 다음 여러 가지 생물을 균류, 원생생물, 세균으로 모두 분류하여 기호를 쓰시오.

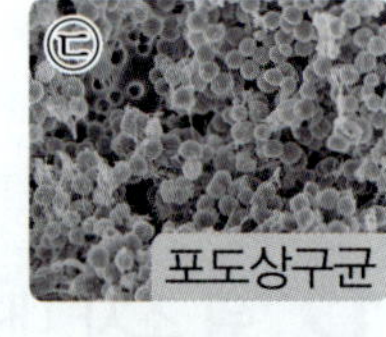

(1) 균류	
(2) 원생생물	
(3) 세균	

6 현미경을 통해서만 볼 수 있는 생물로 알맞은 것을 〈보기〉에서 골라 기호를 쓰시오.

〈보기〉
㉠ 버섯　　　　㉡ 해캄
㉢ 곰팡이　　　㉣ 대장균

(　　　　　　　)

8 짚신벌레에 대한 설명으로 옳지 <u>않은</u> 것은 어느 것입니까? (　　　)

① 원생생물이다.
② 맨눈으로 볼 수 없다.
③ 스스로 양분을 만든다.
④ 동물보다 생김새가 단순하다.
⑤ 물살이 느리거나 고여 있는 물에서 산다.

9 짚신벌레가 움직이는 모습에 대한 설명으로 알맞은 것을 〈보기〉에서 골라 기호를 쓰시오.

〈보기〉
㉠ 물이 고인 곳에서는 움직일 수 없다.
㉡ 가늘고 긴 꼬리를 이용해서 움직인다.
㉢ 바깥쪽에 난 가는 털을 이용해서 움직인다.
㉣ 온몸에 나 있는 다리를 이용해서 움직인다.

(　　　　　　　)

7 다음은 어떤 생물을 관찰한 결과입니다. 관찰한 생물의 이름을 쓰시오.

• 이 생물을 돋보기로 관찰했더니 초록색을 띠며 가늘고 긴 머리카락 모양이었다.
• 이 생물을 현미경으로 관찰했더니 초록색 알갱이가 띠 모양으로 연결되어 있고, 여러 개의 마디가 보였다.

(　　　　　　　)

10 세균은 모양에 따라 분류할 수 있습니다. 다음 세균의 모습을 참고하여 (　　　) 안에 들어갈 알맞은 말을 쓰시오.

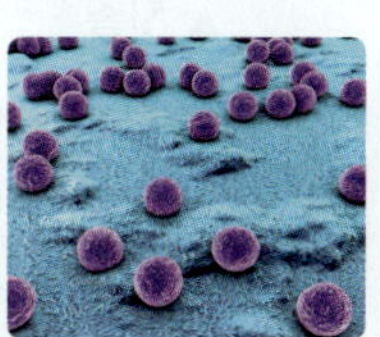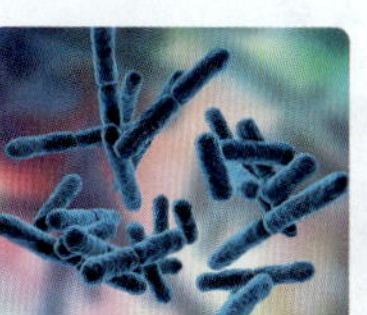

공 모양, 막대 모양, (　　　) 모양

(　　　　　　　)

서술형

11 냉장고 밖에 둔 우유가 쉽게 상하는 까닭을 다음 단어를 모두 사용하여 쓰시오.

> 세균, 온도, 번식

____

____

____

12 다음 중 세균이 살고 있는 곳으로 알맞은 것을 모두 골라 기호를 쓰시오.

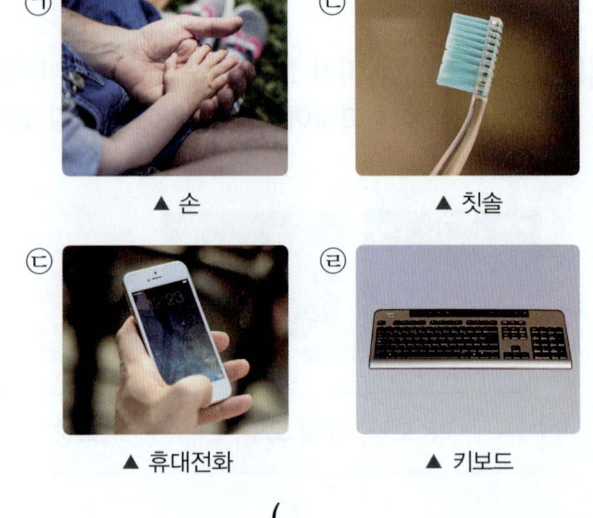

(   )

13 세균에 대한 설명으로 옳은 것에 ◯표 하시오.

(1) 곰팡이나 대장균과 같은 생물이다. (   )

(2) 크기가 작아서 맨눈으로는 볼 수 없다.

(   )

(3) 세균은 우리에게 해로운 영향만 준다.

(   )

(4) 살기에 알맞은 조건이 되면 수가 빠르게 늘어난다. (   )

14 다음은 어떤 생물이 우리 생활에 미치는 영향을 설명한 것입니다. (   ) 안에 공통으로 들어갈 알맞은 생물을 쓰시오.

> • 피부에 (   )이/가 피면 피부병이 생긴다.
> • (   )이/가 핀 음식을 잘못 먹으면 배탈이 날 수 있다.
> • 일부 (   )을/를 이용하여 된장이나 간장 등 발효 식품을 만든다.

(   )

15 생물 농약을 만드는 데 이용되는 세균의 특성으로 알맞은 것은 어느 것입니까? (   )

① 산소를 만들어 내는 성질
② 기름 성분을 만들어 내는 성질
③ 생물의 배설물을 분해하는 성질
④ 세균이 자라지 못하게 하는 성질
⑤ 특정 생물에게만 질병을 일으키는 성질

평가북

초등학교　　　학년　　　반　　　번　　　이름

백점

과학 4·1

해설북

- 한눈에 보이는 **정확한 답**
- 한번에 이해되는 **자세한 풀이**

모바일
빠른 정답

○ 백점 과학 빠른 정답

QR코드를 찍으면 **정답과 풀이**를 쉽고 빠르게 확인할 수 있습니다.

모바일 빠른 정답
QR코드를 찍으면 정답과 풀이를
쉽고 빠르게 확인할 수 있습니다.

1. 자석의 이용

1회 문제 학습   12~13쪽

1 붙습니다   **2** 붙지 않습니다   **3** 철   **4** 철

5 ㉠, ㉢   **6** 철   **7** ③   **8** 철   **9** 알루미늄 포일   **10** (1) ㉡ (2) ㉠   **11** 예 가위의 날 부분은 철로 만들어졌기 때문에 자석에 붙고, 손잡이 부분은 플라스틱으로 만들어졌으므로 자석에 붙지 않습니다.   **12** 지아   **13** (1) ○ (2) ○ (3) ×

5 철 클립, 유리구슬, 철 집게에 각각 막대자석을 가까이 하면 철 클립과 철 집게는 막대자석에 붙고, 유리구슬은 막대자석에 붙지 않습니다.

6 철 클립과 철 집게는 철로 만들어졌습니다.

7 철 고리, 철 구슬 줄, 철 옷핀은 철로 만들어진 물체이므로 자석에 붙고, 고무지우개는 고무로 만들어진 물체이므로 자석에 붙지 않습니다.

8 철로 만든 자는 자석에 붙고, 플라스틱으로 만든 자는 자석에 붙지 않습니다.

9 철로 만든 물체는 자석에 붙고 종이, 유리, 나무, 알루미늄으로 만든 물체는 자석에 붙지 않습니다. 따라서 알루미늄 포일은 자석에 붙지 않습니다.

10 가위는 자석에 붙는 부분과 붙지 않는 부분이 모두 있는 물체입니다.

11 철로 만들어진 가위의 날 부분은 자석에 붙고, 플라스틱으로 만들어진 손잡이 부분은 자석에 붙지 않습니다.

> 채점 tip 가위의 날 부분은 철로 만들어져 자석에 붙고, 손잡이 부분은 플라스틱으로 만들어져 자석에 붙지 않는다고 쓰면 정답으로 합니다.

12 철 구슬만 자석에 붙는 성질을 이용하면 플라스틱 구슬과 철 구슬을 쉽게 분리할 수 있습니다.

13 철과 철이 아닌 물질로 만들어진 물체는 철로 된 부분만 자석에 붙습니다.

2회 문제 학습   16~17쪽

1 끌어당기   **2** 끌어당기   **3** 철   **4** 끌어당기

5 (1) ○   **6** ㉢   **7** (1) ○   **8** 끌어당기는   **9** 예 철 클립이 공중에 떠 있습니다. 철 클립과 막대자석 사이에 얇은 유리판이 있어도 서로 끌어당기는 힘이 작용하기 때문입니다.   **10** ㉠, ㉡, ㉢   **11** ㉠ 붙는 ㉡ 붙지 않는   **12** 선율   **13** ㉠

5 자석과 철 클립은 조금 떨어져 있어도 서로 끌어당기는 힘이 작용하므로 철 클립이 공중에 떠 있습니다.

6 자석과 철 클립은 조금 떨어져 있어도 서로 끌어당기는 힘이 작용합니다.

7 철 클립과 막대자석 사이에 색종이가 있어도 철 클립과 막대자석 사이에 서로 끌어당기는 힘이 작용하여 철 클립이 그대로 공중에 떠 있습니다.

8 철 클립과 막대자석 사이에 플라스틱판이 있을 때 철 클립이 붙어있는 것은 철 클립과 막대자석 사이에 서로 끌어당기는 힘이 작용하기 때문입니다.

9 철 클립과 막대자석 사이에 얇은 유리판이 있어도 서로 끌어당기는 힘이 작용합니다.

> 채점 tip 철 클립과 막대자석 사이에 얇은 유리판이 있어도 서로 끌어당기는 힘이 작용하여 철 클립이 공중에 떠 있다는 내용으로 옳게 쓰면 정답으로 합니다.

10 자석과 철 클립 사이에 종이, 알루미늄 포일 조각 등 자석에 붙지 않는 물체를 넣어도 자석과 철 클립 사이에는 서로 끌어당기는 힘이 작용합니다.

11 자석과 자석에 붙는 물체는 조금 떨어져 있거나 그 사이에 자석에 붙지 않는 물체가 있어도 서로 끌어당기는 힘이 작용합니다.

12 자석과 자석에 붙는 물체(철 클립) 사이에 자석에 붙지 않는 물체(플라스틱 컵)가 있어도 서로 끌어당기는 힘이 작용합니다.

13 철 집게와 막대자석 사이에 얇은 유리컵이 있어도 서로 끌어당기는 힘이 작용합니다.

3회 문제 학습　　20~21쪽

1 끝(극)　**2** 극　**3** N(S), S(N)　**4** 북

5 ㉡　**6** 해설 참고　**7** ㉠, ㉢　**8** ④　**9** ㉠ 둥근기둥 모양 자석의 극은 양쪽 끝 부분에 있습니다. 양쪽 끝 부분에 철 클립이 가장 많이 붙어 있기 때문입니다.　**10** (1) ○　**11** ㉠ N ㉡ S　**12** ㉢, ㉣　**13** 자석의 극

5 막대자석의 양쪽 끝 부분에 철 클립이 많이 붙어 있습니다.

6 말굽자석의 양쪽 끝 부분에 철 클립이 가장 많이 붙습니다. 따라서 오른쪽과 같이 표시하면 정답으로 합니다.

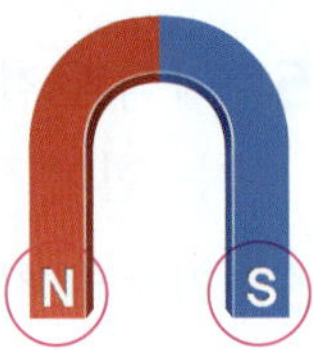

7 막대자석의 양쪽 끝 부분에서 철로 된 물체를 끌어당기는 힘이 가장 셉니다.

8 자석에서 철로 된 물체를 끌어당기는 힘이 가장 센 부분을 자석의 극이라고 하며, 자석의 극은 항상 두 개입니다.

9 자석의 극은 자석에서 철로 된 물체를 끌어당기는 힘이 가장 센 부분입니다. 따라서 둥근기둥 모양 자석에서 철 클립이 가장 많이 붙어 있는 양쪽 끝 부분이 자석의 극입니다.

> **채점 tip** 둥근기둥 모양 자석의 양쪽 끝 부분에 철 클립이 가장 많이 붙어 있기 때문에 양쪽 끝 부분이 자석의 극이라고 옳게 쓰면 정답으로 합니다.

10 물에 띄운 막대자석이 움직이다가 멈추었을 때 가리키는 방향은 남쪽과 북쪽입니다.

11 물에 띄운 막대자석이 움직이다가 멈추었을 때 북쪽을 가리키는 극은 N극이고, 남쪽을 가리키는 극은 S극입니다.

12 자석의 모양이 달라도 자석에서 철로 된 물체를 끌어당기는 힘이 가장 센 부분인 자석의 극은 항상 두 군데 있습니다. 제시된 모습에서는 자석의 N극과 S극의 세기를 비교할 수 없습니다.

13 자석에서 철로 된 물체를 끌어당기는 힘이 가장 센 부분을 자석의 극이라고 합니다. 자석의 극은 N극과 S극의 두 개이며 남북을 가리킵니다.

4회 문제 학습　　24~25쪽

1 밀어 내　**2** 끌어당기　**3** N　**4** N

5 (1) ○　**6** ㉡　**7** ㉠ N ㉡ S　**8** (1) ㉡ (2) ㉠　**9** ㉠ 막대자석의 같은 극끼리는 서로 밀어 내는 힘이 작용하기 때문에 다른 막대자석이 밀려납니다.　**10** (1) ○　**11** S　**12** 지은　**13** ㉢

5 막대자석의 같은 극끼리 가까이 하면 서로 밀어 내는 느낌이 듭니다.

6 자석을 다른 극끼리 가까이 할 때 서로 끌어당깁니다.

7 막대자석의 같은 극끼리는 서로 밀어 내는 힘이 작용하므로 왼쪽 막대자석과 마주 보는 ㉠은 N극이고, 반대쪽 ㉡은 S극입니다.

8 막대자석을 같은 극끼리 가까이 하면 서로 밀어 내는 힘이 작용하고, 다른 극끼리 가까이 하면 서로 끌어당기는 힘이 작용합니다.

9 막대자석을 같은 극끼리 가까이 하면 서로 밀어 내는 힘이 작용하기 때문에 한쪽 막대자석을 다른 막대자석 쪽으로 밀면 다른 막대자석이 밀려납니다.

> **채점 tip** 막대자석의 같은 극 사이에 작용하는 힘과 관련지어 다른 막대자석의 움직임을 옳게 쓰면 정답으로 합니다.

10 고리 자석 두 개가 서로 떨어져 있는 것은 서로 같은 극끼리 마주 보고 있기 때문입니다.

11 ㉢ 고리 자석의 윗면이 N극이므로 서로 떨어져 있는 ㉡ 고리 자석의 아랫면은 같은 극인 N극, 윗면은 S극입니다. ㉡과 ㉠ 고리 자석은 서로 붙어 있으므로 ㉠ 고리 자석의 아랫면은 다른 극인 N극, 윗면은 S극입니다.

12 고리 자석을 같은 극끼리 마주 보게 쌓으면 서로 밀어 내므로 고리 자석 탑을 가장 높게 쌓을 수 있습니다. 고리 자석을 다른 극끼리 마주 보게 쌓으면 서로 끌어당기므로 고리 자석 탑을 가장 낮게 쌓을 수 있습니다.

13 두 자석을 같은 극끼리 가까이 하면 서로 밀어 내고, 다른 극끼리 가까이 하면 서로 끌어당깁니다. ㉠, ㉡은 서로 밀어 내고 ㉢은 서로 끌어당깁니다.

1 북　　**2** S　　**3** 자석　　**4** 철

5 ㉡　　**6** ㉠　　**7** 예 나침반 바늘의 빨간색 부분이 막대자석의 S극을 가리킵니다.　　**8** ㉠ S ㉡ N

9 ㉡, ㉣　　**10** ㉠ S ㉡ N　　**11** ㉡　　**12** 자석

13 ③

5 막대자석의 N극을 나침반에 가까이 가져가면 나침반 바늘의 빨간색 부분(N극)이 막대자석의 N극에서 멀어집니다.

6 막대자석이 나침반에서 멀어지면 나침반 바늘은 원래 가리키던 방향으로 되돌아갑니다.

7 나침반에 막대자석의 S극을 가까이 하면 나침반 바늘의 빨간색 부분(N극)이 막대자석의 S극을 가리킵니다.

채점 tip 나침반 바늘의 빨간색 부분이 막대자석의 S극을 가리킨다는 내용으로 쓰면 정답으로 합니다.

8 나침반 바늘의 빨간색 부분은 N극을 띠므로 막대자석의 S극과 서로 끌어당기는 힘이 작용하고, 나침반 바늘의 빨간색 부분과 막대자석의 N극은 서로 밀어 내는 힘이 작용합니다.

9 막대자석 주위에 나침반을 놓으면 나침반 바늘의 빨간색 부분 반대편인 S극은 막대자석의 N극을 가리키고, 나침반 바늘의 빨간색 부분인 N극은 막대자석의 S극을 가리킵니다.

10 나침반 바늘은 자석의 성질을 가집니다. 나침반 바늘의 빨간색 부분인 N극이 항상 북쪽을 가리키는 것은 지구의 북극이 S극의 성질을 띠기 때문이며, 남극은 N극의 성질을 띱니다.

11 자석 클립 통은 뚜껑에 자석이 있어서 철 클립을 뚜껑에 붙여 보관할 수 있습니다.

12 자석 드라이버는 드라이버의 끝에 자석이 있어서 철 나사못을 붙일 수 있으므로 편한 작업을 돕습니다.

13 ①, ②, ④는 자석이 철로 된 물체를 끌어당기는 성질을 이용한 것이고, ③은 자석이 일정한 방향을 가리키는 성질을 이용한 것입니다.

1 ③　　**2** ㉢　　**3** 예 철 캔은 자석에 붙고 알루미늄 캔은 자석에 붙지 않기 때문에 자석을 이용하여 분리할 수 있습니다.　　**4** ㉠, ㉣

5 ㉡, ㉢　　**6** 예 자석과 철 클립은 사이가 조금 떨어져 있어도 서로 끌어당기는 힘이 작용합니다.

7 수정　　**8** (1) ○ (2) ×　　**9** ③

10 (1)  (2)  (3) 

11 ㉠　　**12** S　　**13** ㉠, ㉢　　**14** ㉮ ㉡ ㉯ ㉣

15 (2) ○　　**16** 철　　**17** ②　　**18** ㉠

19 (1) ㉯ (2) ㉮　　**20** 자석의 같은 극끼리는 서로 밀어 내는 힘이 작용하고, 다른 극끼리는 서로 끌어당기는 힘이 작용합니다.

1 가위, 철 집게, 철 나사못, 철 구슬은 자석에 붙고, 색종이, 유리구슬, 플라스틱 자, 나무젓가락, 고무지우개, 알루미늄 포일은 자석에 붙지 않습니다.

2 철 클립, 철 고리, 철 구슬 줄은 자석에 붙는 물체이고, 종이컵, 유리컵, 고무지우개는 자석에 붙지 않는 물체입니다. ㉠ 가벼운 물체와 무거운 물체로 분류하려면 정확한 무게의 기준이 필요합니다. ㉡ 유리컵과 고무지우개는 모양에 따라 물에 가라앉거나 뜰 수 있으므로 분류 기준으로 알맞지 않습니다.

문제 속 개념

자석에 붙는 물체의 공통점
- 자석에 붙는 물체는 철로 만들어졌습니다.
- 종이, 유리, 고무, 나무, 플라스틱, 알루미늄 등으로 만들어진 물체는 자석에 붙지 않습니다.
- 여러 가지 물질로 만들어진 물체는 철로 만들어진 부분만 자석에 붙습니다.

3 철로 된 물체는 자석에 붙고 알루미늄으로 된 물체는 자석에 붙지 않습니다. 따라서 자석을 이용하여 철 캔과 알루미늄 캔을 분리할 수 있습니다.

채점 tip 철 캔은 자석에 붙고 알루미늄 캔은 자석에 붙지 않기 때문에 자석을 이용하여 분리할 수 있다는 내용으로 옳게 쓰면 정답으로 합니다.

4 가위의 손잡이는 플라스틱으로 되어 있어 자석에 붙지 않고, 철로 된 날 부분은 자석에 붙습니다. 수첩의 종이 부분은 자석에 붙지 않고 철로 된 스프링 부분은 자석에 붙습니다.

5 자석과 철로 된 물체는 서로 끌어당깁니다. 유리컵 안에 있는 철 집게를 유리컵 바깥면에서 자석으로 들어 올릴 수 있는 것은 자석과 철로 된 물체 사이에 유리가 있어도 서로 끌어당기는 힘이 작용하기 때문입니다.

㉠ 자석과 철로 된 물체 사이에는 서로 끌어당기는 힘이 작용합니다.

㉣ 자석과 철로 된 물체 사이에 유리, 종이, 플라스틱 등 자석에 붙지 않는 물질이 있어도 서로 끌어당기는 힘이 작용합니다. 그렇기 때문에 철 집게를 유리컵 바깥면에서 자석으로 들어 올릴 수 있습니다.

6 자석과 철로 된 물체는 사이가 조금 떨어져 있어도 서로 끌어당기는 힘이 작용하기 때문에 철 클립이 공중에 떠 있습니다.

채점 tip 자석과 철 클립은 사이가 조금 떨어져 있어도 서로 끌어당기는 힘이 작용한다는 내용으로 옳게 쓰면 정답으로 합니다.

7 철 클립과 막대자석 사이에 얇은 플라스틱판이 있어도 철 클립과 막대자석은 서로 끌어당기는 힘이 작용합니다. 따라서 철 클립은 바닥에 떨어지지 않고 그대로 공중에 떠 있습니다.

• 진우: 철 클립과 막대자석 사이에 얇은 플라스틱판이 있어도 철 클립은 공중에 떠 있습니다.
• 하을: 자석에 붙는 것은 철로 만들어진 물체입니다. 따라서 철 클립은 얇은 플라스틱판에 붙지 않습니다.

8 자석과 자석에 붙는 물체 사이에 종이나 얇은 유리판이 있어도 서로 끌어당기는 힘이 작용합니다.

9 막대자석에서 철 클립이 가장 많이 붙는 부분은 양쪽 끝 부분으로, 철로 된 물체를 끌어당기는 힘이 가장 셉니다. 이 부분을 자석의 극이라고 하며 모든 자석에 두 개 있습니다.

10 막대자석, 말굽자석, 둥근기둥 모양 자석 모두 양쪽 끝 부분에 자석의 극이 있습니다.

여러 가지 자석의 극

• 자석에서 철로 된 물체를 끌어당기는 힘이 가장 센 부분을 자석의 극이라고 합니다.
• 자석의 극 부분에 철로 된 물체가 가장 많이 붙습니다.

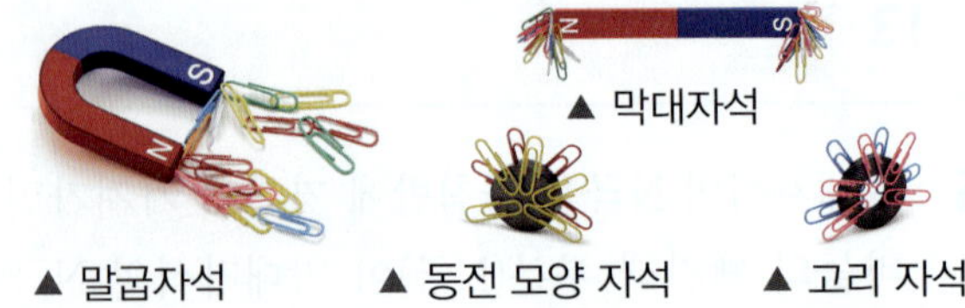

▲ 말굽자석　　▲ 막대자석　　▲ 동전 모양 자석　　▲ 고리 자석

11 막대자석을 같은 극끼리 마주 보게 나란히 놓고 한쪽을 밀면 서로 밀어 내는 힘이 작용하여 다른 막대자석이 밀려납니다. 막대자석을 다른 극끼리 마주 보게 나란히 놓고 밀면 서로 끌어당기는 힘이 작용하여 두 막대자석이 붙습니다.

12 자석을 같은 극끼리 가까이 하면 서로 밀어 냅니다. 막대자석의 S극을 가까이 했을 때 고리 자석이 밀려났으므로 막대자석을 가까이 한 고리 자석의 면은 S극입니다.

고리 자석의 극 추리하기

• 막대자석의 N극을 가까이 했을 때 서로 밀어 내면 막대자석을 가까이 한 고리 자석의 면은 N극이고, 서로 끌어당기면 S극입니다.
• 막대자석의 S극을 가까이 했을 때 서로 밀어 내면 막대자석을 가까이 한 고리 자석의 면은 S극이고, 서로 끌어당기면 N극입니다.

구분	서로 밀어 낼 때	서로 끌어당길 때
막대자석의 N극을 가까이 할 때	고리 자석의 이동 방향　N극	S극
막대자석의 S극을 가까이 할 때	S극	N극

13 고리 자석 두 개를 같은 극끼리 마주 보게 쌓으면 서로 밀어 내는 힘이 작용하여 자석과 자석 사이가 떨어집니다.

14 막대자석의 N극 쪽으로 나침반 바늘의 빨간색 부분 반대편인 S극이 끌려오고, 막대자석의 S극 쪽으로 나침반 바늘의 빨간색 부분인 N극이 끌려옵니다.

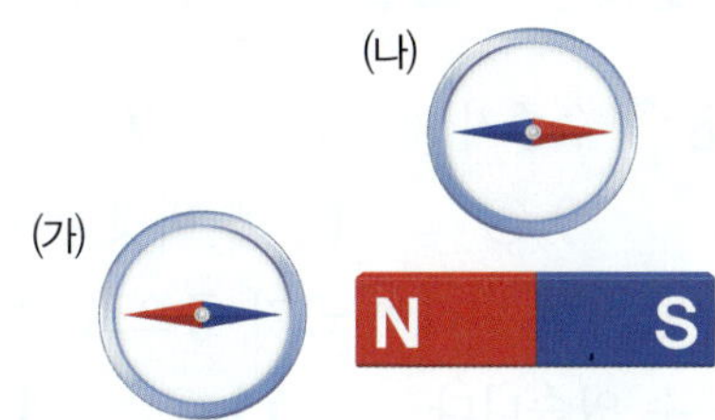

15 자석을 이용한 창문 닦이는 자석의 다른 극끼리 끌어당기는 성질을 이용하여 유리창 안쪽과 바깥쪽을 동시에 닦을 수 있게 만들었습니다.

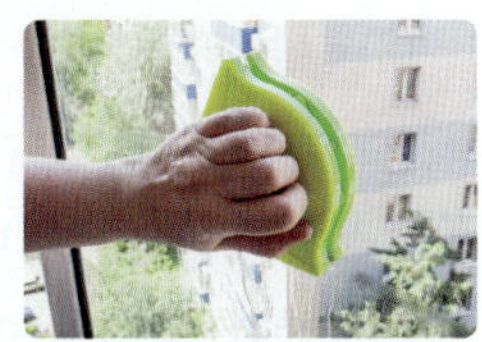

▲ 자석 창문 닦이

16 자석 드라이버는 드라이버의 끝에 자석이 있어서 철 나사못이 붙습니다.

17 냉장고 문, 비누 걸이, 클립 통은 모두 자석을 이용한 편리한 생활용품입니다. 소화기는 자석을 이용한 생활용품이 아닙니다.

자석을 이용한 생활용품의 편리한 점
- 냉장고 문 자석: 냉장고 문 안쪽에 자석이 있어 냉장고 문을 쉽게 열고 닫을 수 있습니다.
- 자석 비누 걸이: 한쪽 면에 철을 붙인 비누를 벽 지지대의 자석에 붙여 편리하게 보관할 수 있습니다.
- 자석 클립 통: 뚜껑의 자석에 철 클립을 붙여 보관할 수 있습니다. 클립 통을 넘어뜨려도 철 클립이 잘 쏟아지지 않습니다.

18 가방 단추에 자석을 이용하면 가방을 열고 닫기가 쉽고 편리해집니다.

19 막대자석을 다른 극끼리 가까이 하면 끌어당기고, 같은 극끼리 가까이 하면 밀어 냅니다.

20 자석의 같은 극(N극과 N극, S극과 S극)끼리 가까이 하면 서로 밀어 내는 힘이 작용하고, 자석의 다른 극(N극과 S극)끼리 가까이 하면 서로 끌어당기는 힘이 작용합니다.

채점 🎈 자석의 같은 극끼리는 서로 밀어 내고, 다른 극끼리는 서로 끌어당기는 힘이 작용한다는 내용으로 쓰면 정답으로 합니다.

2. 물의 상태 변화

🌑 1회 문제 학습　　38～39쪽

1 상태 변화　**2** 액체　**3** 기체　**4** 수증기

5 (1) ㉢ (2) ㉠ (3) ㉡　**6** ㉠　**7** ④　**8** 고체
9 ㉢　**10** 🈸 ㈎에서는 고체인 얼음이 녹아 액체인 물로 변하고, ㈏에서는 액체인 물이 기체인 수증기로 변합니다.　**11** ③　**12** ㉡
13 (1) ○ (2) ×

5 물은 고체인 얼음, 액체인 물, 기체인 수증기의 세 가지 상태로 있습니다.

6 고체인 얼음은 손으로 잡을 수 있고, 모양이 일정하며 단단합니다. 액체인 물은 손으로 잡을 수 없고, 모양이 일정하지 않으며 흐릅니다.

7 시간이 지나면 고체인 얼음이 녹아 액체인 물로 상태가 변하면서 얼음의 크기는 점점 작아지고 얼음이 녹아서 생긴 물은 점점 많아집니다.

8 고드름은 겨울에 액체 상태의 물이 길게 얼어붙은 것으로 고체 상태입니다.

9 고드름이 녹는 것은 고체인 얼음이 액체인 물로, 계곡의 물이 어는 것은 액체인 물이 고체인 얼음으로, 거미줄에 이슬이 생기는 것은 기체인 수증기가 액체인 물로 변하는 상태 변화입니다.

10 냉동실에서 꺼낸 얼음과자가 녹는 것은 고체인 얼음이 액체인 물로, 젖은 빨래가 마르는 것은 액체인 물이 기체인 수증기로 상태가 변하는 것입니다.

채점 🎈 고체, 액체, 기체 또는 얼음, 물, 수증기라는 단어를 사용하여 ㈎, ㈏의 상태 변화를 옳게 쓰면 정답으로 합니다.

11 이슬은 공기 중에 있던 수증기가 물로 변한 것으로 기체에서 액체로 물의 상태가 변한 것입니다.

12 외부의 찬 공기가 이글루 안쪽으로 들어오면서 녹았던 눈이 순식간에 얼어붙는 과정에서는 물이 액체에서 고체로 변하는 상태 변화가 일어납니다.

13 (2) 얼음이 녹아 물이 되는 것은 고체에서 액체로 상태가 변하는 것입니다.

2회 문제 학습 42~43쪽

1 무게 **2** 같습니다(변하지 않습니다) **3** 부피
4 줄어들기

5 ㉠ **6** 29.5 **7** (3) ○ **8** ㉠ 늘어나고
㉡ 줄어든다 **9** ① **10** 예 얼음과자
가 녹아서 물이 될 때 부피가 줄어들기 때문입니다.
11 ㉡ **12** 서훈 **13** ②

5 물이 얼어 얼음이 되면 부피가 늘어나 얼기 전 처음
물의 높이보다 얼음의 높이가 높아집니다.

6 물이 얼어 얼음이 될 때 부피는 늘어나지만 무게는
변하지 않습니다.

7 얼음이 녹아 물이 되면 부피가 줄어들기 때문에 물의
높이가 녹기 전 얼음의 높이보다 낮아집니다.

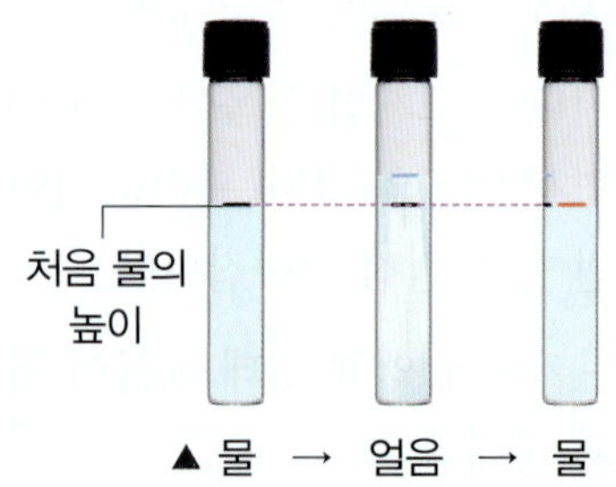

8 물이 얼어 얼음이 될 때에는 부피가 늘어나고 얼음이
녹아 물이 될 때에는 부피가 줄어듭니다.

9 페트병 속의 물이 얼어 얼음이 되면 부피가 늘어나기
때문에 페트병이 부풀어 오릅니다.

10 튜브형 얼음과자는 얼어있을 때 내용물이 튜브 안을
꽉 채우고 있지만, 얼음과자가 녹으면 부피가 줄어들
기 때문에 튜브 안에 빈 공간이 생깁니다.

채점 tip 얼음과자가 녹을 때의 부피 변화를 옳게 쓰면 정답으
로 합니다.

11 물이 가득 담긴 유리병을 냉동실에 넣어 두면 물이
얼면서 부피가 늘어나기 때문에 유리병이 깨집니다.

12 추운 겨울에 수도 계량기가 터지는 것은 기온이 크게
낮아지면서 계량기 속 물이 얼어 부피가 늘어나기 때
문입니다.

13 액체인 물이 고체인 얼음으로 상태가 변할 때 부피가
늘어나서 생기는 현상입니다.

3회 문제 학습 46~47쪽

1 증발 **2** 끓음 **3** 물 **4** 수증기

5 ㉢ **6** ㉠ 수증기 ㉡ 증발 **7** ⑤ **8** ㉠ 물
㉡ 수증기 **9** ③ **10** 예 바닷물이 증발하면
서 물이 수증기로 변하여 공기 중으로 날아가면 소
금을 얻을 수 있습니다. **11** ④ **12** (1) 재훈
(2) 끓음 → 증발 **13** ㉡

5 시간이 지나면 비커의 물이 점점 줄어들어 며칠 뒤
관찰한 물의 높이는 처음에 표시했던 물의 높이보다
낮아집니다.

6 물 표면에서 액체인 물이 기체인 수증기로 변해 공기
중으로 날아가는 증발이 일어나 물의 높이가 낮아진
것입니다.

7 물을 계속 가열하면 물 표면과 물속에서 액체인 물이
기체인 수증기로 변하는 끓음이 일어나며, 물의 높이
는 처음보다 낮아집니다.

8 어항의 물이 줄어드는 것은 증발, 주전자의 물이 끓
는 것은 끓음으로 증발과 끓음은 모두 액체인 물이
기체인 수증기로 상태가 변하는 현상입니다.

9 증발과 끓음은 모두 액체인 물이 기체인 수증기로 상
태가 변하는 현상입니다.

10 바닷물을 염전에 가두어 두면 햇빛에 증발하면서 물
이 수증기로 변해 공기 중으로 날아가고, 소금이 남
습니다.

채점 tip 바닷물을 증발시켜 소금을 얻는다는 내용을 모두 옳
게 쓰면 정답으로 합니다.

11 얼음과자 만들기는 액체인 물이 고체인 얼음으로 상
태가 변화하는 것을 이용한 예입니다.

12 물 표면에서 물이 수증기로 변해 공기 중으로 날아가
는 현상을 증발이라고 합니다. 끓음은 물 표면과 물
속에서 모두 물이 수증기로 변하는 현상입니다.

13 물을 끓여 달걀을 삶을 때에는 물속과 물 표면에서
모두 물이 수증기로 변합니다. 오징어를 말리거나 과
일 건조기를 이용하여 과일을 건조하는 것은 물의 증
발을 이용한 예입니다.

1 수증기   **2** 물(액체)   **3** 기체(수증기)   **4** 응결

5 ㉠ 수증기 ㉡ 물   **6** 응결   **7** ㉡   **8** ④
9 ㉢   **10** 예 공기 중의 수증기가 차가운 거울 표면에 닿아 물방울로 맺히기 때문에 거울이 뿌옇게 흐려집니다.   **11** 응결   **12** ②   **13** ㉢

1 물   **2** 물   **3** 응결   **4** 상태

5 ㉠, ㉡, ㉢   **6** ⑤   **7** ㉠, ㉢   **8** 예 빨래나 설거지를 할 수 없습니다. 농작물에 물을 주지 못해 말라 죽게 됩니다.   **9** ㉢   **10** 바닷물
11 ㉢   **12** ⑤   **13** 물

2단원 개념북

5 얼음과 주스를 넣은 비커는 시간이 지나면서 공기 중에 있는 수증기가 차가운 비커의 바깥면에 닿아 물로 변하여 맺힙니다.

6 기체인 수증기가 액체인 물로 상태가 변하는 현상을 응결이라고 합니다.

7 공기 중의 수증기가 차가운 비커의 겉표면에 닿아 물방울로 맺힌 것이므로 닦은 휴지가 젖지만, 비커 안의 주스에서 나온 것이 아니므로 색깔 변화가 없습니다.

8 응결은 기체인 수증기가 액체인 물로 상태가 변하는 현상을 말합니다.

9 시간이 지나면 공기 중의 수증기가 차가운 주스 병의 겉표면에 닿아 물방울로 맺힙니다. 따라서 맺힌 물방울의 무게만큼 무게가 늘어납니다.

10 공기 중의 수증기가 상대적으로 차가운 거울의 표면에 닿으면 응결하여 물방울로 맺히기 때문에 거울이 뿌옇게 흐려집니다.

채점 tip 욕실 거울이 흐려지는 까닭을 수증기의 응결 현상과 관련지어 썼으면 정답으로 합니다.

11 뜨거운 차를 마실 때 안경이 뿌옇게 흐려지는 것, 추운 겨울 실내의 유리창 안쪽에 물방울이 맺히는 것은 모두 수증기가 응결하여 물로 변해서 생기는 현상입니다.

12 물을 끓일 때는 물이 수증기로 변하는 상태 변화가 일어나고, 고드름이 녹을 때는 얼음이 물로 변하는 상태 변화가 일어납니다. 비가 내려 운동장에 고인 물이 마르는 모습이나 염전에서 소금을 얻을 때는 물이 수증기로 변하는 상태 변화가 일어나는 경우입니다.

13 어항의 물이 줄어드는 것은 증발, 물을 끓여 달걀을 삶는 것은 끓음, 국을 끓일 때 냄비 뚜껑 안쪽에 물방울이 맺히는 것은 응결 현상과 관련이 있습니다.

5 몸을 씻을 때, 농작물을 기를 때, 공장에서 물건을 만들 때 모두 물이 이용됩니다. 이와 같이 물은 우리 생활에서 다양하게 이용됩니다.

6 인구가 증가하고 산업이 발달하면서 물 이용량이 늘어나고, 환경 오염과 지구 온난화 등으로 인해 우리가 사용할 수 있는 물이 줄어들기 때문에 물 부족 현상이 일어납니다.

7 공장 근처 강의 물고기 떼가 죽는 것은 수질 오염으로 인해 일어날 수 있는 현상입니다.

8 물은 몸을 씻을 때, 설거지나 빨래를 할 때, 농작물이나 가축을 기를 때 등 우리 생활에서 다양하게 이용됩니다. 물이 부족하면 이와 같은 일을 할 때 어려움을 겪을 수 있습니다.

채점 tip 물이 부족해질 때의 불편한 점을 두 가지 모두 옳게 쓰면 정답으로 합니다.

9 와카워터는 낮과 밤의 기온 차이가 큰 일부 지역에서 수증기의 응결을 이용하여 물을 얻는 장치입니다.

10 바닷물은 소금 성분 때문에 바로 이용하기가 어렵습니다. 해수 담수화 장치는 바닷물을 끓여 얻은 수증기를 식혀서 응결된 물을 얻는 원리로, 바닷물에 포함된 소금 성분이 제거된 물을 얻을 수 있습니다.

11 바닷물을 끓여 얻은 수증기를 식히면 기체인 수증기가 응결하여 액체인 물로 상태가 변합니다.

12 와카워터는 낮과 밤의 기온 차가 큰 곳에서 이용하기 좋으며, 수증기의 응결을 이용하여 물을 얻는 장치입니다. 비가 자주 오는 곳은 기온 차이가 크지 않고 습기가 많아 수증기의 응결이 잘 일어나지 않습니다.

13 워터콘과 솔라볼은 물의 증발과 수증기의 응결을 이용하여 깨끗한 물을 얻기 위한 장치입니다.

⑥회 마무리 평가 56~59쪽

1 ① **2** ㉠, ㉡ **3** ㉢ **4** ② **5** 소미
6 ② ○ **7** ⑩ 물이 얼어 얼음으로 변할 때 부피가 늘어나기 때문입니다. **8** ㉠ 줄어들고 ㉡ 변화가 없다 **9** ③ **10** ①, ④ **11** ②
12 ㈏ **13** 수증기 **14** ⑩ 공기 중에 있는 수증기가 차가운 비커의 바깥면에 닿아 물로 변하기 때문입니다. **15** ③ **16** 물 **17** 인아
18 ㉣ **19** ㉡ **20** ⑩ 얼음이 녹아서 물이 될 때 부피는 줄어들고, 무게는 변하지 않습니다.

1 시간이 지나면서 페트리 접시의 얼음이 녹아 물이 됩니다. 즉, 고체 상태에서 액체 상태로 변합니다.

2 물은 얼음, 물, 수증기의 세 가지 상태가 있으며 서로 다른 상태로 변할 수 있습니다. 얼음과 물은 모두 눈에 보이지만 얼음은 손으로 잡을 수 있고, 물은 손으로 잡을 수 없습니다. 수증기는 손으로 잡을 수 없고 눈에 보이지 않습니다. 물이 수증기로 변할 때는 액체에서 기체로 상태가 변하는 것입니다.

3 ㉠ 고드름은 물이 얼어 생긴 것으로 액체에서 고체로 상태 변화가 일어난 것입니다. ㉢ 땅에 떨어진 물이 마르는 것은 액체에서 기체로 상태 변화가 일어난 것입니다.

4 얼음 틀에 물을 넣어 얼리는 것은 액체 → 고체, 얼음과자가 녹는 것은 고체 → 액체, 추운 곳에서 실내로 들어 오면 안경이 뿌옇게 흐려지는 것은 기체 → 액체로 물의 상태가 변하는 경우입니다.

문제 속 개념

액체에서 기체로 변하는 물의 상태 변화의 예

• 어항 속의 물이 시간이 지나면서 줄어듭니다.
• 스팀다리미의 전원을 켜면 물이 뜨거운 수증기로 변해 구겨진 옷의 주름을 잘 펼 수 있습니다.

5 스키장에서 인공 눈을 만드는 것은 액체인 물이 고체인 얼음으로 상태가 변하는 예입니다.

6 물이 완전히 언 후 얼음의 높이가 높아진 것은 물이 얼 때 부피가 늘어나기 때문입니다. 물이 얼 때 부피는 늘어나고, 무게는 변하지 않습니다.

7 액체인 물이 고체인 얼음으로 변할 때 부피가 늘어나기 때문에 페트병에 물을 가득 채워 얼리면 페트병이 부풉니다.

> **채점 tip** 액체인 물이 고체인 얼음으로 상태가 변할 때 부피가 늘어나기 때문이라고 옳게 쓰면 정답으로 합니다.

이런 답도 가능해!

⑩ 액체인 물이 고체인 얼음으로 상태가 변할 때 부피가 늘어나기 때문입니다.
⑩ 물이 얼어 얼음으로 변하는 상태 변화가 일어날 때 부피가 늘어나는 특징이 있기 때문입니다.

8 얼음이 녹아서 물이 되면 부피는 줄어들고, 무게에는 변화가 없습니다. 얼음이 녹아서 물이 될 때 줄어든 부피는 물이 얼어서 얼음이 될 때 늘어난 부피와 같습니다.

9 튜브형 얼음과자가 녹을 때 튜브 안에 빈 공간이 생긴 까닭은 얼음과자가 녹아서 물이 될 때 부피가 줄어들기 때문입니다. 얼음과자가 녹아서 물이 될 때 무게는 변하지 않습니다.

문제 속 개념

얼음이 녹을 때의 부피 변화를 관찰할 수 있는 현상

• 튜브형 얼음과자의 내용물이 얼면서 늘어났던 부피만큼 얼음과자가 녹으면서 부피가 줄어들어 튜브에 빈 공간이 생깁니다.
• 튜브형 얼음과자의 내용물이 녹을 때에는 부피가 줄어들기 때문에 얼음과자의 튜브 용기가 터지지 않지만, 만약 얼음과자의 내용물을 튜브 용기에 넣을 때 가득 넣어서 완전히 얼린다면 얼음과자의 튜브 용기가 터질 수도 있습니다.

10 추운 겨울에 수도 계량기가 깨지고, 물이 가득 담긴 유리병을 냉동실에 넣어 두었을 때 유리병이 깨지는 것은 물이 얼어서 얼음이 될 때 부피가 늘어나서 생기는 현상입니다. 추운 겨울에 유리창 안쪽에 물방울이 맺히는 것은 수증기가 응결하여 생기는 현상입니다. 튜브형 얼음과자가 녹으면 부피가 줄어들면서 빈 공간이 생깁니다.

11 비커에 물을 담아 두거나 가열할 때 모두 물이 수증기로 상태가 변하여 시간이 지날수록 물의 양이 줄어듭니다. 물을 가열하면 물이 끓으면서 물 전체에 크고 작은 기포가 생기고 그대로 두었을 때보다 물의 양이 더 많이 빠르게 줄어듭니다.

12 ㈎에서는 물의 표면에서 액체인 물이 기체인 수증기로 변하고, ㈏에서는 물의 표면과 물속에서 모두 액체인 물이 기체인 수증기로 변합니다. ㈎ 비커는 증발, ㈏ 비커는 끓음을 볼 수 있습니다. 증발과 끓음은 모두 액체인 물이 기체인 수증기로 상태가 변하는 현상입니다. 증발은 물 표면에서만 물이 수증기로 상태가 변하지만, 끓음은 물 표면뿐만 아니라 물속에서도 물이 수증기로 상태가 변합니다. 또 증발은 물의 양이 매우 천천히 줄어들지만, 끓음은 증발에 비해 물의 양이 빠르게 줄어듭니다.

13 물을 계속 가열하면 물속에서 기포가 생기는데, 이 기포는 물이 물속에서 수증기로 변한 것입니다.

14 시간이 지나면서 얼음과 주스를 넣은 비커의 바깥면에 점점 물방울이 맺히는 까닭은 공기 중의 수증기가 차가운 비커의 바깥면에 닿아 응결하여 물로 변하기 때문입니다.

> 채점 tip 공기 중의 수증기가 차가운 비커의 바깥면에 닿아 물로 변하는 응결 현상에 대한 내용으로 옳게 쓰면 정답으로 합니다.

> **이런 답도 가능해!**
>
> ㉮ 차가운 비커의 바깥면에서 응결 현상이 일어나기 때문입니다.
> ㉮ 기체 상태의 수증기가 얼음과 주스를 넣은 비커의 바깥면에 닿아 액체 상태의 물로 변하여 맺히는 응결 현상 때문입니다.

15 수증기가 물로 상태가 변하는 것과 관련 있는 현상은 응결입니다. 응결과 관련된 기상 현상에는 이슬, 안개, 구름 등이 있습니다. 안개는 수증기가 지표면 근처에서 응결해 공기 중에 작은 물방울로 떠 있는 것입니다. 구름은 수증기가 높은 하늘에서 응결해 작은 물방울로 떠 있는 것입니다. 고추를 햇빛에 말리는 것, 젖은 머리를 말리는 것은 물이 수증기로 상태가 변하는 예이고, 물을 끓여 달걀을 삶는 것은 끓음을 이용하는 경우로 물이 끓을 때는 물의 표면과 물속에서 물이 수증기로 상태가 변합니다.

16 물은 동식물의 생명을 유지하고 농작물을 기르거나 가축을 기를 때, 공장에서 물건을 만들 때, 가정에서 설거지를 하거나 빨래를 할 때 등에 필요합니다.

17 산업이 발달하면 물 이용량이 늘어납니다. 이로 인해 우리가 사용할 수 있는 물이 점점 줄어들어 물 부족 현상이 발생합니다.

18 와카워터는 공기 중의 수증기가 응결하는 원리를 이용하여 물을 얻는 장치입니다. 솔라볼은 물이 증발하여 수증기가 되고, 수증기가 응결하여 물이 되는 원리를 이용하여 더러운 물에서 깨끗한 물을 모으는 장치입니다.

▲ 와카워터

▲ 솔라볼

19 얼음이 녹기 전보다 녹은 후의 부피가 작아졌고, 얼음이 녹기 전과 녹은 후의 무게 변화는 없습니다.

> **왜 답이 아닐까?**
>
> ㉠ 탐구의 측정 결과를 나타낸 표에서 얼음이 녹기 전 무게가 30.4 g이고, 얼음이 완전히 녹은 후 무게가 30.4 g이므로 무게가 변하지 않은 것을 알 수 있습니다.
> ㉢ 얼음이 녹기 전 얼음의 높이가 얼음이 완전히 녹은 후 물의 높이보다 높으므로, 부피가 줄어든(변한) 것을 알 수 있습니다.

---

20 얼음이 녹은 후 물의 높이가 얼음이 녹기 전 얼음의 높이보다 낮아졌으므로 얼음이 녹아서 물이 될 때 부피가 줄어드는 것을 알 수 있습니다. 얼음이 녹아서 물이 되어도 무게 변화는 없습니다.

> 채점 tip 얼음이 녹아 물이 될 때 부피는 줄어들고, 무게는 변하지 않는다고 옳게 쓰면 정답으로 합니다.

> **문제 속 개념**
>
> **얼음이 녹을 때의 변화**
> 얼음이 녹아서 물이 될 때 무게는 변하지 않습니다. 하지만 얼음이 녹으면 녹기 전보다 부피가 줄어듭니다. 이때 줄어든 부피는 물이 얼 때 늘어난 부피와 같습니다.

3. 땅의 변화

1회 문제 학습   64~65쪽

1 침식   **2** 운반   **3** 퇴적   **4** 물
5 ㈎   **6** (1) ㉡ (2) ㉠   **7** ②   **8** (1) ○ (2) ○   **9** (1) ㉠ (2) ㉡ (3) ㉢   **10** 예 물이 흐르면서 위쪽에 있는 흙을 깎고 운반하여 아래쪽에 쌓았기 때문입니다.   **11** ㉠ 침식 ㉡ 퇴적   **12** 도연   **13** (1) × (2) ○ (3) ○

5 흙 언덕의 위쪽에서 물을 흘려보내면 흙 언덕의 위쪽에서 흙이 가장 많이 깎이고, 아래쪽에 흙이 가장 많이 쌓입니다.

6 ㈎에서는 흙이 깎이는 침식 작용이 주로 일어나고, ㈏에서는 흙이 쌓이는 퇴적 작용이 주로 일어납니다.

7 운반 작용이 주로 일어나는 곳은 ㈎와 ㈏ 사이입니다. 흙 언덕 위에 색 모래를 뿌리면 물을 흘려보낼 때 흙과 함께 색 모래가 이동하므로 흙의 이동 모습을 쉽게 확인할 수 있습니다.

8 높은 곳에서 깎인 흙이 낮은 곳으로 이동하여 쌓입니다.

9 경사진 곳의 가운데 부분에서는 위쪽에서 깎인 돌이나 흙을 아래쪽으로 옮기는 운반 작용이 활발하게 일어납니다.

10 흙 언덕의 위쪽에서 물을 흘려보내면 위쪽에서는 흙이 주로 깎이고, 깎인 흙이 아래쪽으로 운반되어 쌓이므로 흙 언덕의 모습이 변합니다.

> 채점 tip 흙 언덕의 모습이 변한 까닭을 침식, 운반, 퇴적 작용과 관련지어 옳게 쓰면 정답으로 합니다.

11 흐르는 물의 양이 많을수록 흙 언덕의 위쪽에서는 침식 작용이 더 많이 일어나고, 아래쪽에서는 퇴적 작용이 더 많이 일어납니다.

12 흐르는 물의 침식 작용으로 깎인 돌이나 흙은 흐르는 물의 운반 작용에 의해 아래쪽으로 이동합니다.

13 흐르는 물의 침식 작용으로 깎인 흙이나 돌이 쌓이는 것을 퇴적 작용이라고 합니다.

2회 문제 학습   68~69쪽

1 상류   **2** 하류   **3** 침식   **4** 퇴적
5 (1) ㉡ (2) ㉠   **6** 강 하류   **7** ㉡   **8** ㉠ 좁고 ㉡ 급하다   **9** ㉠   **10** ⑤   **11** 예 강 하류는 흐르는 물의 퇴적 작용이 활발하게 일어나므로 모래나 진흙이 쌓인 모습을 볼 수 있습니다. 넓은 모래사장을 볼 수 있습니다.   **12** ④   **13** (1) 하 (2) 상 (3) 하

5 강 상류에서는 침식 작용이 활발하게 일어나고, 강 하류에서는 퇴적 작용이 활발하게 일어납니다.

6 강 하류에서는 강폭이 넓고 강의 경사가 완만하며, 모래가 넓게 쌓인 모습을 볼 수 있습니다.

7 강 상류에서는 침식 작용이 활발하게 일어나서 큰 바위나 모난 돌을 주로 볼 수 있습니다.

8 강 상류는 강폭이 좁고, 경사가 급합니다. 강 하류는 강폭이 넓고, 경사가 완만합니다.

9 강 상류에서는 크고 모난 바위나 돌을 볼 수 있으며, 침식 작용이 퇴적 작용보다 활발하게 일어납니다.

10 강 하류는 강폭이 넓고 강의 경사가 완만하며, 물살이 느립니다. 계곡이나 폭포를 볼 수 있는 곳은 강 상류입니다.

11 강 하류는 흐르는 물의 퇴적 작용이 침식 작용보다 활발하게 일어나므로, 강 상류에서 깎여서 운반되어 온 물질들이 쌓입니다.

> 채점 tip 강 하류에서 볼 수 있는 모습을 흐르는 물의 퇴적 작용과 관련지어 옳게 쓰면 정답으로 합니다.

12 강의 상류와 하류 어느 곳에서든 침식 작용, 운반 작용, 퇴적 작용이 함께 일어나지만 강 상류에서는 침식 작용이 더 활발하게 일어나고, 강 하류에서는 퇴적 작용이 더 활발하게 일어나서 강 주변의 모습이 달라집니다.

13 강 상류는 강폭이 좁고 경사가 급합니다. 강 하류에서는 모래나 흙을 많이 볼 수 있습니다. 강 상류에서는 침식 작용이 활발하게 일어나고 강 하류에서는 퇴적 작용이 활발하게 일어납니다.

1 화산　　**2** 분화구　　**3** 화산 분출물　　**4** 용암

5 ②　　**6** ④　　**7** 분화구　　**8** ④　　**9** (1) ㉡
(2) ㉠　(3) ㉢　　**10** 용암　　**11** ◉ 꼭대기에서 연기가 납니다. 액체 상태의 빨간색 물질이 흘러나옵니다.　　**12** 지영　　**13** ㉡

5 마그마는 땅속 깊은 곳에서 암석이 녹아 액체 상태로 있는 물질로 온도가 매우 높습니다. 용암은 마그마가 지표 밖으로 분출하면서 화산 가스 등의 여러 가지 기체 물질이 빠져나간 것입니다.

6 땅속의 마그마가 지표 밖으로 분출하여 만들어진 지형을 화산이라고 합니다.

7 화산 꼭대기의 움푹 파인 곳을 분화구라고 하며, 화산이 폭발할 때 화산 분출물이 나오는 곳입니다.

8 화산은 마그마가 지표의 틈을 뚫고 나와 분출하여 만들어진 산으로 크기와 모양이 다양합니다.

9 화산 분출물 중 용암은 액체 상태, 화산재와 화산 암석 조각은 고체 상태, 화산 가스는 기체 상태의 물질입니다.

10 화산 활동 모형을 가열하면 빨간색 마시멜로가 녹아 알루미늄 포일을 타고 흘러내리는데 이것은 실제 화산 활동에서 용암이 흘러내리는 모습에 해당합니다.

11 화산 활동 모형을 가열할 때 연기가 나는 것처럼 실제 화산 활동에서도 연기가 납니다. 또 녹은 마시멜로가 흐르는 것처럼 실제 화산 활동에서도 마그마가 분출하여 용암이 흐릅니다.
채점 tip 꼭대기에서 연기가 나는 것, 빨간색 액체가 흐르는 것, 시간이 지나면 식어서 굳는 것 등 같은 점을 두 가지 모두 옳게 쓰면 정답으로 합니다.

12 화산은 땅속에 있던 마그마가 지표 밖으로 분출하여 만들어진 산입니다. 화산 중에는 지금도 활동하는 화산이 있고 옛날에는 활동한 흔적이 남아 있지만 현재에는 활동하지 않는 화산도 있습니다.

13 한라산은 화산 활동으로 만들어진 화산이고, 설악산과 지리산은 화산이 아닙니다.

1 화성암　　**2** 화강암　　**3** 구멍　　**4** 현무암

5 ③　　**6** ㉡, ㉣　　**7** ㉠, ㉣　　**8** ㉠ 마그마
㉡ 화성암　　**9** ㉠ 현무암　㉡ 화강암　　**10** ④
11 현무암, ◉ 현무암의 구멍은 마그마가 식을 때 화산 가스가 빠져나가면서 생긴 것입니다.　　**12**
㉠ 화강암　㉡ 현무암　　**13** (1) ㉡　(2) ㉠

5 화강암과 현무암은 색깔, 알갱이의 크기 등에 따라 분류할 수 있습니다.

6 ㉡, ㉣은 현무암이고 ㉠, ㉢은 화강암입니다. 화강암은 색깔이 밝고 알갱이의 크기가 큽니다. 현무암은 색깔이 어둡고 알갱이의 크기가 작습니다.

7 화강암은 색깔이 밝고, 알갱이의 크기가 커서 눈으로 볼 수 있습니다. 색깔이 어둡고 암석 표면에 구멍이 있는 것은 현무암입니다.

8 현무암과 화강암은 화산 활동으로 만들어진 화성암입니다. 마그마가 땅속 깊은 곳에서 식어서 굳으면 화강암이 되고, 지표 근처에서 식어서 굳으면 현무암이 됩니다.

9 ㉠과 같이 마그마가 지표 가까이에서 식어서 만들어진 암석은 현무암이고, ㉡과 같이 마그마가 땅속 깊은 곳에서 식어서 만들어진 암석은 화강암입니다.

10 ㉠ 위치에서 만들어지는 암석은 현무암입니다. 현무암은 색깔이 어둡고, 암석을 이루는 알갱이의 크기가 작아서 알갱이를 눈으로 구분하기 어렵습니다.

11 현무암의 구멍은 마그마가 지표 근처에서 빠르게 식을 때 화산 가스가 빠져나가면서 생긴 것입니다.
채점 tip 현무암을 쓰고, 현무암의 구멍은 마그마가 식을 때 화산 가스가 빠져나가면서 생긴 것이라는 내용으로 옳게 쓰면 정답으로 합니다.

12 설악산 울산바위는 화강암으로 이루어졌고, 제주도 주상절리는 현무암으로 이루어졌습니다.

13 돌하르방은 색깔이 어둡고 표면에 작은 구멍이 있는 현무암으로 이루어져 있습니다. 석굴암은 색깔이 밝은 화강암으로 이루어져 있습니다.

3
단원

개념북

5회 문제 학습   80~81쪽

1 산불   **2** 화산재   **3** 온천   **4** 전기

5 ②   **6** 용암   **7** 지열 발전   **8** ㉠, ㉢, ㉤

9 ①, ④   **10** 예 화산 활동은 우리에게 피해를 주지만 이로운 점도 있습니다.   **11** ㉡   **12** ③

13 송아

---

5 화산 분출물 중 화산재는 비행기 엔진에 고장을 일으켜 비행기 운항을 중단시키고, 마을과 농경지를 뒤덮어 피해를 줍니다. 또 화산재가 태양 빛을 가리면 날씨에 영향을 줄 수 있습니다.

6 화산 활동으로 나온 용암이 산으로 흐르면 산불이 발생할 수 있습니다.

7 화산 주변 땅속의 높은 열을 이용해서 전기를 얻는 것을 지열 발전이라고 합니다.

8 온천 개발, 지열 발전, 관광지 개발 산업은 화산 활동을 이용하는 것입니다. 수력 발전은 물의 높낮이 차이를 이용하여 전기를 얻는 것이고, 태양광 발전 산업은 태양 빛을 이용하여 전기를 얻는 것입니다.

9 화산재가 쌓여 비옥해진 땅, 온천은 화산 활동이 주는 이로운 점입니다. 화산재로 덮인 마을, 화산재로 덮인 비행기는 화산 활동이 주는 피해에 해당합니다.

10 화산 활동으로 나온 화산재가 농작물을 뒤덮는 것은 화산 활동의 피해입니다. 화산재가 쌓인 땅이 비옥해지는 것은 화산 활동의 이로운 점입니다.

채점 tip 화산 활동은 우리 생활에 피해를 주지만 이로운 점도 있다는 내용으로 옳게 쓰면 정답으로 합니다.

11 지열 발전은 화산 활동의 이로운 점입니다.

12 아이슬란드 화산 폭발 시 대규모 비행기 운항 중단을 일으킨 원인은 화산 폭발로 분출한 엄청난 양의 화산재입니다. 화산재가 비행기의 엔진에 들어가면 엔진 고장을 일으킬 수 있어 비행기 운항이 어렵게 됩니다.

13 화산재가 날릴 때에는 되도록 실내에 머물고, 실외에 있다면 마스크나 손수건 등으로 코와 입을 막고 자동차나 건물로 대피합니다.

6회 문제 학습   84~85쪽

1 지진   **2** 규모   **3** 머리   **4** 계단

5 ③   **6** ㉡   **7** ⑤   **8** 지진 해일(쓰나미)

9 ⑤   **10** (2) ○   **11** 예 지진이 발생하면 전기가 차단되어 승강기 작동이 멈출 수 있기 때문에 계단으로 이동해야 합니다.   **12** 초등2맘

13 (1) ○ (2) ○ (3) ×

---

5 땅이 흔들리는 현상을 지진이라고 하며, 지진이 발생하면 흔들림을 느끼는 정도로 그칠 수도 있지만, 도로가 갈라지거나 건물이 무너지기도 합니다.

6 지진의 세기는 규모로 나타내며 숫자가 클수록 강한 지진입니다.

7 태양 빛을 가려 날씨 변화를 일으키는 것은 화산 활동으로 나오는 화산재에 의한 피해입니다.

8 바다 밑에서 지진이 발생하여 생기는 큰 파도를 지진 해일(쓰나미)이라고 하며, 지진 해일이 해안가 마을을 덮쳐 큰 피해를 주기도 합니다.

9 흔들림이 멈출 때까지 책상이나 식탁 아래로 들어가 머리와 몸을 보호하고, 흔들림이 멈추면 안전한 장소로 대피합니다. 넘어지거나 떨어질 수 있는 물건으로부터 몸을 보호하고, 벽 주변에서 떨어집니다.

10 지진이 발생하면 승강기 대신 계단을 이용하여 빠르게 대피해야 합니다.

11 지진이 발생하면 전기가 차단되어 승강기 작동이 멈춰 승강기 안에 갇히거나 추락할 위험이 있기 때문에 반드시 계단으로 이동해야 합니다.

채점 tip 전기가 차단되어 승강기 작동이 멈출 수 있기 때문이라는 내용으로 옳게 쓰면 정답으로 합니다.

12 규모는 지진의 세기를 나타냅니다. 우리나라도 지진이 꾸준히 발생하고 있으므로 지진의 안전지대가 아닙니다.

13 지진이 발생하면 건물이 무너질 수 있으므로 흔들림이 잠시 멈추었을 때 건물 밖의 넓은 장소로 대피해야 합니다.

1 ㉠ 깎이고 ㉡ 쌓인다　**2** (1) ㉢ (2) ㉠ (3) ㉡
3 (1) ㉡ (2) ㉠　**4** ④, ⑤　**5** 지유　**6** ㉠, ㉣
7 ⓔ 화산은 땅속에 있던 마그마가 땅 위로 분출하여 만들어진 산입니다. 화산은 꼭대기에 움푹 파인 곳이 있습니다.　**8** ④　**9** (1) ㉡ (2) ㉠ (3) ㉡
10 ③　**11** 지연　**12** ㉡　**13** ③
14 (1) ㉠, ㉡, ㉢ (2) ㉢, ㉣　**15** ㉠ 열 ㉡ 전기
16 ①　**17** ⓔ 모든 층의 버튼을 눌러 가장 먼저 열리는 층에서 내리고 계단을 이용하여 대피합니다.
18 ②　**19** (1) ㉠, ㉣ (2) ㉡, ㉢　**20** ⓔ 강 상류에서는 침식 작용이 활발하게 일어나고, 강 하류에서는 퇴적 작용이 활발하게 일어나기 때문입니다.

1 흙 언덕 위쪽에서 물을 흘려보내면 위쪽의 흙이 깎여 아래쪽으로 운반되어 쌓입니다. 흐르는 물은 흙 언덕 위쪽의 흙을 깎고, 깎은 흙을 아래쪽으로 운반하여 쌓습니다.

2 흐르는 물이 지표의 바위나 돌 등을 깎아 내는 것을 침식 작용, 침식 작용으로 만들어진 돌이나 흙 등이 물과 함께 이동하는 것을 운반 작용, 운반된 돌이나 흙 등이 쌓이는 것을 퇴적 작용이라고 합니다. 오랜 시간 동안 계속 흐르는 물은 지표의 모습을 서서히 변화시킵니다. 상황에 따라 다른 작용에 비해 더 활발하게 일어나는 작용이 있지만 흐르는 물의 침식 작용, 운반 작용, 퇴적 작용은 보통 동시에 일어납니다.

3 강 상류에서는 계곡이나 큰 바위, 모난 돌을 많이 볼 수 있고, 강 하류에서는 넓은 평지에 모래와 흙이 쌓인 모습을 볼 수 있습니다.

4 사진은 강 하류의 모습입니다. 강 하류에서는 퇴적 작용이 활발하게 일어나서 상류에서 운반되어 온 흙이나 모래가 주로 쌓입니다. 강 하류는 강폭이 넓고 경사가 완만합니다.

5 강 상류에서도 흐르는 물의 침식 작용과 퇴적 작용이 모두 일어나지만 침식 작용이 더 활발하게 일어나기 때문에 큰 바위나 모난 돌을 많이 볼 수 있습니다.

6 화산은 꼭대기에 움푹 파인 분화구가 있고, 활동 중인 화산은 분화구에서 연기가 나기도 합니다.

화산의 생김새

화산의 생김새는 매우 다양합니다. 경사가 가파른 화산도 있고 경사가 완만한 화산도 있습니다. 이와 같은 화산의 형태는 분출하는 용암의 끈적한 정도에 따라 달라지기도 합니다. 화산의 분화구에 물이 고여 생긴 호수가 있는 것도 있으며, 세계 여러 곳에 있는 화산 중에는 연기가 나거나 용암이 흘러나오는 등 현재에도 활동 중인 화산이 있습니다.

7 화산은 땅속 깊은 곳에서 암석이 녹은 마그마가 지표 밖으로 분출하여 생긴 지형입니다. 화산 꼭대기에는 화산 분출물이 나온 분화구가 있는 것도 있습니다. 현재 활동 중인 화산에서는 분화구에서 연기가 나고 용암이 흘러나오기도 합니다.

채점 ⓣⓘⓟ 화산이 무엇인지 옳게 쓰고, 화산의 특징을 한 가지 옳게 썼으면 정답으로 합니다.

8 화산 분출물 중 화산 가스는 기체 상태, 용암은 액체 상태, 화산재와 화산 암석 조각은 고체 상태의 물질입니다.

왜 답이 아닐까?

① 화산 분출물 중 화산 가스는 기체, 용암은 액체, 화산재와 화산 암석 조각은 고체 상태의 물질입니다.
② 화산 분출물은 화산 활동으로 나오는 여러 가지 물질을 말합니다.
③ 용암은 액체 상태의 화산 분출물입니다.
⑤ 화산재와 화산 암석 조각은 모두 고체 상태의 화산 분출물입니다.

9 화산 활동 모형을 가열하였을 때 나오는 연기는 실제 화산의 화산 가스, 흐르는 마시멜로는 용암, 튀어나온 마시멜로는 화산 암석 조각에 해당합니다.

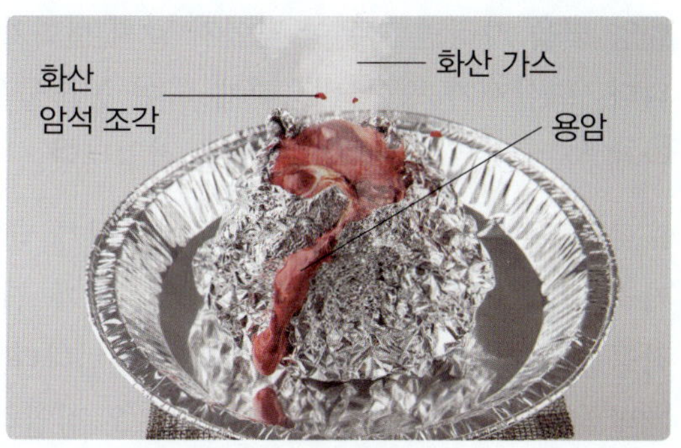

10 화강암과 현무암은 마그마가 식어서 만들어진 화성암입니다. 화강암은 색깔이 밝고 현무암은 색깔이 어둡습니다. 현무암 표면에는 마그마가 식을 때 기체가 빠져나가 생긴 구멍이 있습니다. 화강암은 알갱이의 크기가 커서 눈으로 구분할 수 있지만, 현무암은 알갱이의 크기가 매우 작아서 눈으로 구분하기 어렵습니다.

11 ㉠과 같이 땅속 깊은 곳에서 식어서 만들어지는 암석은 화강암으로 암석의 색깔이 밝고, 암석을 이루는 알갱이의 크기가 큽니다. 암석 표면에 기체가 빠져나간 구멍이 있는 것은 현무암으로 마그마가 지표 근처에서 식어서 만들어집니다.

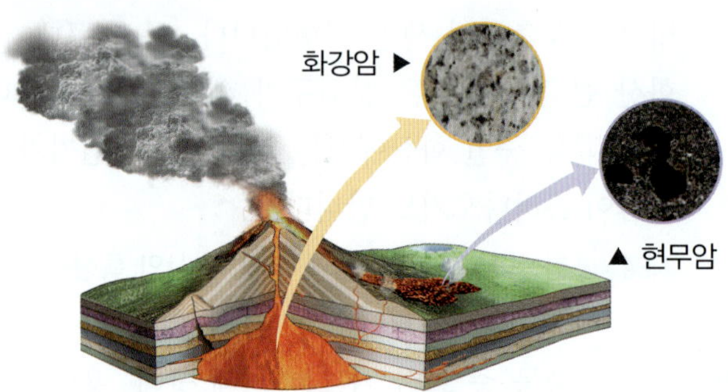

12 현무암은 색깔이 어둡고 표면에 구멍이 나 있습니다. 다보탑, 석굴암은 화강암으로 만들었고, 맷돌은 현무암으로 만든 것입니다.

화강암과 현무암의 생김새

화산 활동으로 만들어진 화성암의 대표적인 암석에는 화강암과 현무암이 있습니다. 이 둘을 구분할 수 있는 가장 큰 특징으로 화강암은 대체로 밝은 바탕에 검은색 알갱이가 보이고 여러 가지 색의 알갱이가 포함되어 있다는 점을 들 수 있고, 현무암은 색깔이 어둡고 군데군데 구멍이 있는 것이 있다는 점을 기억합니다.

---

13 화산재가 농작물이나 건물, 자동차를 뒤덮으면 피해가 발생하고 호흡기 질병을 일으킵니다. 또 화산재가 태양 빛을 가리면 기온이 낮아져 날씨 변화가 일어납니다. 화산재가 땅을 비옥하게 하여 농작물을 잘 자라게 하는 것은 화산재의 이로운 점입니다.

14 도로가 용암으로 뒤덮이는 것, 화산재가 태양 빛을 가려 날씨 변화를 가져오는 것, 화산재가 건물과 농작물을 뒤덮는 것은 화산 활동의 피해입니다. 관광지 개발, 온천 개발은 화산 활동의 이로운 점입니다.

15 지열 발전은 화산 주변 땅속의 높은 열을 이용하여 전기를 얻는 것으로, 지열 발전으로 전기를 만드는 시설을 지열 발전소라고 합니다.

16 규모는 지진의 세기를 나타내며 숫자가 클수록 강한 지진입니다.

지진의 세기

지진이 발생하면 땅이 갈라지고 건물과 도로가 무너지는 등의 피해가 발생할 수 있습니다. 지진의 세기는 규모로 나타내고, 규모의 숫자가 클수록 강한 지진입니다. 지진이 발생하면 약한 흔들림을 느끼는 정도로 그칠 수도 있지만, 인명과 재산에 큰 피해를 주기도 합니다.

---

17 지진이 발생하면 전기가 차단되어 승강기가 멈출 수 있으므로 모든 층의 버튼을 눌러 가장 먼저 열리는 층에서 내리고 계단을 이용하여 대피합니다.

채점 tip 승강기에서 내려 계단으로 대피한다고 옳게 쓰면 정답으로 합니다.

18 전철 안에서는 손잡이나 기둥을 잡아 넘어지지 않도록 하고, 전철이 멈추면 안내에 따라 대피합니다.

지진의 피해를 줄이기 위한 방법

- 건물을 지을 때 강한 지진에도 견딜 수 있는 내진 설계를 합니다.
- 평소 지진 대피 훈련을 하여 지진이 발생했을 때 침착하게 대피할 수 있도록 합니다.
- 지진은 매우 짧은 시간 동안 발생하기 때문에 장소와 상황에 맞는 대처 방법에 따라 침착하게 행동하면 피해를 줄일 수 있습니다.

---

19 ㈎는 강폭이 좁고 경사가 급한 강 상류의 모습이고, ㈏는 강폭이 넓고 경사가 완만한 강 하류의 모습입니다. 상류에서는 바위나 모난 돌, 폭포 등을 볼 수 있고, 하류에서는 모래와 넓은 평지를 볼 수 있습니다.

20 강 상류에서는 침식 작용이 활발하게 일어나 바위나 돌이 깎이고, 강 하류에서는 퇴적 작용이 활발하게 일어나 상류에서 운반해 온 모래나 진흙 등이 쌓이므로 강의 모습이 다릅니다.

채점 tip 강 상류와 강 하류에서 활발하게 일어나는 강물의 작용을 모두 옳게 썼으면 정답으로 합니다.

1회 문제 학습
94~95쪽

1 균류 **2** 균사 **3** 양분 **4** 많

5 곰팡이 **6** ④ **7** ⓒ, ㉣ **8** ③ **9** 균사
10 ⑩ 스스로 양분을 만들지 못하므로, 죽은 생물이나 다른 생물로부터 양분을 얻어 살아갑니다.
11 ④ **12** 균사 **13** (1) × (2) ○ (3) ○ (4) ×

5 빵에 물을 뿌려 따뜻한 곳에 며칠 동안 놓아두면 곰팡이가 생깁니다.

6 곰팡이는 가는 실처럼 생긴 균사가 서로 엉켜 사방으로 뻗어 있으며, 실 끝부분에 둥근 알갱이가 붙어 있습니다. 곰팡이는 포자로 번식하며, 스스로 양분을 만들지 못하고 죽은 생물이나 음식 등 양분이 있는 곳에서 살아갑니다.

7 버섯은 균류로 뿌리, 줄기, 잎이 없습니다. 아랫부분은 기둥처럼 길쭉하게 생겼고, 윗부분의 우산처럼 생긴 부분의 안쪽에는 주름이 많습니다.

8 현미경으로 관찰하면 맨눈으로 볼 때나 돋보기로 볼 때 잘 보이지 않던 것까지 자세하게 관찰할 수 있습니다.

9 곰팡이는 실처럼 가늘고 긴 균사로 이루어져 있습니다.

10 버섯과 곰팡이는 스스로 양분을 만들지 못하기 때문에 죽은 생물이나 다른 생물로부터 양분을 얻습니다.
채점 tip 죽은 생물이나 다른 생물로부터 양분을 얻어 살아간다는 내용으로 옳게 쓰면 정답으로 합니다.

11 버섯과 곰팡이는 따뜻하고 습기가 많은 환경에서 잘 자랍니다. 여름철은 따뜻하고 습기가 많기 때문에 버섯과 곰팡이를 많이 볼 수 있습니다.

12 버섯과 곰팡이처럼 균사로 이루어져 있고, 포자를 만들어 번식하는 생물의 무리를 균류라고 합니다.

13 (1) 버섯, 곰팡이는 균류에 속하지만 토끼풀은 식물로, 균류에 속하지 않습니다. (4) 균류는 스스로 양분을 만들지 못하므로 죽은 생물이나 다른 생물로부터 양분을 얻어 살아갑니다.

2회 문제 학습
98~99쪽

1 초록 **2** 털 **3** 단순 **4** 원생생물

5 ⓒ **6** ⓒ **7** 해캄 **8** ㉠ 해캄 ⓒ 짚신벌레 **9** ⑩ 물살이 느리거나 물이 고여 있는 연못, 논, 하천 등에서 삽니다. **10** ④ **11** ③
12 ④ **13** ㉣

5 해캄은 가늘고 긴 머리카락 모양으로 뭉쳐 있으며 현미경으로 관찰하면 초록색 알갱이가 띠 모양으로 연결되어 있습니다.

6 짚신벌레는 둥글고 길쭉한 모양이며 몸 전체에 털이 나 있습니다. ㉠은 원생생물인 아메바의 모습입니다.

7 해캄은 작고 둥근 초록색의 알갱이가 띠 모양으로 연결되어 있고, 중간중간 마디가 있습니다.

8 해캄은 스스로 양분을 만들고, 짚신벌레는 움직일 수 있습니다.

9 해캄과 짚신벌레는 원생생물로 주로 물살이 느리거나 물이 고여 있는 곳에서 삽니다.
채점 tip 주로 물살이 느리거나 물이 고여 있는 곳에 산다고 쓰면 정답으로 합니다.

10 해캄은 뿌리, 줄기, 잎이 없으며 식물이 아니지만 스스로 양분을 만들 수 있습니다. 짚신벌레는 다리가 없으며 몸 전체에 나 있는 작은 털을 이용해서 움직입니다. 해캄과 짚신벌레는 식물이나 동물, 균류로 분류되지 않는 원생생물입니다.

11 해캄, 짚신벌레는 원생생물입니다. 나팔벌레, 반달말, 유글레나는 물속에 사는 원생생물입니다. 곰팡이는 몸이 가늘고 긴 실 모양의 균사로 이루어져 있어 균류에 속하는 생물입니다.

12 원생생물 중에는 스스로 양분을 만드는 것도 있지만 다른 생물로부터 양분을 얻는 것도 있습니다. 종벌레는 다른 생물로부터 양분을 얻습니다.

13 해캄과 같은 생물은 스스로 양분을 만들지만 이동할 수 없고, 짚신벌레와 같은 생물은 스스로 양분을 만들지 못하지만 이동할 수 있습니다. 몸이 균사로 이루어진 생물은 균류입니다.

3회 문제 학습   102~103쪽

1 세균   **2** 작습   **3** 공   **4** 늘어납니다

5 세균   **6** ⓒ   **7** ②, ④   **8** ⑤   **9** (1) ⓒ (2) ㉠ (3) ⓒ   **10** ⓒ   **11** 예 생김새가 단순합니다. 공 모양, 막대 모양, 나선 모양 등 모양이 다양합니다.   **12** ⓒ   **13** 형진

5 입안에 살면서 충치를 일으키는 뮤탄스 균과 같은 생물을 세균이라고 하며, 세균은 공 모양, 막대 모양, 나선 모양 등으로 구분할 수 있습니다.

6 세균은 동물과 같은 기관이 없으며 생김새가 매우 단순합니다.

7 해캄과 짚신벌레는 원생생물이고, 곰팡이는 균류에 속하는 생물입니다. 대장균, 유산균은 세균에 속하는 생물입니다.

8 세균은 흙이나 물, 생물의 몸, 우리가 사용하는 물건 등 우리 주변의 어디에서나 살고 있습니다.

9 세균은 모양에 따라 공 모양, 막대 모양, 나선 모양 등으로 구분할 수 있습니다.

10 세균은 살기에 알맞은 조건이 되면 짧은 시간 동안 빠르게 수가 늘어날 수 있습니다.

11 세균은 생김새가 다양하고, 공 모양, 막대 모양, 나선 모양 등 모양이 다양합니다. 세균은 크기가 매우 작고, 우리 주변 어디에서나 살고 있습니다.

채점 tip 세균의 특징 한 가지를 옳게 쓰면 정답으로 합니다.

이런 답도 가능해!

예 우리 몸에 좋은 세균도 있고, 해로운 세균도 있습니다.

예 세균은 살기에 좋은 조건이 되면 짧은 시간 동안 많은 수로 늘어날 수 있습니다.

12 세균은 질병을 일으키기도 하지만 음식물의 소화와 흡수를 돕고, 우리 몸의 면역력을 유지해 주기도 합니다.

13 세균은 생물의 몸속뿐만 아니라 우리 주변의 어디에서나 살고 있습니다. 세균은 생김새가 단순하지만 생물입니다.

4회 문제 학습   106~107쪽

1 세균   **2** 적조   **3** 생명과학   **4** 원생생물

5 ③   **6** 원생생물   **7** ⓒ   **8** ⑤   **9** ②   **10** (1) ⓒ (2) ㉠ (3) ⓒ   **11** 예 환경 오염을 줄일 수 있습니다.   **12** ㉠, ⓒ   **13** (1) × (2) ○ (3) ○

5 된장과 간장을 만드는 메주에 핀 누룩곰팡이는 메주를 발효시킵니다.

6 원생생물은 다른 생물의 먹이가 되거나 물속에 산소를 공급합니다. 원생생물 중 어떤 종류는 바닷물을 붉은색으로 만드는 적조 현상을 일으킵니다.

7 세균은 질병을 일으키는 등 우리에게 해로운 영향을 주지만, 어떤 세균은 동물의 배설물을 분해하고, 김치와 요구르트 같은 발효 음식을 만드는 데 이용되는 등 이로운 영향을 줍니다. 된장을 만들 때 이용되는 누룩곰팡이는 균류입니다.

8 산소를 만들어 다른 생물이 살아가는 데 도움을 주는 생물에는 식물이나 일부 원생생물이 있습니다.

9 버섯의 균사를 이용하여 개발한 자연에서 분해되는 친환경 가죽으로 가방이나 지갑을 만들 수 있습니다.

10 세균이 자라지 못하게 하는 곰팡이(균류)의 특징을 이용해서 질병을 치료하는 항생제를 만듭니다. 기름 성분을 만들어 내는 원생생물을 이용해 생물 연료를 만듭니다. 특정 생물에게 질병을 일으키는 세균을 이용해 생물 농약을 만듭니다.

11 석유를 연료로 사용하면 환경 오염 물질이 배출됩니다. 원생생물을 원료로 하여 만든 생물 연료를 이용하면 환경 오염을 줄일 수 있습니다.

채점 tip 생물 연료가 환경 오염을 줄일 수 있다는 내용으로 옳게 쓰면 정답으로 합니다.

12 해조류로 만든 빨대는 18시간 이상 사용할 수 있고, 바다를 오염시키지 않는다는 내용이 쓰여 있지만, 먹을 수 있는지 없는지는 나타나 있지 않습니다.

13 생명과학은 동물과 식물뿐만 아니라 균류, 원생생물, 세균과 같은 생물도 연구 대상으로 합니다.

1 ㉢　**2** ⑵ ○　**3** ②　**4** ③　**5** ⑤
6 ③　**7** 〈예〉 곰팡이는 죽은 생물이나 다른 생물에서 양분을 얻고, 해캄은 스스로 양분을 만듭니다.
8 ②　**9** ⑤　**10** ㉠, ㉢　**11** ㉠ 작고 ㉡ 단순　**12** 〈예〉 세균은 공 모양, 막대 모양, 나선 모양 등 모양이 다양합니다.　**13** ⑤
14 ㉡　**15** ②　**16** 원생생물　**17** ③
18 푸른곰팡이　**19** ⑴ ㉠, 해캄 ⑵ ㉣, 짚신벌레
20 〈예〉 크기가 매우 작습니다. 생김새가 단순합니다.

1 곰팡이는 스스로 양분을 만들지 못하고 죽은 생물이나 다른 생물로부터 양분을 얻습니다. 곰팡이는 뿌리, 줄기, 잎으로 구분되지 않습니다.

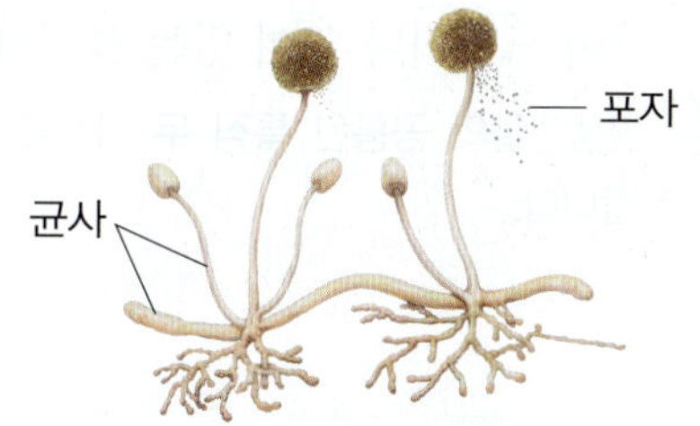

▲ 곰팡이의 생김새

2 돋보기로 관찰할 때보다 현미경을 사용할 때 관찰 대상을 더 크게 확대하여 자세히 관찰할 수 있습니다.

▲ 돋보기로 관찰한 버섯

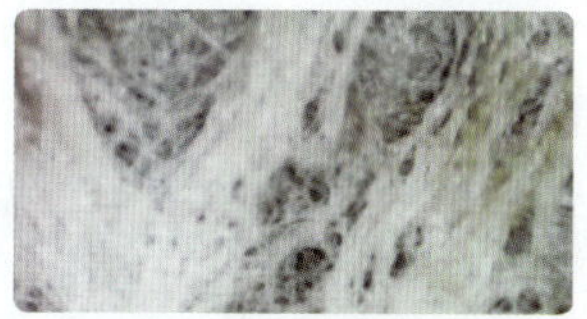
▲ 현미경으로 관찰한 버섯

버섯을 돋보기로 관찰하면 우산처럼 생긴 부분의 안쪽에 주름이 많은 모습을 볼 수 있지만, 버섯을 현미경으로 관찰하면 실과 같이 가느다란 줄무늬의 균사까지 관찰할 수 있습니다.

3 버섯은 균류로 몸이 균사로 이루어져 있으며 포자로 번식합니다. 버섯은 스스로 양분을 만들지 못하고 죽은 생물이나 다른 생물에서 양분을 얻습니다. 버섯과 같은 균류는 주로 따뜻하고 습기가 많은 곳에서 잘 자랍니다.

4 버섯, 곰팡이와 같이 균사로 이루어져 있고, 포자를 만들어 번식하는 생물의 무리를 균류라고 합니다.

5 해캄과 짚신벌레는 원생생물로 생김새가 동물이나 식물에 비해 단순합니다. 해캄은 스스로 양분을 만들고, 짚신벌레는 몸 전체에 나 있는 가는 털을 이용해 움직일 수 있습니다.

왜 답이 아닐까?

① 해캄과 짚신벌레는 원생생물에 속하는 생물입니다.
② 해캄은 스스로 양분을 만들 수 있지만, 짚신벌레는 다른 생물에서 양분을 얻습니다.
③ 몸 전체에 가는 털이 나 있는 것은 짚신벌레의 특징입니다. 해캄은 초록색의 가늘고 긴 머리카락 모양이고 여러 가닥이 뭉쳐서 삽니다.
④ 몸이 가늘고 긴 균사로 되어 있는 것은 균류의 특징입니다.

6 유글레나, 아메바, 미역은 원생생물이고, 곰팡이는 균류입니다. 원생생물은 동물이나 식물, 균류로 분류되지 않으며 동물이나 식물과 비교할 때 생김새가 단순합니다. 원생생물인 해캄과 짚신벌레는 물살이 느리거나 물이 고여 있는 연못, 논, 하천 등에서 살고, 미역과 다시마 등은 바다에서 사는 등 원생생물은 주로 물에서 삽니다.

7 곰팡이는 균류에 속하는 생물로 양분을 죽은 생물이나 다른 생물에서 얻고, 해캄은 원생생물 중에서 스스로 양분을 만드는 생물입니다.

채점 tip 곰팡이는 죽은 생물이나 다른 생물로부터 양분을 얻고, 해캄은 스스로 양분을 만든다는 내용으로 옳게 쓰면 정답으로 합니다.

8 해캄과 짚신벌레는 주로 물살이 느리거나 물이 고여 있는 연못, 논, 하천 등에서 삽니다.

9 해캄을 현미경으로 관찰하면 초록색 알갱이가 띠 모양으로 연결되어 있고, 중간중간 마디로 구분되어 있는 모습입니다.

왜 답이 아닐까?

① 현미경으로 관찰한 해캄은 초록색 알갱이가 띠 모양으로 연결되어 있고, 마디가 보입니다.
② 해캄은 움직이지 못합니다.
③ 균사는 균류에게서 볼 수 있는 특징입니다.
④ 표면에 작은 털이 많이 나 있는 것은 짚신벌레의 모습입니다.

10 원생생물은 생김새가 단순하고 크기가 작은 생물로 동물, 식물, 균류에 속하지 않는 생물입니다. 원생생물은 주로 물살이 느리거나 물이 고여 있는 연못, 논, 하천 등에서 삽니다.

11 세균은 균류나 원생생물보다 크기가 작고 생김새가 단순합니다.

문제 속 개념

우리 주변에 사는 다양한 세균

세균	특징
	포도상구균(포도알균)은 공 모양이며, 여러 개가 서로 연결되어 포도송이처럼 보입니다. 동물의 피부 등에서 삽니다.
	대장균은 막대 모양이며, 여러 개가 붙어 있는 모습입니다. 물이나 동물의 창자에서 삽니다.
	헬리코박터 파일로리(위나선균)는 나선 모양이며, 꼬리가 달려 있습니다. 동물의 위에 살며 질병을 일으키기도 합니다.

12 세균은 공 모양, 막대 모양, 나선 모양 등 모양에 따라 구분할 수 있습니다.

채점 tip 세균의 모양이 공 모양, 막대 모양, 나선 모양 등 다양하다는 내용으로 옳게 쓰면 정답으로 합니다.

13 세균은 일반적으로 균류나 원생생물보다 크기가 작습니다. 세균은 흙이나 물, 다른 생물의 몸, 여러 가지 물건 등 우리 주변의 어디에서나 살고 있습니다. 짚신벌레는 원생생물입니다.

14 버섯의 균사를 이용해서 자연에서 분해되는 친환경 가죽을 만듭니다. 이처럼 친환경 가죽을 이용한 제품을 만들면 환경 오염을 줄일 수 있으며, 가죽을 얻는 데 필요한 동물을 희생시키지 않아도 됩니다.

15 김치나 치즈 같은 발효 식품을 만드는 데 세균이 이용됩니다.

16 원생생물 중 일부는 산소를 만들어 물속에 공급하지만, 일부는 바닷물을 붉게 변하게 하는 적조 현상을 일으키기도 합니다. 적조 현상이 일어나면 늘어난 원생생물이 물고기 등 물속 생물의 아가미에 달라붙어 숨을 쉬지 못하게 하고, 물속 산소가 부족해져 생물이 살기 힘든 환경이 됩니다.

17 세균이나 곰팡이가 만들어 내는 물질을 이용하여 질병을 치료하는 항생제를 만듭니다.

18 푸른곰팡이가 만들어 내는 페니실린이 세균을 번식하지 못하게 하였습니다.

19 ㉠은 해캄, ㉡은 아메바, ㉢은 유글레나, ㉣은 짚신벌레입니다. 해캄은 초록색 알갱이가 띠 모양으로 연결되어 있으며 스스로 양분을 만듭니다. 짚신벌레는 몸 전체에 나 있는 작은 털을 이용해 물속에서 빠르게 돌아다닙니다.

왜 답이 아닐까?

㉡ 아메바는 일정한 모양이 없고, 몸 안에는 여러 다른 작은 기관들이 보이지만 단순한 모양입니다.

㉢ 유글레나의 몸속은 해캄과 같이 초록색의 알갱이들이 가득 차 있고 단순한 모양이며, 긴 꼬리가 달려 있습니다.

20 해캄, 아메바, 유글레나, 짚신벌레는 원생생물입니다. 원생생물은 크기가 매우 작고, 생김새가 단순하며, 주로 물살이 느리거나 고여 있는 물에서 삽니다.

채점 tip 원생생물의 공통된 특징 두 가지를 모두 옳게 쓰면 정답으로 합니다.

용어 퍼즐 1학기 용어 되돌아 보기　112쪽

		증				원			
지	열	발	전			생	명	과	학
진						생			
		화	산	분	출	물			
				화					
		포	도	상	구	균	나	침	반
						사		식	

1. 자석의 이용

단원 핵심 개념   2쪽

❶ 철   ❷ 끌어 당기는   ❸ 두(2)   ❹ 같은

단원 평가 Ⓐ 단계   3~5쪽

1 (1) ㉢, ㉣ (2) ㉠, ㉡, ㉺   **2** ②   **3** (1) ○
4 ㉢   **5** ㉠, ㉡   **6** ㉡   **7** ㉢   **8** S
9 S   **10** (1) ㉡ (2) 민철   **11** ㉠ S ㉡ N
12 ㉢   **13** ㉠   **14** (3) ○   **15** ㉡

1 ㉢ 철 집게와 ㉣ 가윗날은 자석에 붙는 철로 되어 있습니다. ㉠ 인형과 ㉡ 커튼은 섬유, ㉺ 나무 책상은 나무로 되어 있어 자석에 붙지 않습니다.

2 자석에 붙는 물체는 철로 만들어졌으며, 자석과 자석에 붙는 물체는 서로 끌어당기는 힘이 작용합니다.

왜 답이 아닐까?

① 자석에 붙는 물체 중에는 물에 뜨는 것도 있지만 물에 뜨지 않고 가라앉는 것도 있습니다.
③ 자석에 붙는 물체 중에는 만지면 까끌까끌한 것도 있지만 매끈하거나 부드러운 것 등 다양한 촉감을 가진 물체가 있습니다.
④ 자석에 붙는 물체는 철로 만들어졌습니다.
⑤ 자석에 붙는 물체는 자석과 서로 끌어당기는 힘이 작용합니다.

3 철 클립과 막대자석은 조금 떨어져 있어도 철 클립과 막대자석이 서로 끌어당기기 때문에 철 클립이 공중에 떠 있을 수 있습니다. 철 클립과 막대자석 사이에 얇은 플라스틱판, 종이, 유리판 등이 있어도 자석의 힘은 그 물체들을 통과하여 작용할 수 있습니다.

4 막대자석과 둥근기둥 모양 자석의 양쪽 끝부분, 동전 모양 자석의 양쪽 면에 철 클립이 많이 붙어 있는 것을 알 수 있습니다. 이렇게 자석에서 철로 된 물체를 끌어당기는 힘이 가장 센 부분이 자석의 극입니다.

5 동전 모양 자석의 양쪽 면에 철 클립이 많이 붙어 있으므로 이 부분이 철 클립을 세게 끌어당긴다는 것을 알 수 있습니다.

6 물에 띄운 막대자석의 N극은 북쪽, S극은 남쪽을 가리키며 움직임을 멈춥니다. 물에 띄운 접시를 돌려 막대자석이 가리키는 방향을 다르게 해도, 흔들림이 완전히 멈춘 후 물에 띄운 막대자석의 N극은 북쪽을 가리키고 S극은 남쪽을 가리킵니다. 자석을 물에 띄우거나 공중에 매달아 자유롭게 움직이도록 하고, 다른 힘이 가해지지 않았을 때 자석은 항상 일정한 방향을 가리킵니다.

7 막대자석의 N극과 다른 막대자석의 N극을 마주 보게 하여 가까이 가져가면 서로 밀어 내어 붙지 않습니다. 자석은 같은 극인 N극과 N극, S극과 S극 사이에서는 밀어 내는 힘이 작용하고, 다른 극인 N극과 S극 사이에서는 끌어당기는 힘이 작용합니다.

8 빨대 위에 올려놓은 막대자석이 밀려났으므로 가까이 가져간 막대자석의 ㉠ 부분은 같은 극인 S극인 것을 알 수 있습니다.

문제 속 개념

자석과 자석 사이의 힘 눈으로 관찰하기

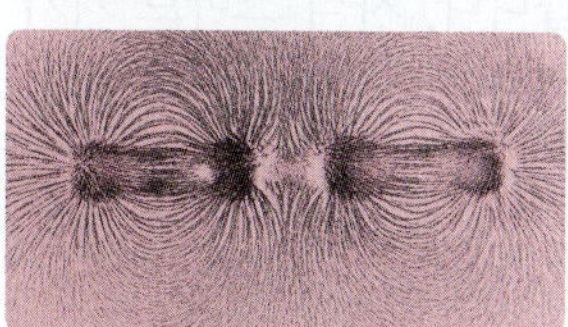 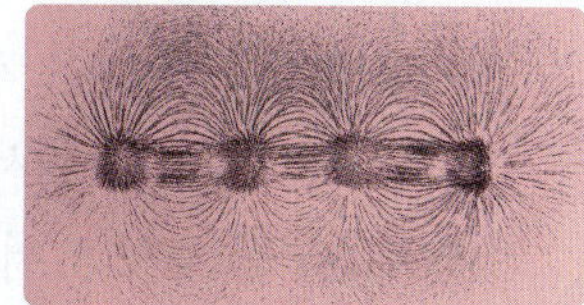

▲ 같은 극끼리 마주 볼 때   다른 극끼리 마주 볼 때

• 같은 극끼리 마주 보게 놓은 자석 사이에서는 철 가루가 배열된 모습이 서로 밀어내는 모양입니다.
• 다른 극끼리 마주 보게 놓은 자석 사이에서는 철 가루가 서로 연결되는 모양을 띱니다.

9 자석의 같은 극끼리는 서로 밀어내므로 고리 자석의 윗면이 N극이라는 것을 알 수 있습니다. 따라서 고리 자석의 아랫면은 S극입니다. 만약, 막대자석의 S극을 가까이 가져가면 막대자석과 가까이 한 고리 자석의 윗면이 붙었을 것입니다. 따라서 고리 자석의 윗면이 N극, 아랫면이 S극임을 알 수 있습니다.

10 나침반 바늘이 자석이기 때문에 나침반 바늘과 막대자석의 같은 극 사이에는 밀어 내는 힘이 작용하고, 다른 극 사이에는 끌어당기는 힘이 작용합니다.

왜 답이 아닐까?

• 진아: 나침반 바늘의 빨간색 부분 반대편은 자석의 S극을 띠므로, 막대자석의 N극 쪽으로 끌려갑니다.

• 하리: 나침반 바늘은 철이 아닌 자석으로 만들어졌습니다. 따라서 가까이 한 막대자석의 극에 따라 같은 극끼리는 밀어 내는 힘, 다른 극끼리는 끌어당기는 힘이 작용하여 나침반 바늘이 가리키는 방향이 달라지게 됩니다.

11 나침반 바늘의 빨간색 부분은 막대자석의 S극을 가리키고, 빨간색 부분의 반대편은 막대자석의 N극을 가리킵니다.

12 나침반 바늘도 자석이기 때문에 나침반 바늘과 막대자석의 극이 서로 밀어 내거나 끌어당깁니다. 따라서 막대자석 주변에 놓은 나침반 바늘이 가리키는 방향이 달라집니다.

13 ㉠ 나침반은 자석으로 만든 바늘이 항상 북쪽과 남쪽을 가리키는 성질을 이용하여 방향을 찾을 수 있습니다. 자석 필통은 뚜껑과 몸체에 각각 자석과 철이 있어 자석과 철이 끌어당기는 성질을 이용한 물건입니다. 필통 뚜껑을 열고 닫기에 편리하게 만들어졌습니다. 자석 칠판은 철로 된 칠판에 자석을 붙여서 쪽지를 고정하거나 모양 자석을 붙일 수 있습니다. 자석 스마트 기기 덮개는 덮개 내부에 작은 자석이 들어 있어 스마트 기기 화면을 덮으면 꼭 붙어서 화면을 보호하고, 덮개를 접으면 세워놓을 수도 있어 편리합니다.

14 자석 드라이버는 끝부분이 자석으로 되어 있기 때문에 철로 된 나사를 드라이버 끝부분에 고정시키기 편리합니다. 드라이버는 나사를 물체에 고정시키는 데 쓰이는 도구로 물건을 집는 데 사용하지 않습니다. 또 종이는 자석에 붙는 물질이 아닙니다. 나무는 자석에 붙지 않습니다.

15 물고기 모형에 꽂은 철 클립을 자석으로 끌어당겨 붙게 하여 잡을 수 있는 자석 낚시 장난감입니다. 자석은 같은 극끼리 밀어 내는 성질이 있고, 남쪽과 북쪽의 일정한 방향을 가리키지만 자석 낚시 장난감에서 이용한 성질로는 알맞지 않습니다.

단원 평가 Ⓑ 단계   6~9쪽

1 철사, 철이 든 빵 끈   **2** (1) ㉡ (2) **예** 소화기의 몸통 부분은 철로 되어 있기 때문입니다.   **3** ①
4 ㉠   **5** ④   **6** ③, ④   **7** ㉠ 두(2) ㉡ N ㉢ S   **8** 나정   **9** ㉠ 북 ㉡ 남   **10** ㉡
11 ②   **12** ㉡   **13** ㉢, ㉣   **14** ㉠
15 **예** 지구가 하나의 커다란 자석과 같으므로, 나침반 바늘의 빨간색 부분인 N극이 S극인 지구의 북쪽을 가리키는 것입니다.   **16** **예** 나침반 바늘이 자석이기 때문에 막대자석의 N극을 가까이 가져가면 나침반 바늘의 빨간색 부분 반대편(S극)이 끌려오고, 막대자석의 S극을 가까이 가져가면 나침반 바늘의 빨간색 부분(N극)이 끌려옵니다.   **17** ㉢
18 ④   **19** (3) ○   **20** ⑤

1 철 클립은 철로 되어 있기 때문에 막대자석이 끌어당겨 물고기 모형을 띄울 수 있습니다. 철 클립 대신에 철로 된 철사, 철이 든 빵 끈을 사용할 수 있습니다.

2 소화기 호스 부분은 고무로 되어 있고, 소화기의 몸통 부분은 철로 되어 있습니다.

채점 기준	상	(1)에 ㉡, (2)에 소화기의 몸통 부분이 철로 되어 있기 때문이라는 내용으로 모두 옳게 쓴 경우
	중	(1)에 ㉡, (2)에 철이 자석에 붙기 때문이라고만 쓴 경우
	하	(1)에 ㉡만 옳게 고른 경우

3 막대자석과 철 클립 사이에 얇은 플라스틱판이 있어도 철 클립이 막대자석에 붙습니다.

4 철로 만들어진 물체만 자석에 붙으며, 자석이 철로 만들어진 물체를 끌어당기는 힘은 얇은 유리를 통과하여서도 작용합니다.

왜 답이 아닐까?

㉡ 종이는 자석에 붙는 물질이 아닙니다.

㉢ 지우개 가루는 고무로 되어 있으며, 고무는 자석에 붙는 물질이 아닙니다.

㉣ 모든 금속이 자석에 붙는 것은 아닙니다. 철로 된 물체만 자석에 붙으며, 알루미늄은 자석에 붙지 않는 금속입니다.

5 자석과 철 클립 사이에 얇은 우드록 조각이 많을수록 서로 끌어당기는 힘이 약해집니다. 따라서 우드록의 수가 두 개일 때 자석에 붙는 철 클립의 개수는 4~10개 사이여야 합니다. 자석이 철 클립과 같이 자석에 붙는 물체를 끌어당기는 힘은 자석과 물체가 서로 맞닿지 않은 상태에서도 작용하며, 자석과 자석에 붙는 물체 사이에 자석에 붙지 않는 물체인 우드록(스타이로폼), 플라스틱, 유리, 종이, 비닐, 알루미늄 포일 등을 넣어도 서로 끌어당기는 힘이 작용합니다. 하지만 사이가 많이 떨어져 있으면 서로 끌어당기는 힘이 약해집니다.

6 둥근기둥 모양 자석을 철 클립이 든 종이 상자에 넣었다가 천천히 들어 올리면 자석의 오른쪽 끝부분과 왼쪽 끝부분에 철 클립이 많이 붙습니다.

① 자석은 철로 만들어진 물체인 철 클립을 끌어당깁니다.
② 종이 상자는 종이로 만들어진 물체이며, 종이는 자석에 붙지 않습니다.
⑤ 철 클립이 많이 붙는 부분은 자석의 극 부분으로, 철 클립 이외에도 철로 만들어진 물체는 모두 끌어당깁니다.

7 모든 자석은 극이 두 개이며, N극은 주로 빨간색으로 나타내고 S극은 주로 파란색으로 나타내지만 그렇지 않은 경우도 있습니다.

8 수조에 담긴 물에 띄운 플라스틱 접시가 움직이지 않을 때 막대자석의 N극은 북쪽, S극은 남쪽을 가리킵니다.

문제 속 개념

자석이 가리키는 방향

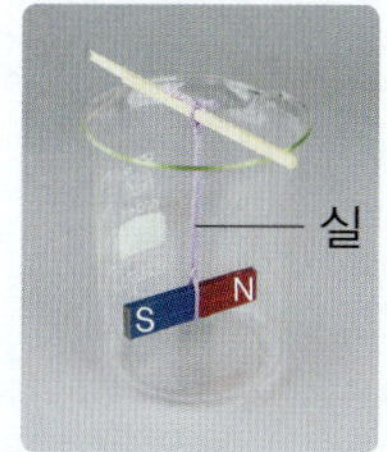

자석을 물에 띄우거나 공중에 매달아 자유롭게 움직이도록 하면 자석은 항상 일정한 방향을 가리킵니다. 자석의 N극은 항상 북쪽을 가리키고, 자석의 S극은 항상 남쪽을 가리킵니다. 이러한 자석의 성질을 이용하면 방향을 찾을 수 있습니다.

9 자석은 항상 일정한 방향을 가리키기 때문에 북쪽을 가리키는 부분은 N극, 남쪽을 가리키는 부분은 S극임을 알 수 있습니다. 물에 띄운 접시를 돌려 막대자석이 가리키는 방향을 다르게 해도, 흔들림이 완전히 멈춘 후 물에 띄운 막대자석의 N극은 북쪽을 가리키고, S극은 남쪽을 가리킵니다.

10 막대자석 두 개를 다른 극끼리 마주 보게 나란히 놓고 밀면 자석이 서로 끌어당겨 붙습니다.

11 막대자석 두 개를 다른 극끼리 마주 보게 하여 가까이 가져가면 서로 끌어당기는 힘이 작용합니다.

12 막대자석의 N극에 가까이 했을 때 밀려났으므로 ㉠은 같은 극인 N극을 가까이 한 것입니다. ㉠이 N극이므로 ㉡은 다른 극인 S극일 것입니다.

13 빨간색 고리 자석의 윗면이 S극이므로 아랫면은 N극이고, 주황색 고리 자석의 윗면이 N극, 아랫면이 S극, 노란색 고리 자석의 윗면이 S극, 아랫면은 N극이 됩니다. 마찬가지로 초록색 고리 자석의 윗면은 N극, 아랫면은 S극, 파란색 고리 자석의 윗면은 S극, 아랫면은 N극입니다. 이와 같이 자석의 같은 극끼리는 서로 밀어 내는 힘이 작용하고, 다른 극끼리는 서로 끌어당기는 힘이 작용하는 것을 이용하면 극 표시가 없는 고리 자석의 극을 추리할 수 있습니다.

14 나침반을 돌려 놓아도 나침반 바늘은 항상 북쪽과 남쪽을 가리키며, 나침반 바늘의 빨간색 부분(N극)이 북쪽을 가리킵니다.

15 지구의 북쪽은 자석의 S극이라고 할 수 있으므로, 나침반 바늘의 빨간색 부분인 N극이 항상 지구의 북쪽을 가리킵니다.

채점 기준	상	지구, 자석, 북쪽, N극의 네 가지 낱말을 모두 사용하여 옳게 쓴 경우
	중	세 가지 낱말을 사용하여 옳게 쓴 경우
	하	두 가지 낱말을 사용하여 옳게 쓴 경우

문제 속 개념

나침반 바늘의 N극이 북쪽을 향하는 까닭

지구는 지구 주위에 자기장을 만드는데, 지구의 자기장 방향은 남극 쪽이 N극이고 북극 쪽이 S극입니다. 따라서 나침반 바늘의 N극(빨간색 부분)은 북쪽을 가리키고, S극(빨간색 부분의 반대편)은 남쪽을 가리킵니다.

16 나침반 바늘이 자석이기 때문에 막대자석의 극과 나침반 바늘의 양쪽 끝이 극의 방향에 따라 서로 끌어당기거나 밀어 냅니다.

채점 기준		
	상	나침반 바늘이 자석이기 때문에 막대자석의 N극을 가까이 가져가면 나침반 바늘의 빨간색 부분의 반대편이 끌려오고, 막대자석의 S극을 가까이 가져가면 나침반 바늘의 빨간색 부분이 끌려온다는 내용으로 모두 옳게 쓴 경우
	중	나침반 바늘이 자석이므로 막대자석의 극과 끌어당기거나 밀어 내는 힘이 작용하기 때문이라는 내용으로 쓴 경우
	하	나침반 바늘이 자석이기 때문이라고만 쓴 경우

17 나침반에서 막대자석을 멀어지게 하면, 자석을 가까이 하기 전 나침반 바늘이 원래 가리키던 방향을 가리킵니다.

18 나침반 바늘의 빨간색 부분은 막대자석의 S극 쪽을 가리키고, 빨간색 부분의 반대편은 막대자석의 N극 쪽을 가리킵니다.

왜 답이 아닐까?

④ 막대자석 주위에 놓은 나침반 바늘이 가리키는 방향이 다음과 같아야 합니다.

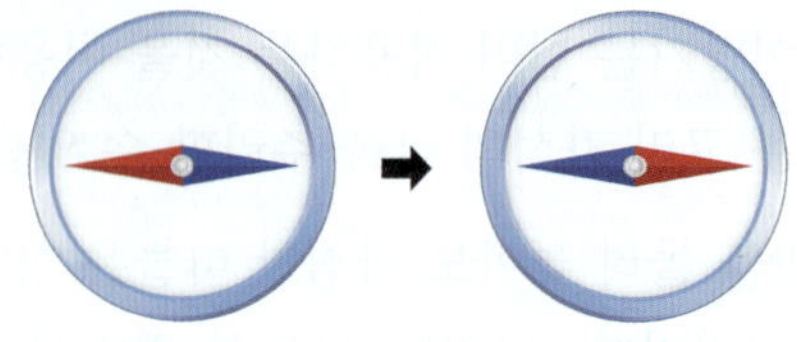

19 철은 자석에 붙고, 알루미늄은 자석에 붙지 않습니다. 따라서 철 캔은 자석이 들어 있는 위쪽 이동판에 붙어 이동하므로 더 멀리 있는 상자에 떨어져 알루미늄 캔과 분리됩니다. 문제에서 자동 캔 분리기의 모습과 설명으로 볼 때 자석의 성질을 이용하고 있음을 알 수 있습니다. 철과 알루미늄 캔의 부피 차이나 단단한 정도를 이용한 것이 아닙니다.

20 나침반으로 방향을 찾을 때, 철로 된 칠판에 쪽지나 사진을 붙일 때, 클립 통 뚜껑에 철 클립을 붙여 보관할 때는 모두 생활 속에서 자석을 이용하여 편리한 경우입니다.

왜 답이 아닐까?

㉠ 가위로 종이를 자를 때는 자석을 이용하지 않습니다.

2. 물의 상태 변화

단원 핵심 개념   10쪽

① 액체   ② 부피   ③ 증발   ④ 응결

단원 평가 Ⓐ 단계   11~13쪽

1 ③   **2** 은희   **3** (1) (나), (다) (2) (가), (라)   **4** ㉡
5 (2) ○   **6** ④   **7** ㉠ 수증기 ㉡ 증발
8 ㉢   **9** ⑤   **10** ④   **11** 미나   **12** ③
13 응결   **14** ③, ④   **15** (1) ○ (2) ○ (3) ○
(4) ×

1 얼음은 고체 상태로, 모양이 일정하고 단단합니다. 손으로 만져보면 차갑고, 잡을 수 있습니다. 물은 액체 상태로, 모양이 일정하지 않고 흐르며 손으로 잡을 수 없습니다. 수증기는 기체 상태로, 우리 눈에 보이지 않습니다.

2 겨울에 내리는 눈은 고체 상태의 얼음입니다. 목이 마를 때 마시는 물은 액체 상태의 물입니다. 얼음은 물이 되고, 물은 얼음이 되기도 합니다. 이처럼 물이 서로 다른 상태로 변하는 것을 물의 상태 변화라고 합니다.

문제 속 개념

물의 상태 변화

물은 액체, 고체, 기체의 서로 다른 상태로 변할 수 있습니다.

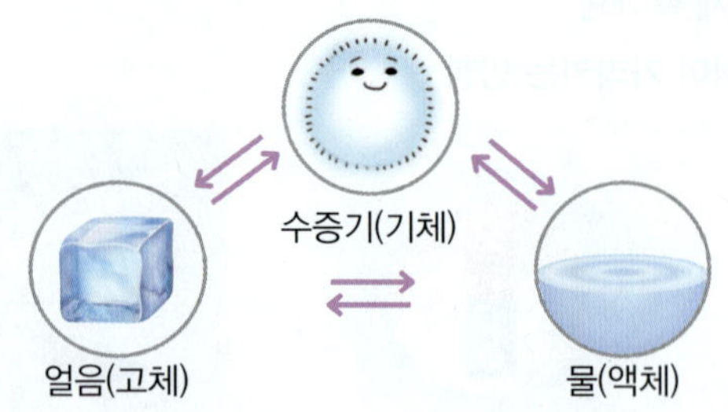

3 음식을 찌거나 스팀다리미로 옷을 다림질할 때는 물이 수증기로 상태가 변하는 것을 이용하는 모습입니다. 이글루를 만들거나 스키장에서 인공 눈을 만들 때는 물이 얼음으로 상태가 변하는 것을 이용합니다.

4 물이 얼기 전의 높이와 얼고 난 후의 높이를 비교하여 부피 변화를 알 수 있습니다. 또 물이 얼기 전의 무게와 얼고 난 후의 무게를 측정하여 무게 변화를 알 수 있습니다.

5 물이 얼어서 얼음이 되면 부피는 늘어나지만 무게는 변하지 않습니다.

물이 얼 때의 부피 변화

물이 액체에서 고체인 얼음으로 상태가 변할 때 물을 이루는 알갱이(입자) 사이의 거리가 가까워지면서 고체 상태인 얼음이 됩니다. 이때 물을 이루는 알갱이(입자)들은 육각형 모양의 결정을 이루며 안에 빈 공간이 생기고, 이 빈 공간으로 인해 부피가 늘어나게 되는 것입니다.

6 얼음이 녹아 물이 되면 부피가 줄어듭니다. 얼린 생수병을 녹였을 때 볼록했던 생수병이 줄어들거나 용기를 가득 채우고 있던 얼음과자가 녹았을 때 빈 공간이 생기는 것은 얼음이 녹으면서 부피가 줄어들기 때문에 나타나는 현상입니다. 물이 얼어서 얼음으로 변하거나 얼음이 녹아서 물이 될 때에는 무게가 변하지 않습니다.

7 비커에 담긴 물이 줄어든 까닭은 물이 수증기로 변해 공기 중으로 날아갔기 때문입니다. 이처럼 액체인 물이 표면에서 기체인 수증기로 상태가 변하는 현상을 증발이라고 합니다.

8 고드름이 녹는 것은 얼음이 녹아 물이 되는 경우이고, 강물이 어는 것은 물이 얼어 얼음이 되는 경우입니다. 땀이 마르는 것은 액체인 물이 표면에서 기체인 수증기로 변하는 증발 현상과 관련된 경우입니다.

9 빨래를 햇볕에 널어 말리는 것, 오징어를 햇볕에 널어 말리는 것, 염전에서 바닷물을 이용하여 소금을 얻는 것, 과일 등 음식의 재료를 말리는 모습 등은 액체인 물이 기체인 수증기로 상태가 변하는 증발 현상을 이용한 예입니다.

▲ 염전에서 소금을 얻음.

▲ 과일을 말려서 먹음.

10 물을 계속 가열하면 끓으면서 물속에서 기포가 생깁니다. 이 기포는 물이 수증기로 변한 것입니다.

물이 끓을 때 나타나는 현상

• 물 전체에 크고 작은 기포가 계속해서 생기고 물 표면이 출렁입니다.
• 물이 끓기 전보다 물이 끓고 난 후 물의 높이가 낮아집니다. 이는 물의 표면과 물속에서 물이 수증기가 되어 공기 중으로 날아갔기 때문입니다.

11 물을 가열하여 끓이면 물이 수증기로 상태가 변해 공기 중으로 날아가기 때문에 물의 양이 줄어들게 됩니다. 미나는 가열한 후 물의 높이를 가열하기 전 물의 높이보다 더 높게 기록했으므로 잘못 기록했습니다.

12 주스와 얼음이 담긴 컵 표면에는 물방울이 맺히고, 물방울이 점점 커지면서 아래로 흘러내려 페트리 접시에 고입니다. 이 물방울은 공기 중의 수증기가 차가운 컵 표면에 닿아 액체인 물로 상태가 변한 것이기 때문에 색깔과 맛이 없으며, 맺히고 흘러내린 물방울만큼 무게가 늘어납니다.

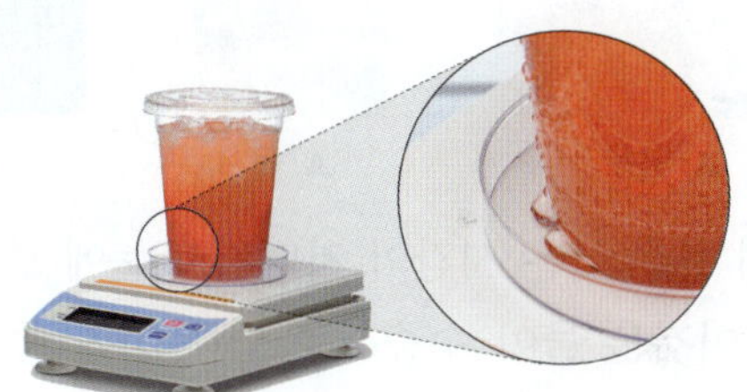

▲ 주스와 얼음을 넣은 컵 표면에 맺힌 물방울

13 기체인 수증기가 차가운 물체의 표면에 닿으면 액체인 물로 상태가 변하는데, 이러한 현상을 응결이라고 합니다.

14 응결과 관련된 현상은 맑은 날 아침 풀잎에 이슬이 맺히는 것과 추운 날 유리창 안쪽에 물방울이 맺히는 것입니다. ①은 액체인 물이 기체인 수증기로 증발하는 현상이고, ②는 액체인 물이 고체인 얼음으로 변하는 것입니다. ⑤는 물이 얼면서 부피가 늘어나기 때문에 볼 수 있는 모습입니다.

15 물은 동식물이 생명을 유지하는 데 꼭 필요합니다. 따라서 물이 부족하면 농장에서 기르는 닭이 건강하게 살 수 없을 뿐만 아니라, 닭이 낳는 달걀의 수 또한 늘어나지 못합니다.

단원 평가 B단계   14~17쪽

1 재준   **2 ⓓ** 손에 묻은 물은 시간이 지나면서 수증기가 되어 공기 중으로 날아갑니다.   **3** ②
4 ㄹ   **5** ①   **6** 부피   **7** ②, ④
8 ㉠ 줄어들고 ㉡ 변하지 않는다   **9** 기준
10 (1) × (2) × (3) ○   **11** ㉡   **12** ②
13 ⓓ 찌개를 끓입니다. 국수를 삶습니다. 보리차를 끓입니다. 달걀을 삶습니다.   **14** ①   **15** ㉠
16 ④   **17 ⓓ** 국이 끓으면서 액체인 물이 기체인 수증기로 상태가 변합니다. 이때 만들어진 수증기가 냄비 뚜껑 안쪽에 닿아 응결하여 물방울로 맺힙니다.   **18** (1) 구름 (2) 이슬 (3) 안개
19 물   **20** ㉢, ㉣

---

1 물은 액체 상태로, 모양이 일정하지 않고 흐르며 손으로 잡을 수 없습니다.

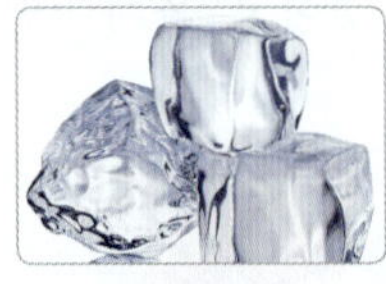
▲ 얼음

▲ 물

▲ 수증기

2 손에 묻은 물은 시간이 지나면서 눈에 보이지 않습니다. 이것은 물이 수증기로 변해 공기 중으로 날아갔기 때문입니다.

채점 기준		
	상	손에 묻은 물이 수증기가 되어 공기 중으로 날아간다고 옳게 쓴 경우
	중	물이 수증기로 변한다고 쓴 경우
	하	손에 묻은 물이 사라진다고만 쓴 경우

이런 답도 가능해!

ⓓ 손에 묻은 물이 증발합니다.
ⓓ 손에 묻은 액체 상태의 물이 기체 상태의 수증기로 변하여 눈에 보이지 않게 됩니다.

3 ①, ③, ④는 액체인 물이 기체인 수증기로 변하는 현상을 이용한 경우이고, ②는 액체인 물이 고체인 얼음으로 변하는 현상을 이용한 경우입니다. 얼음 작품을 만들 때에는 얼음과 얼음 사이에 물을 뿌리면 물이 얼어붙는 현상을 이용해서 얼음 조각을 붙입니다.

4 스팀다리미를 작동시키면 열판이 뜨거워지면서 다리미에 넣은 물이 수증기로 변합니다. 이때 수증기가 옷감 사이에 스며들면서 구겨진 옷이 잘 펴집니다.

5 물이 얼어 얼음이 되면 무게는 변하지 않지만, 부피는 커집니다. 따라서 ㉠과 ㉡의 무게는 같고, ㉠보다 ㉡의 부피가 더 큽니다.

6 액체인 물이 얼어 고체인 얼음으로 상태가 변할 때 부피가 늘어나기 때문에 물이 가득 담긴 유리병을 냉동실에 넣으면 유리병이 깨질 수 있습니다.

문제 속 개념

물이 얼 때 부피가 늘어나는 것을 관찰할 수 있는 현상
- 물이 가득 담긴 유리병을 냉동실에 넣어 두면 유리병이 깨질 수 있습니다.
- 추운 겨울에 물이 얼면서 부피가 늘어나 수도관에 설치된 계량기가 터지는 경우도 있습니다.
- 페트병에 물을 가득 넣어 얼리면 물이 얼면서 부피가 늘어나 페트병이 부풉니다.

---

7 물이 얼어 얼음이 되면 부피가 늘어나기 때문에 시험관에 같은 높이로 들어 있는 물과 얼음의 무게를 비교하면 물이 얼음보다 무겁습니다. ㉡의 얼음이 녹아 물이 되면 부피가 줄어들기 때문에 물의 높이가 낮아집니다.

8 고체인 얼음이 녹으면 액체인 물이 됩니다. 얼음이 녹아 물이 되면 부피는 줄어들지만 무게는 변하지 않습니다. 얼음이 녹기 전과 얼음이 완전히 녹은 후 물의 높이를 비교하면 얼음이 녹아서 물이 될 때의 물의 부피 변화를 알 수 있습니다. 얼음이 완전히 녹은 후의 물의 높이가 녹기 전 얼음의 높이보다 낮아지는 것을 통해 얼음이 녹으면 물의 부피가 줄어든다는 것을 알 수 있습니다.

9 얼음이 녹아 물이 되어도 무게는 변하지 않습니다. 따라서 미래는 얼음이 녹은 후의 무게로 375 g을 기록해야 하고, 하은이는 250 g을 기록해야 합니다.

---

10 증발은 액체인 물이 기체인 수증기로 상태가 변하는 현상이며, 겨울에 수도 계량기가 터지는 것은 물이 얼어 얼음이 될 때 부피가 늘어나기 때문에 나타나는 현상입니다. 공기 중에 있는 수증기의 양이 적을수록(건조할수록) 증발이 잘 일어납니다.

11 물을 가열하여 끓이면 물의 양이 줄어들기 때문에 물의 높이가 낮아집니다.

12 물이 끓을 때 물속에서 큰 기포가 계속 생겨나고, 기포가 물 표면으로 올라와 터지면서 물 표면이 울퉁불퉁해집니다. 이 기포는 액체인 물이 기체인 수증기로 변한 것입니다.

① 물이 끓을 때는 물의 양이 점점 줄어듭니다.
③ 물속에서 크고 작은 기포가 생겨 물 표면으로 올라옵니다.
④ 물이 끓을 때 생기는 기포는 물속에서 물이 수증기로 변한 것입니다.
⑤ 물이 끓을 때 크고 작은 기포가 계속 생겨납니다.

13 찌개를 끓일 때, 국수를 삶을 때, 보리차를 끓일 때, 달걀을 삶을 때 등은 끓음과 관련된 예입니다.

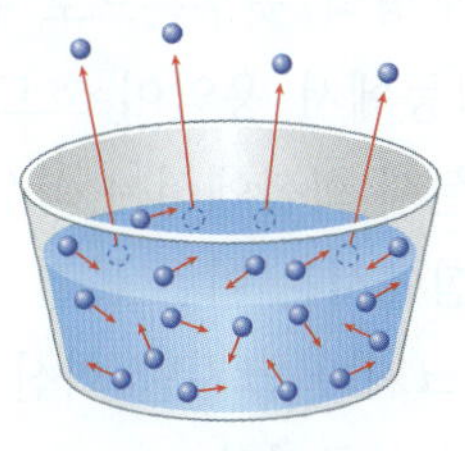

▲ 찌개를 끓임.

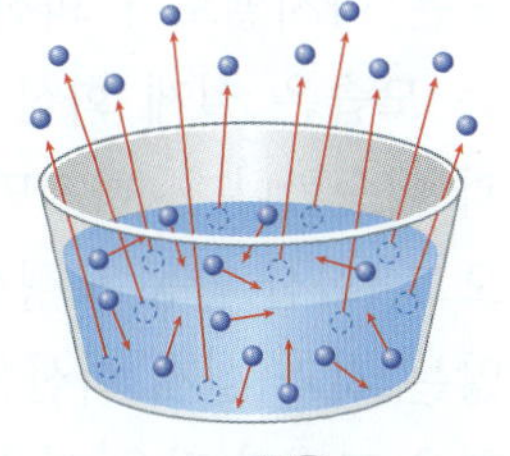

▲ 달걀을 삶음.

채점 기준		
	상	끓음과 관련된 예를 세 가지 모두 옳게 쓴 경우
	중	끓음과 관련된 예를 두 가지 옳게 쓴 경우
	하	끓음과 관련된 예를 한 가지 옳게 쓴 경우

14 증발은 물의 표면에서 물이 수증기로 변하고, 끓음은 물의 표면과 물속에서 모두 물이 수증기로 변합니다. 증발은 물의 양이 매우 천천히 줄어들지만, 끓음은 물의 양이 빠르게 줄어듭니다.

▲ 증발   ▲ 끓음

15 시간이 지나면서 얼음과 주스를 넣은 병 표면에 물방울이 맺힙니다. 이것은 공기 중의 수증기가 차가운 병 표면에 닿아 응결한 것입니다.

16 공기 중의 수증기가 차가운 병 표면에 닿아 응결하여 물방울로 맺히기 때문에 처음 무게보다 나중 무게가 병 표면에 맺힌 물방울의 무게만큼 늘어납니다. 이와 같은 응결 실험을 할 때에는 무게 변화가 크지 않으므로, 0.1 g 단위까지 측정할 수 있는 전자저울을 사용해야 합니다.

17 국이 끓을 때 만들어진 수증기가 냄비 뚜껑 안쪽에서 응결한 것입니다.

채점 기준		
	상	국이 끓어서 수증기로 변한 것과 수증기가 응결하여 물방울로 맺힌 것 두 가지를 모두 포함하여 옳게 쓴 경우
	중	국이 끓어서 수증기로 변한 것과 수증기가 응결하여 물방울로 맺힌 것 두 가지를 조금 부족하게 쓴 경우
	하	국이 끓어서 수증기로 변한 것과 수증기가 응결하여 물방울로 맺힌 것 중 한 가지만 옳게 쓴 경우

18 이슬, 안개, 구름은 모두 수증기가 응결해서 만들어집니다. 이슬은 새벽에 차가워진 나뭇가지나 풀잎 등에 수증기가 응결해서 생긴 작은 물방울입니다. 안개는 수증기가 지표면 근처에서 응결해 공기 중에 작은 물방울 상태로 떠 있는 현상이고, 구름은 수증기가 높은 하늘에서 응결해 작은 물방울 상태로 떠 있는 현상입니다.

구름
수증기를 포함하고 있는 공기 덩어리가 지표면에서 하늘로 올라가면 온도가 점점 낮아지는데, 이때 공기 중의 수증기가 응결하여 물방울이 되거나 더 낮은 온도에서는 얼음 알갱이로 변하여 하늘에 떠 있는 것이 구름입니다.

19 물은 지구상의 동식물이 생명을 유지하는 데 반드시 필요하며, 농사를 짓거나 가축을 기를 때, 공장에서 물건을 만들 때, 전기를 만들 때, 불을 끌 때 등 생활 곳곳에서 이용되는 중요한 자원입니다.

20 문제에서 만든 물을 얻을 수 있는 장치에서는 물의 증발(액체 → 기체)과 수증기의 응결(기체 → 액체) 현상을 이용하였습니다.

3. 땅의 변화

단원 핵심 개념   18쪽

① 침식   ② 분화구   ③ 마그마   ④ 현무암

단원 평가 Ⓐ 단계   19~21쪽

1 ④   **2** (1) ㉠ (2) ㉡   **3** ㉢   **4** (1) 상 (2) 하
(3) 상 (4) 하   **5** ⑤   **6** ④   **7** ㉠ 용암
(마그마) ㉡ 분화구   **8** ㉢, 용암   **9** ⑤
10 ㉠   **11** (1) ㉡ (2) ㉢ (3) ㉠   **12** ①
13 ④   **14** ㉤   **15** ③

1 높은 곳에서 낮은 곳으로 흐르는 물은 지표를 깎아 돌과 흙 등을 낮은 곳에 운반해서 쌓으므로 오랜 시간 동안 지표의 모습이 서서히 변합니다.

문제 속 개념

흐르는 물이 하는 일
흐르는 물은 땅의 모습을 변화시킵니다. 비가 내리면 운동장과 같이 평평하던 곳에 물길이 생기거나 작은 웅덩이가 생긴 것을 볼 수 있으며, 경사진 곳에서는 흙이 깎여 돌이 드러나기도 하고 흙이 흘러내려 쌓이기도 합니다.

2 흐르는 물에 의해 흙 언덕 윗부분에서 깎인 흙이 물과 함께 흙 언덕의 아래쪽으로 운반되어 쌓입니다.

3 흙 언덕의 위쪽에서 한 번에 많은 양의 물을 흘려보내면 언덕 위쪽의 흙을 더 많이 깎으므로 아래쪽에 더 많이 쌓이게 할 수 있습니다.

4 강폭이 좁은 강의 상류는 큰 바위가 많고, 바위를 깎는 침식 작용이 활발하게 일어납니다. 강폭이 넓은 강의 하류는 모래나 진흙이 많고, 운반된 모래와 흙이 쌓이는 퇴적 작용이 활발하게 일어납니다.

▲ 강 상류에서 주로 보이는 바위

▲ 강 하류에서 주로 보이는 모래

5 경사가 급한 상류에서는 침식 작용이 활발하게 일어나고, 경사가 완만한 하류에서는 퇴적 작용이 활발하게 일어납니다. 이와 같이 상황에 따라 다른 작용에 비해 더 활발하게 일어나는 작용이 있지만, 흐르는 물의 침식 작용, 운반 작용, 퇴적 작용은 보통 동시에 일어납니다.

6 화산은 마그마가 분출하여 생긴 지형으로, 현재에도 활동 중인 화산이 있으며, 꼭대기에 분화구가 있는 것도 있습니다. 우리나라의 한라산은 화산입니다.

7 화산에는 용암 등의 분출물이 분출한 분화구가 있는 것이 있으며, 이 분화구에 물이 고여 호수가 만들어진 것도 있습니다.

▲ 베수비오산의 분화구

▲ 한라산의 분화구

8 ㉠과 ㉡은 각각 고체 상태인 화산재와 화산 암석 조각, ㉢은 액체 상태인 용암을 나타낸 것입니다. 용암은 액체 상태의 화산 분출물로, 마그마가 지표 밖으로 나올 때 포함하고 있던 화산 가스가 빠져나가면서 용암이 됩니다.

9 ㉠은 화산재로, 지름이 2 mm 이하로 매우 작은 고체 상태의 화산 분출물입니다.

왜 답이 아닐까?

① 화산재는 고체 상태의 화산 분출물입니다.
② 화산재의 알갱이 크기는 매우 작습니다.
③ 지표면을 따라 흐르는 것은 화산 분출물 중에서 용암의 특징입니다.
④ 흘러내린 뒤 식으면서 굳는 것은 액체 상태인 용암의 특징입니다. 지표면을 따라 흘러내린 용암이 식어서 현무암이 만들어집니다.

10 녹은 마시멜로가 화산 모형의 윗부분으로 흘러나오는 모습은 실제 화산 활동에서 용암이 흐르는 모습과 비슷합니다. 하지만 실제 화산에서는 화산재가 나오고, 화산 활동 모형실험에서는 이런 물질이 나오지 않는 것과 실제 화산은 크기가 크지만 화산 활동 모형은 크기가 작은 것 등이 다릅니다.

11 화산 활동 모형실험에서 나오는 연기는 실제 화산 활동의 화산 가스, 굳은 마시멜로는 화산 암석 조각, 흘러나오는 마시멜로는 용암과 비교할 수 있습니다.

12 현무암은 마그마가 지표 가까이에서 빨리 식어서 만들어진 암석으로, 색깔이 어둡고 암석을 이루는 알갱이의 크기가 매우 작습니다. 화강암은 마그마가 땅속 깊은 곳에서 천천히 식어서 만들어진 암석으로 대체로 색깔이 밝고, 암석을 이루는 알갱이의 크기가 큽니다.

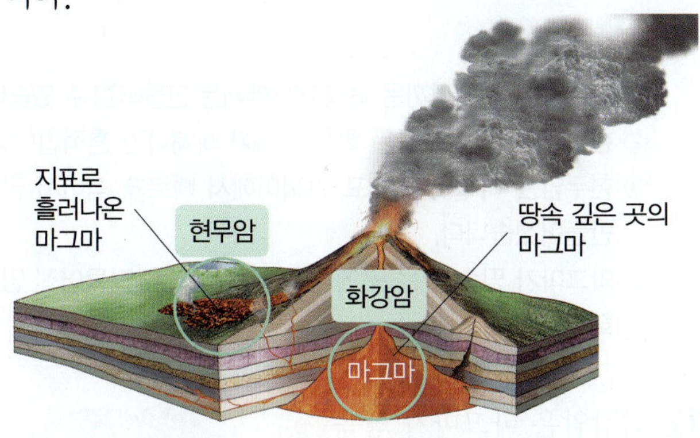

13 화산 활동이 주는 이로움에는 온천이나 화산 지형을 활용한 관광 자원, 화산 주변 땅속의 높은 열을 이용한 지열 발전 등이 있습니다. 꽃놀이는 화산 활동과 관련이 없습니다. 화산 지대 땅속의 높은 열로 인해 발생하는 높은 온도의 물 또는 높은 압력의 수증기를 이용하여 터빈(회전식 기계 장치)을 회전시키고, 터빈에 연결된 발전기로 전기를 만드는 발전 방식을 지열 발전이라고 합니다.

14 지진의 피해 사례에 대해 조사할 내용에는 지진의 규모, 지진 발생 위치, 지진 발생 날짜, 지진으로 인한 피해 정도 등이 있습니다. 지진에 관련된 영화를 본 관객의 수는 지진 피해 사례의 조사와는 관련이 없습니다.

15 학교에 있을 때 지진이 발생하면 넘어지기 쉬운 책장 옆을 피하고, 책상 아래로 들어가 머리와 몸을 보호합니다. 집 안에서는 밖으로 나갈 수 있게 문을 열어 두고 전기와 가스를 차단하여 화재를 예방합니다. 지진으로 흔들리는 동안에는 머리와 몸을 보호하고 흔들림이 멈출 때까지 기다리며, 흔들림이 멈추면 계단을 이용하여 신속하게 대피합니다. 지진은 매우 짧은 시간 동안 발생하기 때문에 장소와 상황에 맞는 대처 방법에 따라 행동하면 피해를 줄일 수 있습니다.

---

1 ⑤　　**2** 예 흐르는 물은 흙이나 바위 등을 깎아 낮은 곳으로 운반하여 쌓으면서 서서히 지표를 변화시킵니다.　　**3** ㈎　　**4** ㉠ 침식 ㉡ 퇴적
5 마그마　　**6** ⑤　　**7** ②　　**8** ㉠
9 (1) ㉢ (2) 기체　　**10** 현무암　　**11** ④
12 ㉠ 천천히 ㉡ 크다　　**13** ㉡　　**14** (1) ㉠, ㉡ (2) ㉢, ㉣　　**15** 예 화산 활동으로 만들어진 온천과 화산 지형을 관광 자원으로 활용한 것입니다.
16 ⑤　　**17** ①, ④　　**18** ㉢　　**19** 예 책상 아래로 들어가 머리와 몸을 보호합니다.　　**20** ㉣

1 흐르는 물은 흙 언덕 위쪽의 흙을 깎아 운반하여 흙 언덕의 아래쪽에 쌓습니다.

2 흐르는 물의 침식 작용과 퇴적 작용에 의해 서서히 지표가 변화됩니다.

채점 기준		
	상	물이 흐르면서 흙이나 바위를 깎아 내고, 깎아 낸 흙이나 돌 등을 옮기고 쌓으면서 서서히 지표의 모습을 변화시킨다는 내용으로 모두 옳게 쓴 경우
	중	흐르는 물이 침식 작용, 운반 작용, 퇴적 작용을 하기 때문이라고 쓴 경우
	하	흐르는 물이 깎고, 옮기고, 쌓는 역할을 하기 때문이라는 내용으로 간단하게 쓴 경우

이런 답도 가능해!

예 높은 곳에서 낮은 곳으로 흐르는 물은 흙이나 바위를 깎아 내고, 깎아 낸 흙이나 돌 등을 옮기고 쌓으면서 서서히 지표의 모습을 변화시킵니다.

예 흐르는 물은 침식, 운반, 퇴적 작용으로 지표의 모습을 변화시킵니다.

3 강폭이 좁고 큰 바위나 폭포를 많이 볼 수 있는 곳은 강의 상류입니다.

▲ 강 상류에서 볼 수 있는 지형인 폭포와 V자곡의 모습

4 강의 상류인 ㉮에서는 흐르는 물에 의한 침식 작용이 활발하고, 강의 하류인 ㉯에서는 강의 상류에서 깎이고 운반되면서 만들어진 모래나 흙이 주로 쌓이는 퇴적 작용이 활발합니다.

문제 속 개념

강 하류의 모습

강 하류는 경사가 완만하여 물이 느리게 흐르며, 넓은 모래사장이나 평탄한 지형을 주로 볼 수 있습니다. 강과 바다가 만나는 부분에는 삼각주와 같은 퇴적 지형이 만들어지는데, 삼각주는 주변에 물이 계속해서 흐르고 땅이 평평하기 때문에 예로부터 농사를 짓는 데 많이 이용되었습니다. 우리나라에서 삼각주를 이용한 농경지는 낙동강의 김해평야가 대표적입니다.

5 땅속 깊은 곳에서 암석이 녹은 것을 마그마라고 하며, 마그마가 지표 밖으로 분출하여 만들어진 지형을 화산이라고 합니다. 마그마가 분출하여 땅 위로 흐르면서 화산 가스가 빠져나간 것은 용암입니다.

6 ㉠과 ㉡은 마그마가 분출한 흔적인 분화구가 꼭대기 부분에 있는 화산입니다. 화산의 꼭대기에는 대부분 움푹 파여 있는 분화구가 있으며, 분화구에 물이 고여 호수가 만들어진 것도 있지만 그렇지 않은 화산도 있습니다. 우리나라의 한라산이나 울릉도는 옛날에 활동한 적이 있는 화산이지만 현재 분화구에서 연기가 나오지는 않습니다.

7 화산 활동 모형 윗부분에서 피어오르는 연기인 ㉠은 실제 화산 분출물 중 화산 가스, 흘러나오는 마시멜로인 ㉡은 용암, 식어서 굳은 마시멜로인 ㉢은 화산 암석 조각에 해당합니다.

8 용암은 마그마에서 화산 가스 등의 기체가 빠져나간 것으로, 액체 상태의 화산 분출물입니다. ㉡ 화산재와 ㉣ 화산 암석 조각은 고체 상태, ㉢ 화산 가스는 기체 상태의 화산 분출물입니다. 화산 분출물은 화산에 따라 여러 가지 물질이 나오는 경우도 있고, 한 가지 물질이 주로 나오는 경우도 있습니다.

9 화산 가스는 대부분 수증기로 이루어져 있지만 이산화 탄소, 이산화 황, 황화 수소, 질소, 수소 등 여러 가지 기체가 포함되어 있는 기체 상태의 화산 분출물입니다.

10 현무암은 암석을 이루는 알갱이의 크기가 매우 작고 색깔이 어둡습니다. 현무암 표면의 구멍은 마그마가 식을 때 화산 가스가 빠져나가면서 생긴 것입니다.

▲ 현무암

11 현무암은 마그마가 지표 가까이에서 빨리 식어 굳어져서 만들어지므로 알갱이의 크기가 작습니다.

왜 답이 아닐까?

① 현무암은 지표 가까운 곳의 어디에서든 만들어질 수 있습니다.
② 현무암에 있는 구멍은 화산 가스가 빠져나간 흔적입니다.
③ 현무암은 마그마가 지표 가까이에서 빠르게 식어서 굳어져 만들어졌습니다.
⑤ 마그마가 땅속 깊은 곳에서 서서히 식어서 만들어진 암석은 화강암입니다.

12 화강암은 마그마가 땅속 깊은 곳에서 천천히 식어 굳어져서 만들어져서 암석을 이루는 알갱이의 크기가 큽니다.

▲ 화강암

13 화강암은 컬링 스톤, 비석 등을 만들 때 쓰이며 석굴암과 불국사 다보탑을 만드는 데에도 이용되는 등 윤이 나서 건축자재로 많이 쓰입니다. ㉠ 맷돌과 ㉣ 돌하르방은 현무암을 이용했습니다.

14 화산 활동은 우리 생활에 피해를 주기도 하지만 이로움도 줍니다.

문제 속 개념

화산재가 주는 피해

화산재는 알갱이의 크기가 매우 작아 코와 폐로 숨을 쉬는 생물에게 호흡기 질병을 일으키고 비행기 엔진을 망가뜨려 운항을 어렵게 합니다.

15 온천과 화산 지형을 관광 자원으로 활용합니다.

채점 기준	상	'화산'이라는 단어를 포함하고, 화산 활동이 주는 이로움, 관광 자원 등의 단어를 사용하여 모두 옳게 쓴 경우
	중	화산 활동이 주는 이로움이라고 쓴 경우
	하	화산 활동으로 만들어진 지형이라고만 쓴 경우

16 우리나라에서도 규모 5.0 이상의 강한 지진이 발생하고 있으므로, 지진에 안전한 지역이라고 할 수 없습니다.

▲ 지진으로 무너진 건물과 끊어진 도로의 모습

17 지진은 땅(지층)이 끊어지면서 흔들리는 것으로 지표의 약한 부분이나 지하 동굴이 무너질 때, 화산 활동이 일어날 때 발생하기도 합니다. 지진의 세기를 나타내는 규모의 숫자가 클수록 강한 지진이며, 같은 규모의 지진이 발생해도 지진에 대비한 정도, 지진 경보 시기, 도시화 정도 등에 따라 피해 정도가 달라집니다.

18 지진이 발생하기 전에는 비상용품, 구급약품 등을 준비하고, 주변의 안전을 미리 점검하여 흔들리기 쉬운 물건을 고정합니다.

㉠ 지진이 발생한 후, 도움이나 구조를 요청합니다.

㉡ 다친 사람이 있으면 응급 처치를 하는 것은 지진이 발생한 후에 해야 할 일입니다.

㉣ 지진이 발생하면 무너지기 쉬운 건물이나 벽 주변에서 멀리 떨어진 넓은 공터로 대피하는 것이 좋습니다.

19 지진이 발생했을 때에는 머리와 몸을 가장 먼저 보호하도록 합니다.

채점 기준	상	'책상 아래로 들어가 머리와 몸을 보호한다.', '선생님의 지시에 따라서 행동한다.' 등 대처 방법 한 가지를 옳게 쓴 경우
	중	'책상 아래로 들어간다.' 등과 같이 대처 방법을 다소 부족하게 쓴 경우
	하	'다친 사람이 있으면 응급 처치를 한다.' 등과 같이 문제가 요구하는 답에서 다소 벗어난 대처 방법을 쓴 경우

20 마트에 있을 때 지진이 발생할 경우에는 넘어지거나 떨어질 것으로부터 멀리 떨어져서 머리와 몸을 보호하며 대피해야 합니다.

4. 다양한 생물과 우리 생활

1 버섯의 포자는 맨눈으로 관찰하기 어렵습니다. 버섯은 꽃이 피지 않으며, 열매를 맺지 않습니다. 곰팡이는 포자로 번식하며 뿌리, 줄기, 잎으로 구분되지 않습니다.

2 곰팡이와 버섯은 따뜻하고 축축한 환경에서 잘 자랍니다. 또 곰팡이는 생물뿐만 아니라 화장실이나 음식, 옷 등 물체에서도 자랍니다.

② 곰팡이는 따뜻하고 습한 여름철에 많이 볼 수 있지만, 여름에만 볼 수 있는 것은 아닙니다.

④ 곰팡이와 버섯은 식물과 같이 햇빛이 많이 드는 곳보다는 햇빛이 들지 않는 그늘진 곳에서 더 잘 자랍니다.

⑤ 곰팡이와 버섯은 주로 그늘지고 따뜻하며 습기가 많은 축축한 곳에서 잘 자랍니다.

3 곰팡이, 버섯과 같은 생물을 균류라고 하는데, 균류는 균사로 이루어져 있고 포자로 번식합니다. 버섯과 곰팡이는 뿌리, 줄기, 잎으로 구분되는 식물과 같은 생김새가 보이지 않고 보통 몸 전체가 균사로 이루어져 있으며, 스스로 양분을 만드는 식물과는 달리 스스로 양분을 만들 수 없어 죽은 생물이나 다른 생물에서 필요한 양분을 얻습니다.

4 버섯과 곰팡이 같은 균류도 생물이며, 다른 생물에서 양분을 얻어 자랍니다.

5 해캄은 초록색이고 가늘고 긴 머리카락 모양이며, 여러 가닥의 해캄이 서로 뭉쳐서 삽니다.

6 짚신벌레는 원생생물로, 보통의 동물과 다른 모습을 하고 있으며 동물로 분류할 수 없습니다.

7 해캄은 뿌리, 줄기, 잎을 가지고 있지 않고 짚신벌레는 눈, 코, 귀와 같은 기관을 가지고 있지 않습니다. 짚신벌레나 해캄은 동물이나 식물, 균류로 분류되지 않고 생김새가 단순한 원생생물입니다.

해캄과 짚신벌레 생김새의 특징
- 해캄을 맨눈으로 관찰했을 때는 초록색이고 여러 가닥이 뭉쳐 있는 모습이지만, 돋보기로 관찰했을 때는 가늘고 긴 머리카락처럼 생긴 것을 볼 수 있습니다. 해캄을 디지털 현미경으로 관찰하면 크기가 작고 둥근 초록색의 알갱이가 띠 모양으로 연결되어 있고, 몸 중간중간이 마디로 구분되어 있는 등 자세한 모습을 볼 수 있습니다.
- 짚신벌레는 크기가 매우 작아 맨눈과 돋보기로 관찰했을 때 어떤 모습인지 보이지 않지만, 디지털 현미경으로 관찰하면 짚신과 같은 생김새와 몸 전체에 나 있는 작은 털을 이용해서 움직이는 모습을 볼 수 있습니다.

8 동물이나 식물, 균류로 분류되지 않으며 생김새가 단순한 생물을 원생생물이라고 합니다. 원생생물인 해캄과 짚신벌레는 물살이 느리거나 물이 고여 있는 연못, 논, 하천 등에서 살고, 미역과 다시마와 같은 원생생물은 바다에서 사는 등 주로 물에서 삽니다. ④ 나사말은 물속에 사는 식물입니다.

9 세균은 매우 작기 때문에 맨눈으로 볼 수 없고, 배율이 높은 현미경을 사용해야 관찰할 수 있습니다.

10 세균은 다른 생물의 몸뿐만 아니라 공기, 물, 흙, 물체 등 다양한 곳에서 살 수 있습니다.

11 공 모양이고 여러 개가 연결되어 있는 모습의 ㉡이 포도상구균입니다.

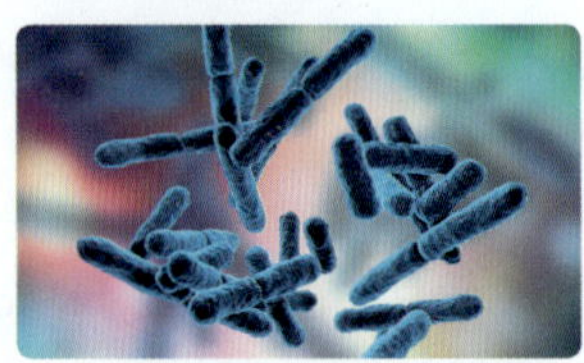

▲ 대장균

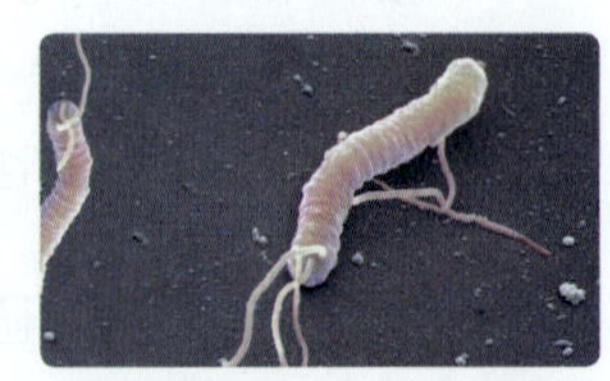

▲ 헬리코박터 파일로리

12 세균의 모양은 공 모양, 막대 모양, 나선 모양, 꼬리가 있는 세균 등으로 다양하며, 다른 생물에 비해 매우 작고 단순한 구조를 가집니다. 또 크기가 매우 작기 때문에 맨눈으로 볼 수 없고, 배율이 높은 현미경을 이용해야 관찰할 수 있습니다. 문제에서 제시한 조사 내용만으로는 세균이 우리에게 미치는 영향을 알 수 없으며, 세균은 우리 생활에 해로운 영향을 주기도 하고, 이로운 영향도 줍니다.

13 곰팡이나 세균이 사라지면 사람이나 동물은 먹은 음식을 잘 소화하지 못하게 되거나 면역력이 약해질 것입니다. 따라서 곰팡이나 세균이 사라졌을 때 우리 생활이 크게 달라질 수 있습니다.

곰팡이가 우리 생활에 미치는 영향
된장이나 간장의 재료가 되는 메주에서 자라는 누룩곰팡이는 단백질과 탄수화물을 분해하는 효소를 만듭니다. 이 효소에 의해 메주의 성분이 변화하며 된장의 맛을 내는 다양한 물질이 만들어집니다. 이처럼 일부 곰팡이는 된장, 치즈, 김치, 요구르트 등의 발효 식품을 만드는 데 이용되어 우리 생활에 이로운 영향을 줍니다.

14 우리 몸에 이로운 유산균과 같은 세균이 해로운 세균으로부터 우리의 건강을 지켜 주는 것은 이로운 영향입니다. ①~④는 다양한 생물이 우리 생활에 미치는 해로운 영향입니다.

15 된장을 이용해 여러 가지 음식을 만드는 것은 음식 조리 과정이므로 생명과학을 활용한 예라고 할 수 없습니다.

▲ 생물 연료에 이용되는 원생생물

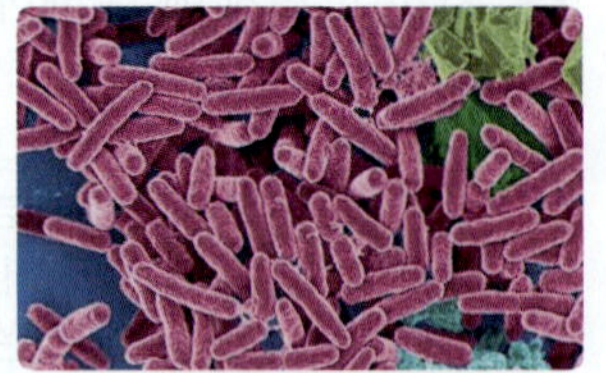

▲ 인공 눈을 만드는 데 이용되는 세균

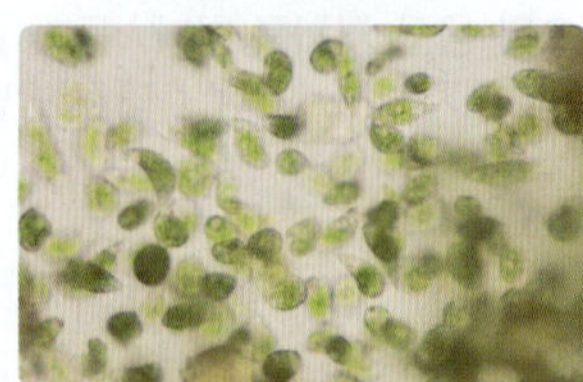

▲ 건강식품에 활용되는 원생생물

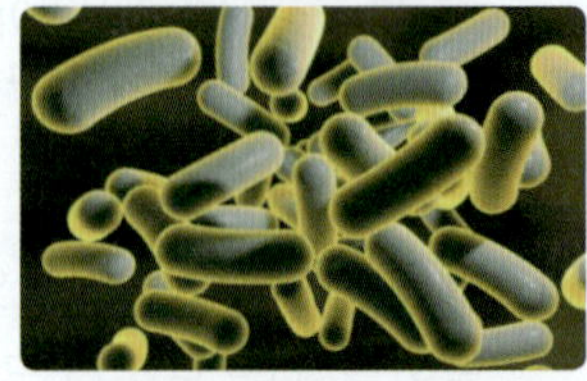

▲ 생물 농약에 이용되는 세균

1 버섯　　**2** ⓐ 몸이 균사로 이루어져 있습니다. 죽은 생물이나 다른 생물에서 양분을 얻습니다.　**3** ㉠ 균사 ㉡ 포자　　**4** ④　　**5** (1) ㉠, ㉢ (2) ㉡, ㉣, ㉥ (3) ㉢　　**6** ㉣　　**7** 해캄　　**8** ③　　**9** ㉢　　**10** 나선　　**11** ⓐ 우유를 냉장고 밖에 두면 우유의 온도가 높아져 세균이 번식하기 좋은 조건이 되기 때문입니다.　　**12** ㉠, ㉡, ㉢, ㉣　　**13** (1) × (2) ○ (3) × (4) ○　　**14** 곰팡이　　**15** ⑤

1 버섯은 윗부분은 둥글고 납작하며 아랫부분은 길쭉합니다. 우산처럼 생긴 안쪽 부분에는 주름이 많이 있고, 버섯의 단면을 현미경으로 관찰하면 가는 실 모양의 균사가 서로 엉켜 있는 것을 볼 수 있습니다.

▲ 돋보기로 관찰한 버섯

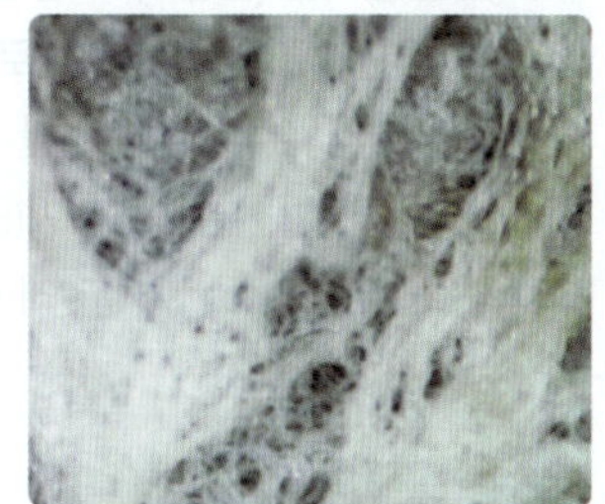
▲ 현미경으로 관찰한 버섯

▲ 돋보기로 관찰한 곰팡이

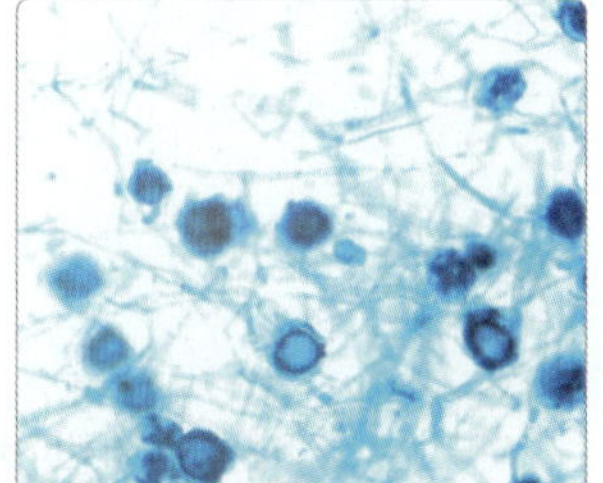
▲ 현미경으로 관찰한 곰팡이

2 버섯과 곰팡이처럼 몸이 균사로 이루어져 있고 죽은 생물이나 다른 생물에서 양분을 얻는 생물의 무리를 균류라고 합니다.

채점 기준		
	상	몸이 균사로 이루어져 있는 점, 죽은 생물이나 다른 생물에서 양분을 얻는 점, 따뜻하고 축축한 곳에서 잘 자라는 점 등 버섯과 곰팡이의 공통점 두 가지를 옳게 쓴 경우
	중	버섯과 곰팡이의 공통점 한 가지를 옳게 쓴 경우
	하	버섯과 곰팡이의 공통점을 썼지만 '이로움도 주고 해로움도 준다.' 등과 같이 단순한 답을 쓴 경우

ⓐ 버섯과 곰팡이는 균류로 분류되는 생물입니다.
ⓐ 버섯과 곰팡이는 포자로 번식합니다.
ⓐ 버섯과 곰팡이는 필요한 양분을 스스로 만들지 못합니다.
ⓐ 버섯과 곰팡이는 주로 따뜻하고 축축한 환경에서 잘 자랍니다.

3 버섯과 곰팡이처럼 몸이 가늘고 긴 실 모양의 균사로 이루어져 있고, 포자를 만들어 번식하는 생물의 무리를 균류라고 합니다.

4 곰팡이는 따뜻하고 축축한 환경에서 잘 자랍니다. 따라서 물을 뿌려서 따뜻한 곳에 둔 식빵에서 곰팡이가 빨리 생길 것으로 예상할 수 있습니다. 곰팡이와 버섯 같은 균류는 습기가 많고 그늘진 따뜻한 곳에서 잘 자라므로 주로 여름철에 많이 볼 수 있습니다.

5 버섯과 곰팡이는 균류로, 반달말, 짚신벌레, 해캄은 원생생물로, 포도상구균은 세균으로 분류할 수 있습니다.

6 대장균과 같은 세균은 균류나 원생생물보다 크기가 매우 작아서 맨눈이나 돋보기로는 볼 수 없고, 배율이 높은 현미경을 통해서 볼 수 있습니다. 버섯과 해캄, 곰팡이는 맨눈이나 돋보기로도 볼 수 있는 생물이지만, 현미경으로 관찰할 때 더 자세한 관찰을 할 수 있습니다.

▲ 맨눈으로 관찰한 버섯

▲ 맨눈으로 관찰한 곰팡이

7 해캄은 가늘고 긴 머리카락 같은 것이 뭉쳐 있는 모습입니다. 현미경으로 관찰하면 초록색 알갱이가 띠 모양으로 연결되어 있고 중간중간 마디가 있는 모습입니다.

▲ 돋보기로 관찰한 해캄

▲ 현미경으로 관찰한 해캄

8 짚신벌레는 스스로 양분을 만들지 못하고 다른 작은 생물을 먹어서 양분을 얻습니다. 짚신벌레는 크기가 매우 작아 맨눈과 돋보기로 관찰했을 때 어떤 모습인지 보이지 않지만, 디지털 현미경으로 관찰하면 둥글고 길쭉한 모양의 짚신과 같은 생김새와 바깥쪽 몸 전체에 나 있는 작고 가는 털을 이용해서 움직이는 모습을 볼 수 있습니다.

9 짚신벌레는 몸 전체에 나 있는 가는 털을 이용해서 움직입니다.

10 세균은 공 모양, 막대 모양, 나선 모양 등 모양이 다양하며 모양에 따라 분류할 수 있습니다.

문제 속 개념
다양한 세균의 모양 예
· 공 모양: 포도상구균
· 막대 모양: 대장균, 유산균, 살모넬라균, 탄저균
· 나선 모양: 콜레라균
· 나선 모양이면서 꼬리가 달린 세균: 헬리코박터 파일로리, 스피릴룸

11 세균은 살아 있는 생물로, 살기에 좋은 조건이 되면 짧은 시간 동안 많은 수로 늘어날 수 있습니다. 우유를 냉장고 밖에 두면 우유의 온도가 높아져 세균이 살기에 알맞은 조건이 되므로 세균의 수가 늘어나 우유를 쉽게 상하게 합니다.

채점 기준	상	주어진 세 개의 단어를 모두 사용하여 우유가 쉽게 상하는 까닭을 옳게 쓴 경우
	중	세균이 번식하기 좋은 조건에 대한 설명이 부족한 경우
	하	세균이 늘어나기 때문이라고만 쓴 경우

12 세균은 생물의 몸, 우리가 사용하는 물건 등 우리 주변 어디에서나 살고 있습니다. 특히, 손은 우리 몸 중에서 여러 가지 물체와 가장 많이 접촉하므로, 세균이 많은 부분입니다. 손을 씻지 않고 음식을 먹으면 세균이 입으로 들어가 병에 걸릴 수도 있기 때문에 일상생활에서 손을 자주 씻는 습관을 가지도록 합니다.

13 (1) 대장균은 세균이지만 곰팡이는 세균이 아니라 균류에 속하는 생물입니다. (3) 세균은 우리에게 해로운 영향을 주기도 하지만 우리 생활에 도움을 주는 세균도 있습니다.

14 곰팡이는 우리 생활에 해로운 영향을 주지만, 누룩곰팡이와 같이 발효 식품을 만들 때 이용되어 도움을 주기도 합니다.

15 일부 세균이 특정 생물에게만 질병을 일으키는 특성을 이용하여, 환경 오염을 일으키지 않고 해충과 병균을 막아 주는 생물 농약을 만듭니다.

문제 속 개념
우리 생활에 생명과학이 이용되는 사례
우리는 다양한 생물의 특성을 우리 생활에 도움이 되도록 이용하고 있습니다. 해충에게만 질병을 일으키는 세균을 이용하여 만든 생물 농약은 농작물의 피해를 줄이고 환경오염을 일으키지 않습니다. 질병을 일으키는 세균을 자라지 못하게 하는 푸른곰팡이를 활용하여 만든 항생제는 질병을 치료할 수 있습니다. 영양소가 풍부한 클로렐라의 특성을 이용하여 건강식품을 만들거나 우주인을 위한 우주 식량을 개발하기도 합니다. 또 오염 물질을 분해하는 세균의 특성을 활용하여 더러운 물을 깨끗하게 하는 하수 처리에 이용합니다.

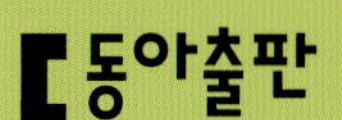

실수를 줄이는 한 끗 차이!

빈틈없는 연산서

•교과서 전단원 연산 구성 •하루 4쪽, 4단계 학습 •실수 방지 팁 제공

수학의 기본 큐브

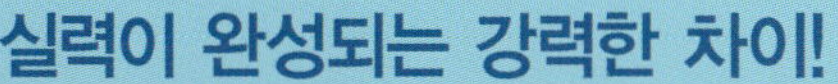

실력이 완성되는 강력한 차이!

새로워진 유형서

•기본부터 응용까지 모든 유형 구성
•대표 예제로 유형 해결 방법 학습
•서술형 강화책 제공

개념 이해가 실력의 차이!

대체불가 개념서

•교과서 개념 시각화 구성
•수학익힘 교과서 완벽 학습
•기본 강화책 제공

믿고 보는 동아출판
초등 교재
기초학습서부터 교과서 개념 다지기, 과목별 전문서까지!
초등학교 입학 전부터, 예비 중등까지!
초등학생에게 꼭 필요한 영역을 빠짐없이! 동아출판 초등 교재 라인업

BEST
2022 개정 교육과정
초능력
맞춤법 + 받아쓰기
쉽고 빠른 맞춤법 학습
받아쓰기 단계별 연습
국어 교과서 어휘 학습
초등 국어 1·2

초능력 비주얼씽킹 과학
초능력 비주얼씽킹 초등 한국사
초능력 수학 연산
초능력 국어 독해
초능력 급수 한자

초등 영역별 기초학습서
초능력 국어 / 수학 / 과학 / 한국사 / 한자

초고필 비문학 독해 1
5-6학년 예비 중등

초고필 유리수의 사칙연산
초고필 지금 국어 문법을 해야 할 때
초고필 국어 어휘
초고필 한국사
적중 반편성 배치고사 + 진단평가

예비 중등
초고필 국어 / 수학 / 한국사
적중 반편성 배치고사 + 진단평가